John Emsley, Peter Fell

Wenn Essen krank macht

Erlebnis Wissenschaft bei WILEY-VCH

P. Ball
Chemie der Zukunft – Magie oder Design?
1996, ISBN 3-527-29387-6

J. Emsley
Parfum, Portwein, PVC ...
Chemie im Alltag I
1997, ISBN 3-527-29423-6

J. Emsley
Sonne, Sex und Schokolade
Chemie im Alltag II
1999, ISBN 3-527-29774-X

J. Emsley, P. Fell
Wenn Essen krank macht
2000, ISBN 3-527-30261-1

H. Genz
Gedankenexperimente
1999, 3-527-28882-1

H. Hellman
Zoff im Elfenbeinturm
Große Wissenschaftsdispute
2000, ISBN 3-527-29984-X

R. Hoffmann
Sein und Schein
Reflexionen über die Chemie
1997, ISBN 3-527-29418-X

B. H. Kaye
Mit der Wissenschaft auf Verbrecherjagd
1997, ISBN 3-527-29472-4

F. Krafft
Vorstoß ins Unerkannte
Lexikon großer Naturwissenschaftler
1999, ISBN 3-527-29656-5

O. Krätz
Das Rätselkabinett des Doktor Krätz
1996, ISBN 3-527-29391-4

G. Kreysa
Fusionsfieber
1998, ISBN 3-527-29627-1

J. Koolman, H. Moeller, K.-H. Röhm (Hrsg.)
Kaffee, Käse, Karies ...
Biochemie im Alltag
1998, ISBN 3-527-29530-5

T. E. Podschun
Sie nannten sie Dolly
Von Klonen, Genen und unserer Verantwortung
1999, ISBN 3-527-29866-5

H.-J. Quadbeck-Seeger, A. Fischer (Hrsg.)
Die Babywindel
und 34 andere Chemiegeschichten
2000, ISBN 3-527-30262-X

E. Unger
Auweia Chemie
1998, ISBN 3-527-29538-0

B. Werth
Das Milliarden-Dollar-Molekül
1996, ISBN 3-527-29373-6

K. Wöhrmann, J. Tomiuk, A. Sentker
Früchte der Zukunft?
Grüne Gentechnik
1999, ISBN 3-527-29624-7

John Emsley, Peter Fell

Wenn Essen krank macht

Übersetzt von
Anna Schleitzer

Weinheim · New York · Chichester · Brisbane · Singapore · Toronto

Titel der Originalausgabe: „Was It Something You Ate"
Autorisierte Übersetzung der englischsprachigen Ausgabe von Oxford University Press.

This translation of „Was It Something You Ate" originally published in English in 1999 is published by arrangement with Oxford University Press.

© John Emsley und Peter Fell 1999

Das vorliegende Werk wurde sorgfältig erarbeitet. Dennoch übernehmen Autor, Übersetzerin und Verlag für die Richtigkeit von Angaben, Hinweisen und Ratschlägen sowie für eventuelle Druckfehler keine Haftung.

Übersetzerin: Dr. Anna Schleitzer

Die Deutsche Bibliothek – CIP-Einheitsaufnahme
Ein Titeldatensatz für diese Publikation ist bei
Der Deutschen Bibliothek erhältlich
ISBN 3-527-30261-1

© WILEY-VCH Verlag GmbH, D-69469 Weinheim (Bundesrepublik Deutschland), 2000
Gedruckt auf säurefreiem und chlorfrei gebleichtem Papier.
Alle Rechte, insbesondere die der Übersetzung in andere Sprachen, vorbehalten. Kein Teil dieses Buches darf ohne schriftliche Genehmigung des Verlages in irgendeiner Form – durch Photokopie, Mikroverfilmung oder irgendein anderes Verfahren – reproduziert oder in eine von Maschinen, insbesondere von Datenverarbeitungsmaschinen, verwendbare Sprache übertragen oder übersetzt werden. Die Wiedergabe von Warenbezeichnungen, Handelsnamen oder sonstigen Kennzeichen in diesem Buch berechtigt nicht zu der Annahme, daß diese von jedermann frei benutzt werden dürfen. Vielmehr kann es sich auch dann um eingetragene Warenzeichen oder sonstige gesetzlich geschützte Kennzeichen handeln, wenn sie nicht eigens als solche markiert sind.
All rights reserved (including those of translation into other languages). No part of this book may be reproduced in any form – by photoprinting, microfilm, or any other means – nor transmitted or translated into a machine language without written permission from the publishers. Registered names, trademarks, etc. used in this book, even when not specifically marked as such, are not to be considered unprotected by law.
Umschlaggestaltung: Grafik-Design Schulz, D-67136 Fußgönnheim
Satz: Text- und Software-Service Manuela Treindl, D-93059 Regensburg
Druck und Bindung: Franz Spiegel Buch GmbH, D-89081 Ulm
Printed in the Federal Republic of Germany

Vorwort zur deutschen Ausgabe

Eine der größten Freuden im Leben ist gutes Essen. Auch feiert man besondere Anlässe gerne mit einem exzellenten Menü. Warum führen solch genüssliche Stunden so manches Mal zu Übelkeit und einer heftigen Magenverstimmung am nächsten Tag? Uns allen ist wohl bekannt, dass exzessiver Alkoholgenuss dröhnende Kopfschmerzen am Tag danach hervorruft. Das verwundert auch niemanden, denn die Ursache ist ja bekannt: zu viel Alkohol. Zwar haben wir uns mit Hilfe des Alkohols schnell entspannt und genossen den Abend, aber für unseren Körper ist er Gift – dies gilt auch für manch andere Nahrungsmittel, die wir täglich zu uns nehmen.

Unser Essen enthält Substanzen, die nicht zu den eigentlichen Nährstoffen zählen. Diese können die Verdauung erheblich beeinträchtigen, denn unser Körper kann sie oft nicht so schnell abbauen, wie er es gerne tun würde. Eine höhere Dosis dieser Substanzen – manchmal reicht auch eine einzige Substanz aus – löst in unserem Körper sofort bestimmte Schutzreaktionen aus, die dafür sorgen, dass die ungenießbaren Bestandteile der Nahrungsmittel schnellstmöglich ausgeschieden werden. Die Folgen sind Erbrechen, Durchfall oder unter Umständen auch beides. Gleichzeitig können weitere Symptome auftreten, die eine „Vergiftung" des Körpers anzeigen: angefangen von Kopf- oder Magenschmerzen, Hautausschlag, Herzklopfen, Schwindelanfälle bis hin zur Ohnmacht.

Obwohl die meisten Menschen diese Nahrungsbestandteile ohne unangenehme Nebenwirkungen zu sich nehmen können, verursachen sie bei einigen Menschen schlimmes Unwohlsein, wenn sie mehr als eine bestimmte Mindestmenge zu sich nehmen. Zu diesen Stoffen gehören unter anderem Natriumglutamat, Salicylat, Schwefeldioxid und biogene Amine. Sogar das Koffein in unserer täglichen Tasse Kaffee können manche nicht vertragen.

Wenn Sie den Verdacht haben, dass bestimmte Nahrungsmittel Ihr Verdauungssystem in Aufruhr versetzen, so sollte dieses Buch Ihnen helfen, die Ursachen herauszufinden, d. h. den Stoff auszumachen, der die negativen Körperreaktionen hervorruft. Das Buch nennt Ihnen ebenso diejenigen Nahrungsmittel, die große Mengen des „Übeltäters" enthalten. *Wenn Essen krank macht … * warnt auch vor natürlichen Giften, die durchaus gefährlich sein können, da sie ärztlich zu behandelnde Lebensmittelvergiftungen hervorrufen. Das Buch informiert Sie darüber hinaus, welcher Unterschied zwischen Lebensmittelunverträglichkeiten und Lebensmittelallergien besteht.

Im letzten Kapitel des Buches, „Gesunde Ernährung", lernen wir alle Nahrungsbestandteile kennen, die wir für ein langes und gesundes Leben brauchen. Auch wie wir den Schaden begrenzen können, den der wahrscheinliche Hauptverursacher von Herzkrankheiten – Homocystein – verursacht. Wie können wir die Abwehrkräfte unseres Körpers gegen freie Radikale stärken, die im Verdacht stehen, dass sie Krebs hervorrufen und den Altersprozess auslösen? Die Antwort ist einfach: Den Körper mit den notwendigen Schlüsselbestandteilen versorgen oder – mit anderen Worten – das Richtige essen.

Wenn Essen krank macht … stellt Ihnen in allgemeinverständlicher Sprache die Bestandteile unserer Nahrung vor, die trotz geringer Mengen große Auswirkungen auf Ihre Gesundheit haben können. Wenn Sie schon jahrelang an Unwohlsein nach bestimmten Mahlzeiten leiden, kann Ihnen dieses Buch gute Dienste leisten und Sie von Ihren Beschwerden befreien. Guten Appetit!

20. Juni 2000   *John Emsley*

Inhaltsverzeichnis

Vorwort	V
Einführung	1
Kapitel 1: Mononatriumglutamat	7
Das Chinarestaurant-Syndrom	10
Der vergessene fünfte Geschmack	13
Chemie und Biologie von MSG und Glutamat	15
Überempfindlichkeit auf Glutamat	17
Freies Glutamat in Nahrungsmitteln	19
Das seltsame Verschwinden des Chinarestaurant-Syndroms	21
Ratschläge für die Ernährung	23
Kapitel 2: Alkohol: Vergiftung und Entgiftung	27
Alkohol: Eine Risiko-Nutzen-Analyse	28
Die Zusammensetzung alkoholischer Getränke	31
Alkohol und Stoffwechsel	34
Vergiftung	37
Entgiftung	38
Der Morgen danach: Wie man den Kater vermeidet	42
Enzyme und Entgiftung	43

Kapitel 3: Darmfunktion, Gifte, Allergien   47

    Wie der Körper mit Giften umgeht   49
    Die Darmbarriere   52
    Damit der Darm gesund bleibt   54
    Unverträglichkeit und Allergie   56
    Allergietests   58

Kapitel 4: Biogene Amine   61

    Natürliche Amine und körpereigene Rezeptoren   62
    Histamin   66
    Serotonin (5-Hydroxytryptamin)   72
    Dopamin und Phenylethylamin   76
    Tyramin und Octopamin   79
    Diätempfehlungen   82

Kapitel 5: Salicylate   85

    Was ist Salicylat, und wie wirkt es?   87
    Salicylate in Nahrungsmitteln   89
    Natürliche Salicylate in der Medizin   92
    Aspirin – eine Erfolgsgeschichte   95
    Aspirin macht Ärzte arbeitslos   96

Kapitel 6: Coffein   101

    Kaffee   103
    Tee   106
    Cola   108
    Schokolade   110
    Wie wirkt Coffein?   112
    Wie wird Coffein im Körper abgebaut?   117

Inhaltsverzeichnis   IX

Kapitel 7:   Schwefeldioxid und Sulfite   119

Schwefeldioxid, Sulfite und Konservierungsmittel   121
Was ist im Wein?   124
Die Wirkung von Schwefeldioxid und Sulfiten auf den Organismus   127

Kapitel 8:   Natürliche Toxine   131

Toxine, die von Mikroorganismen erzeugt werden   133
Ektotoxine   134
Endotoxine   140
Natürlich vorkommende Pflanzengifte   142
    Pilzgifte   142
Toxine aus Schimmelpilzen   147
Pyrrolizidinalkaloide   150
Cyanogene   151
Psoralene   154
Solanin und Chaconin   154
Lektine   160
Oxalsäure und Oxalate   163
HCAs und PAHs   164

Kapitel 9:   Zusatzstoffe und Verunreinigungen   167

Zusatzstoffe   167
    Tartrazin (E 102)   173
    Erythrosin (E 127)   174
    Cochenille (E 120)   174
    Andere synthetische Farbstoffe   175
    Benzoesäure und Benzoate (E 210–E219)   175
    Sorbinsäure und Sorbate (E 200–E 203)   177
    Oxidationshemmer, Antioxidationsmittel (E 300–E 321)   177
    Gallate (E 310–E 312)   178
    Emulgatoren: Polysorbate (E 432–E 436)   178
    Nitrate und Nitrite   180

Verunreinigungen	180
Metalle	181
Nitrosamine	184
Chlororganische Verbindungen	186

Kapitel 10: Gesunde Ernährung   191

Die Homocysteinfamilie: Folsäure, B_6 und B_{12}	192
Folsäure (Folat)	193
Vitamin B6 (chemischer Name: Pyridoxin)	195
Vitamin B_{12} (chemische Namen: Cobalamin, Cyanocobalamin)	198
Nimm 5!	199
Selen	201
Die Vitamine A, C und E	205
Vitamin A (chemische Namen: Retinol, Carotin)	206
Vitamin C (chemischer Name: Ascorbinsäure)	207
Vitamin E (chemischer Name: α-Tocopherol)	209
Zusammenfassung	210

Anhang 1   Kleiner Leitfaden der Ernährung   211

Anhang 2   Tabellen   235

Glossar   241

Literatur   249

Index   253

Einführung

Wir alle entwickeln individuelle, dauerhafte Vorlieben für manche Speisen. Nahrungsmittel zu meiden, die uns nicht bekommen, lernen wir aber ebenso schnell, selbst wenn sie unser Tischnachbar mit offensichtlichem Appetit und ohne Schaden zu sich nimmt. Ein kleines Kind, dem nach einer Speise schlecht wurde, ist nur sehr schwer zu überreden, diese noch einmal zu probieren: Mit ihr verbindet sich fortan die Erinnerung an den höchst unangenehmen Vorgang des Erbrechens. Wenn wir älter werden, begreifen wir, daß Nahrungsmittel uns aus vielerlei Gründen schaden können. Entweder sind sie schwach giftig oder von Toxinen aus Bakterien oder Pilzen verseucht; vielleicht sind wir auf einen der Inhaltsstoffe auch tatsächlich allergisch.

Ein mäßig giftiges „Nahrungsmittel" ist zum Beispiel der Alkohol. Das Vergnügen des Trinkens überwiegt jedoch im allgemeinen die Aussicht auf das Leiden am darauffolgenden Tag. Jeder ist sich des Risikos bewußt, aber für den Moment scheint es bequemer, es zu ignorieren. Am nächsten Morgen wacht man verkatert auf, aber man kennt die Ursache und akzeptiert die Folgen. Es ist nicht sehr wahrscheinlich, von einem „Kater" zum Antialkoholiker bekehrt zu werden, selbst wenn man die nachhaltigen Schäden fortgesetzten Alkoholkonsums kennt.

Manchmal leiden wir, ohne die Ursache zu kennen. Oft geben wir dann einem Nahrungsbestandteil die Schuld. „Ich mag es, aber es mag mich nicht", lautet häufig der Kommentar von Menschen, die erkannt haben, daß ihnen eine Speise nicht bekommt. Dabei liegt, entgegen landläufiger Auffassungen, in aller Regel keine *Allergie* vor. Wahrscheinlicher ist eine *Unverträglichkeit*; wogegen sich der Körper aber so beharrlich wehrt, findet man nur selten mit Sicherheit heraus.

Zwischen der Allergie und der Unverträglichkeit bestehen grundlegende Unterschiede, und man sollte das eine nicht mit dem anderen verwechseln:

Unter einer *Allergie* versteht man eine überschießende Antwort unseres Immunsystems bereits auf winzigste Mengen eines Nahrungsbestandteils (im allgemeinen eines Proteins) oder einer Substanz, die in unserer Umwelt auftritt (ein tierisches Enzym, Blütenstaub). Die Reaktion steht dabei in keinem Verhältnis zu der aufgenommenen Substanzmenge, sie kann manchmal sogar tödlich sein. Letzteres ist beispielsweise von Allergien auf Erdnüsse bekannt.

Unter einer *Unverträglichkeit* (*Intoleranz*) versteht man dagegen die Unfähigkeit des Körpers, bestimmte Nahrungsbestandteile zu entgiften. Das Immunsystem spielt dabei keine Rolle. Intoleranz kann in zwei Formen auftreten: Entweder hat die aufgenommene Substanz in der Nahrung des Menschen überhaupt nichts zu suchen, oder die Substanz ist zwar grundsätzlich für Menschen verträglich, aber bestimmte genetische Defekte führen im Einzelfall zu Problemen. Im ersteren Fall ist der Körper schlicht bestrebt, den schädlichen Stoff so schnell wie möglich wieder loszuwerden, und die Reaktion richtet sich sicherlich nach der aufgenommenen Menge. Im letzteren Fall fehlt ein Verdauungsenzym. Mit Hilfe solcher Enzyme (→ Glossar) laufen Hunderte chemischer Reaktionen ab, die mit der Nahrung zugeführte Substanzen in andere umwandeln. Fehlt ein Enzym, so kann die Verarbeitungskette nicht korrekt funktionieren. Um beispielsweise den Milchzucker (Lactose) verdauen zu können, der in Milch jeder Art, ausgenommen Sojamilch, enthalten ist, benötigen wir das Enzym Lactase. Neugeborene Säugetiere, auch Menschen, produzieren dieses Enzym im Dünndarm. Nach der Entwöhnung wird diese Produktion jedoch nicht selten eingestellt (dies gilt besonders für Bewohner des Nahen Ostens). Auch der Stoff Gluten, ein in Weizen enthaltenes Protein, kann von manchen Menschen nicht verdaut werden. Der Organismus versucht sich zu helfen, so gut es eben geht, aber in schweren Fällen hilft nichts anderes als das konsequente Meiden glutenhaltiger Speisen. Eine Intoleranzreaktion kann im Prinzip jedes Nahrungsmittel hervorrufen. Besonders häufig sind Unverträglichkeiten von Milch, Erdnüssen, Eiern, Fisch, Meeresfrüchten und Weizen.

Damit wir gesund bleiben, müssen wir unseren Körper erstens mit der notwendigen Energie versorgen und ihm zweitens Stoffe zuführen, die für die Neubildung von Zellen und die Aufrechterhaltung der Funktion existierender Zellen erforderlich sind. Kohlenhydrate und Fette dienen in erster Linie als Energielieferanten, werden aber teilweise auch zum Aufbau von Gewebe verwendet. Proteine stellen vorrangig Bausteine für die Gewebsbildung zur

Verfügung, können aber unter Umständen zur Energiegewinnung gespalten werden. Vitamine und Mineralstoffe benötigt der Organismus für spezielle Funktionen.

Außer diesen wichtigsten Nahrungsbestandteilen gibt es Substanzen, die weder der Energiegewinnung noch dem Zellaufbau dienen, aber andere wichtige Aufgaben erfüllen. Zellulose beispielsweise ist ein unverdauliches Kohlenhydrat, oft auch als Ballaststoff bezeichnet. Sie hilft bei der Aufrechterhaltung des Verdauungsprozesses, denn sie füllt den Darm; außerdem kann sie Überschüsse bestimmter Chemikalien, unter anderem Cholesterin (→ Glossar), aufnehmen und aus dem Körper abtransportieren.

Schließlich finden sich in unserer Nahrung noch Zusatzstoffe, die in diesem Buch unter anderem besprochen werden. Manche sind in den Rohstoffen von Natur aus enthalten, zum Beispiel biogene Amine, andere wurden während des Verarbeitungsprozesses mit Absicht oder versehentlich hinzugefügt. Einige Stoffe sollen die Speisen vor unerwünschten Kontaminationen, etwa dem Wachstum von Mikroorganismen, schützen (z. B. Sulfit); andere verbessern oder „verstärken" den Geschmack (z. B. Mononatriumglutamat); wieder andere mögen wir aufgrund ihrer Wirkung (z. B. Coffein). Einige der häufigsten derartigen Stoffe finden Sie in der untenstehenden Tabelle. In Maßen aufgenommen, kann uns keiner dieser Substanzen ernsthaft schaden. Enthält eine Mahlzeit aber bestimmte ungünstige Kombinationen von Speisen, so können sich die einzelnen Gehalte tatsächlich zu einer toxischen Dosis addieren, und es kommt zu einer Unverträglichkeitsreaktion.

Mononatriumglutamat (MSG) zum Beispiel löste einen der bedeutendsten Nahrungsmittelskandale der letzten Jahre aus. Zeitungsberichte wie der unten abgedruckte erklären, warum der einst beliebte Geschmacksverstärker in den 1980er und frühen 1990er Jahren zunehmend unpopulär wurde.

Die hier zitierte britische Boulevardzeitung übertreibt natürlich: Natriumglutamat ruft keine Lähmungen hervor. Wahrscheinlicher sind Symptome wie Rötungen und Kribbeln auf der Haut. An der beschriebenen Reaktion war jedoch mit ziemlicher Sicherheit das chinesische Essen schuld, und die Krabbensuppe war ganz bestimmt großzügig mit Glutamat gewürzt. Die Substanz ist in vielen Lebensmitteln auch von Natur aus enthalten, allerdings in so geringen Mengen, daß es unwahrscheinlich ist, mit einer einzigen Mahlzeit zuviel davon aufzunehmen. In Kapitel 1 wollen wir den umstrittenen Zusatzstoff näher untersuchen.

Eine Vielzahl innerhalb der letzten 20 Jahre erschienener Bücher warnt uns vor Gefahren, die angeblich von unserer Nahrung ausgehen. Die Auswirkungen vieler Zusätze, beispielsweise von Pestizidrückständen aus der Landwirtschaft oder Additiven aus der Nahrungsmittelverarbeitung, werden häufig stark übertrieben. Selten gründen sich die Behauptungen auf wissenschaftlich fundierte Fakten, daher bleibt es in der Regel bei alarmierender Spekulation. Trotzdem ändern die Menschen ihre Eßgewohnheiten, um die in Verruf geratenen Zusätze zu meiden, häufig unter großem Aufwand – sowohl finanzieller als auch emotionaler Natur. Wer ständig auf Alarmglocken lauscht, betrachtet das Essen nicht mehr als etwas Erfreuliches, sondern als versteckte Bedrohung der Gesundheit. Oft versteht die Öffentlichkeit nicht, worum es eigentlich geht; sie kann es auch nicht verstehen, denn die Beweisführungen sind alles andere als wissenschaftlich. In diesem Buch werden Sie keinen Ratschlag finden, der nicht durch medizinische oder naturwissenschaftliche Tatsachen untermauert werden kann. Wir wollen, kurz gesagt, erklären, wie bestimmte Chemikalien auf den menschlichen Organismus wirken können, wie man herausfinden kann, auf welche Bestandteile man eventuell empfindlich reagiert, und wie man vermeiden kann, von diesen Substanzen zu viel auf einmal aufzunehmen.

In Nahrungsmitteln können Gefahren lauern, die jeden bedrohen. Bakterien, Pilze, Hefen, Schimmelpilze und Viren lösen Lebensmittelvergiftungen aus, die man jedoch mit Hilfe einfacher, schon unseren Großeltern geläufiger Maßnahmen vermeiden kann: Beim Durcherhitzen von Speisen werden Bakterien abgetötet; Schimmel vermehrt sich im Kühlschrank wesentlich langsamer; Tische, auf denen man Speisen zubereitet, sollten häufig gereinigt werden; vor der Küchenarbeit sollte man sich die Hände waschen; Textilien, die in der Küche verwendet werden, sind zu desinfizieren (oder heiß zu waschen).

Doch selbst, wenn man alle diese Vorsichtsmaßregeln befolgt, kann es sein, daß man eine Mahlzeit nicht verträgt. An dieser Stelle sollte man nachdenken, was man gegessen hat: War etwas Ungewöhnliches dabei, zum Beispiel eine neue Käsesorte oder ein Wein? Möglicherweise liegt man richtig, wenn man die Übelkeit auf dieses Nahrungsmittel schiebt. Vielleicht addierten sich aber auch kleine Mengen einer Substanz, die in mehreren Nahrungsmitteln enthalten waren, zu einer Dosis, mit der der Organismus nicht fertigwerden konnte.

Wie können wir uns vor solchen Vorfällen schützen? Zunächst müssen wir wissen, welche Nahrungsbestandteile uns die Freude am Essen verderben können. Anschließend müssen wir vermeiden, unseren Körper mit diesen Substanzen zu überlasten. Wir können nicht garantieren, daß Sie Ihr spezielles Problem mit Hilfe unseres Buches lösen können, aber Sie werden sehr wahrscheinlich zumindest zweckdienliche Hinweise finden.

Tabelle E.1 Natürliche und synthetische Inhaltsstoffe in alltäglichen Nahrungsmitteln.

Inhaltsstoff	Beschreibung	Vorkommen in oder Verwendung für (u. a.)
Aflatoxin	natürliches Toxin, produziert von Schimmelpilzen	Kuhmilch, Hühnereiweiß, Getreide, Erdnüsse, Paranüsse
Benzoesäure	Naturstoff, auch als Konservierungsmittel verwendet	Beerenfrüchte; künstlich zugesetzt zu Pizzas, Joghurterzeugnissen, Fruchtgetränken
Coffein	Anregungsmittel	Kaffee, Tee, Cola, Kakaopulver
Erythrosin BS	Farbstoff	Obstkonserven, Salami, Wurst, Zuckerwaren
Mononatriumglutamat	Geschmacksverstärker	pikante Speisen und Knabberartikel, Camembert, Fischstäbchen, Tütensuppen
Octopamin	natürliches Amin	Schinken, Kuhmilch, Schweinefleisch, Hammelfleisch, Hummer
Phenylethylamin	natürliches Amin	Schokolade
Kaliumnitrit	Konservierungsmittel	Wurst, Salami, Schinken, Pasteten, Edamer, Pizzas
Saccharin	Süßstoff	Diätgetränke und -nahrungsmittel
Sulfite, Metabisulfite	Oxidationshemmer, Konservierungsmittel	Trockenfrüchte, Fruchtfüllungen für Gebäck, Sauerkonserven, Instantsuppen, Instantkartoffelbrei, Fruchtsirup, -getränke und -säfte
Solanin	natürliches Toxin	Tomaten, Kartoffeln, Pfefferschoten, Paprikaschoten, Auberginen
Sorbinsäure	natürliches Fungizid und Konservierungsmittel	Dessertsoßen, Suppenkonzentrate, Joghurt, Gebäck, Erfrischungsgetränke, Rotwein
Gelborange S	Farbstoff	Fruchtsaftkonzentrate, Joghurt, Marzipan, Puddingpulver
Tartrazin	Farbstoff	schnell gelierender Tortenguß, Paniermehl, Käsesoßenpulver, Erfrischungsgetränke
Tyramin	natürliches Amin	Spinat, Bananen, Tomaten, Kartoffeln, Schweinefleisch, Hühnerfleisch, Kuhmilch

Dieses Buch reiht sich nicht unter die vielen Diätratgeber ein, die Ihnen verraten, mit welcher neuen Methode Sie uralt werden oder sich definitiv vor Herzinfarkten und Krebs schützen können. Darin besteht unser Ziel nicht, obwohl das letzte Kapitel einige Ratschläge zur Verbesserung der Lebenqualität und zur Gesunderhaltung, besonders im Alter, enthält. Wir wollen Ihnen vor allem zu größerer Lebensfreude verhelfen, indem wir einigen Legenden der Nahrungsmittelunverträglichkeit den Schrecken nehmen. Wenn Sie die Rolle bestimmter einfacher Chemikalien verstehen, die den Lebensmitteln entweder von der Natur oder vom Hersteller aus gutem Grund hinzugefügt wurden, dann sind Sie in der Lage, solche Speisen auszusondern, deren Entgiftung Ihren Körper überfordert und spürbar reagieren läßt.

Wok out!
Sieben Menschen nach chinesischem Essen gelähmt

Nach einer Mahlzeit in einem China-Imbiß reagierten sieben Menschen mit vorübergehenden Lähmungserscheinungen. Die Symptome traten nach dem Verzehr der Vorspeise, einer Krabbensuppe, auf. Die Bezirksräte von Rhyl und Prestatyn in North Wales erwägen einzugreifen. Bei der Störung handelte es sich um die sogenannte Kwok-Krankheit, die von übermäßigem Zusatz des Geschmacksverstärkers Mononatriumglutamat verursacht wird. Betroffene leiden unter Gesichtslähmungen, die auf Arme und Beine ausstrahlen können. ...

(The Star, 1. Juli 1991)

KAPITEL 1

Mononatriumglutamat

MENÜ	
Vorspeise	Chinesische Wantan-Suppe
Hauptgericht	Riesengarnelen mit Sesam, Frühlingsrollen, Tang
	Ente mit Garnelensoße, Gewürzreis
	Vegetarisch: Pilze, Sardinen und Tomaten (gebacken), Salatbeilage mit Sojasoße
Dessert	Käseauswahl (Camembert, Roquefort, Brie)
	Grüner Tee

Nach dem Genuß des Menüs auf dieser Speisekarte ginge es Ihnen möglicherweise nicht besonders gut, denn die Speisenfolge enthält mit ziemlicher Sicherheit über 3 g Mononatriumglutamat (MSG). MSG ist ein vor allem in der fernöstlichen Küche beliebter Geschmacksverstärker. Eine Dosis von 3 g löst bei manchen Leuten bereits eine merkliche Unverträglichkeitsreaktion aus. Mundtrockenheit, heiße, gerötete Wangen, Juckreiz am Hals und Kopfschmerzen sind die berüchtigten Symptome, zusammengefaßt unter der Bezeichnung „Chinarestaurant-Syndrom". Wer besonders empfindlich auf MSG reagiert, leidet jedoch nicht nur nach einem Besuch im Chinarestaurant, wie das untenstehende Beispiel zeigt.

Fallstudie: **Bingo!**

Kurz nach ihrer Hochzeit kamen der 32jährige Rory und seine Frau aus Neuseeland nach Großbritannien. Dort wollten sie zunächst einige Monate lang arbeiten und sparen, um sich dann ein Wohnmobil kaufen und durch Europa reisen zu können. Bald fand Rory Arbeit als Berater für Computersysteme, war aber dadurch den größten Teil der Woche unterwegs und mußte seine Eßgewohnheiten völlig umstellen. Rory war ein ehrgeiziger Sportler, der zwischen Arbeitsschluß und Abendbrot regelmäßig ins Fitneß-Center ging.

Nach einigen arbeitsreichen Wochen begann Rory an Migräne, Kopfschmerzen, Schwindelgefühl und Alpträumen zu leiden. Letztere waren manchmal so lebhaft, daß er nachts nicht wieder einschlafen konnte. An den Wochenenden, die er zu Hause bei seiner Frau verbrachte, war er vollkommen beschwerdefrei – bis das Ehepaar einmal mit Freunden ein chinesisches Restaurant besuchte. Nach dem Essen erlitt Rory die bis dahin schlimmste Schmerzattacke, worauf er einen Arzt aufsuchte. Dieser verwies ihn an einen Spezialisten für ernährungsbedingte Störungen.

Rory erfuhr, daß Glutamat die Ursache seiner Beschwerden sein konnte. Er erhielt eine Liste mit Nahrungsmitteln, die er meiden sollte. Daraufhin fühlte er sich eine Zeitlang gut, aber während des Aufenthalts in einer kleinen Pension fingen die Beschwerden wieder an. Der Hauswirtin, Mrs. Smith, hatte er unverzüglich erklärt, welche Speisen er nicht vertrug, und sie richtete sich nach seinen Anweisungen. An drei bestimmten Tagen traten die Symptome trotzdem auf. Beim ersten Mal, es hatte zum Abendessen Fisch gegeben, wollte Rory Mrs. Smith zur Rede stellen, traf sie aber nicht an: Sie war ausgegangen, um Bingo zu spielen.

Am darauffolgenden Morgen versicherte sie ihm, sie habe sich nach seinen Wünschen gerichtet und keine glutamathaltige Zutat verwendet. In Abständen von je ungefähr einer Woche folgten die beiden nächsten Attacken – stets an den Abenden, an denen Mrs. Smith Bingo spielte und ihr Mann das Essen für die Gäste zubereitete.

Am nächstfolgenden Bingo-Abend ging Rory auswärts essen und blieb beschwerdefrei. Nachdem sich die Wirtsleute zu Bett gelegt hatten, ging Rory hinunter in die Küche und untersuchte den Inhalt des Mülleimers. Er wurde bald fündig: Im Abfall lag die Verpackung einer Fertigsoße, die reichlich Glutamat enthielt, wie Rory wußte. Der Mann von Mrs. Smith war kein routinierter Koch und machte es sich einfach, wenn seine Frau abends Bingo spielen ging.

Was also ist Mononatriumglutamat, und warum löst es eine solche Reaktion aus? Eine Unverträglichkeit könnte man erwarten, wenn es sich um eine künstliche Chemikalie handelte, die der Nahrung zugesetzt wird. MSG aber ist ein natürlicher Inhaltsstoff vieler Lebensmittel, darunter Tomaten und Käse, und unser Organismus produziert die Substanz sogar, da sie für die Hirnfunktion wesentlich ist. Dieses augenscheinliche Paradoxon wollen wir aufklären.

Mononatriumglutamat ist das Natriumsalz der Glutaminsäure, einer natürlich vorkommenden Aminosäure (→ Glossar). Auch Monokaliumglutamat und Calciumglutamat werden als Geschmacksverstärker verwendet, insbesondere im Rahmen einer natriumfreien Diät. Das enthaltene Natrium, Kalium bzw. Calcium trägt ein wenig zur täglichen Versorgung unseres Körpers mit diesen Mineralien bei, aber nicht die Metallionen, sondern das Glutamat ist der aktive Teil des MSG.

Auf Glutamat können wir nicht *allergisch* sein, denn diese Substanz ist in jeder Zelle unseres Körpers enthalten. Einen Teil davon stellt der Organismus selbst her, einen Teil produzieren Mikroben, die unseren Darm bewohnen, und einen Teil entnehmen wir der Nahrung. Dieser letztgenannte Anteil kann die beschriebenen unangenehmen Reaktionen hervorrufen. Glutamat kann in zwei Formen auftreten: frei und gebunden. Das freie Glutamat steht, wie es der Name sagt, dem Körper unmittelbar zur Verfügung, während das gebundene Glutamat fest mit den Eiweißbestandteilen der Lebensmittel verknüpft ist und nur bei der Eiweißverdauung durch Protease-Enzyme im Darm freigesetzt werden kann. Im Verlaufe dieser Verdauung werden langkettige Proteine in ihre Bestandteile gespalten, die Aminosäuren, zu denen auch die Glutaminsäure gehört. Auf diese Weise entstandenes freies Glutamat kann im Unterschied zu MSG keine sofortige Reaktion auslösen.

Tabelle 1.1 zeigt, wieviel Glutamat beider Formen in verschiedenen Nahrungsmitteln (angegeben in der Reihenfolge abnehmenden Gehaltes) enthalten ist. Den eigentlichen Spitzenreiter, eßbaren Seetang (2240 mg freies Glutamat je 100 g, das sind 2,24 Gew.-%) haben wir weggelassen, da er in den westlichen Ländern üblicherweise nicht auf dem Speiseplan steht.

Nur das freie Glutamat kann bei etwa einem von tausend Menschen eine Unverträglichkeitsreaktion auslösen. Die Ursache dafür ist, daß der Stoffwechsel mit der plötzlichen Überlastung nicht fertig wird. Besonders häufig tritt die Reaktion ein, wenn, wie in den meisten Chinarestaurants, viel Glutamat als Geschmacksverstärker verwendet wird. Unglückliche Gäste leiden dann unter dem Chinarestaurant-Syndrom.

Tabelle 1.1 Natriumglutamat in Nahrungsmitteln

Lebensmittel	Freies Glutamat (mg/100 g)	Gebundenes Glutamat (mg/100 g)
Parmesankäse	1200	9800
Bohnen	200	5600
Tomaten	140	240
Mais	130	1800
Kartoffeln	100	270
Spinat	40	290
Hühnerfleisch	45	3300
Möhren	35	200
Rindfleisch	35	2800
Makrelen	35	2400
Schweinefleisch	25	2300
Eier	25	1600
Zwiebeln	20	210
Lammfleisch	20	2700
Lachs	20	2200
Kabeljau	10	2100

Das Chinarestaurant-Syndrom

Kein chinesischer Koch, der seinen Namen zu Recht trägt, würde eine Speise ohne Glutamat oder zumindest ein glutamatreiches Gewürz wie Sojasoße kochen. Der Geschmacksverstärker ist aber bei weitem nicht nur in der fernöstlichen Küche beliebt: In den 1950er Jahren hielt er Einzug in die Fertiggerichte der westlichen Welt, befürwortet beispielsweise von der National Restaurant Association in den USA, die den Zusatzstoff für absolut ungefährlich hielt – so ungefährlich, daß Lebensmittelhersteller nicht einmal die zugesetzten Mengen auf der Verpackung vermerken mußten. Besonders viel Glutamat war in Knabbereien für Kinder enthalten. Man bemerkte, daß manche Kinder dann regelrecht „süchtig" auf diese Snacks wurden. Da die Rolle des Glutamats als Überträger von Nervenimpulsen im Gehirn bereits bekannt war, glaubte man, Kindern mit MSG etwas Gutes zu tun, und hoffte sogar, damit den IQ geistig zurückgebliebener Kinder steigern zu können.

In den 1950er und 1960er Jahren setzte man MSG selbst Kleinkinder- und Säuglingsnahrung zu. Dies schien durchaus vernünftig zu sein, da Muttermilch recht viel Glutamat enthält (22 mg in 100 ml), wesentlich mehr als Kuhmilch (2 mg in 100 ml). Dann brachte man bestimmte Hirnschädigungen mit MSG in Zusammenhang, eine Vermutung, die übrigens nie bewiesen wurde, und verzichtete auf den Zusatz von Glutamat bei Kleinkindnahrung. Für ältere Kinder wurde der Glutamatgebrauch allerdings unverändert befürwortet, mit dem Argument, so könne man den Nachwuchs vom dauernden Süßigkeitenkonsum abhalten und an die vermeintlich gesünderen herzhaften Alternativen gewöhnen.

Die Allgemeinheit erfuhr vom Chinarestaurant-Syndrom erstmals 1968, als ein Brief im *New England Medicine Journal* veröffentlicht wurde. Der Autor, Dr. Robert Ho Man Kwok, berichtete von einer Reihe unerklärbarer Symptome, die er nach jedem Besuch eines Chinarestaurants an sich selber beobachtet hatte. Etwa 20 Minuten nach Beendigung der Mahlzeit wurde sein Mund taub, und im Nackenbereich begann es zu kribbeln. Sechs Stunden später setzten Kopfschmerzen ein. Nach 24 Stunden verschwanden die Symptome, gleichzeitig verspürte Kwok heftigen Durst. Wo lag die Ursache?

Die Zeitschrift erhielt daraufhin eine Flut von Zuschriften von Leuten, die ähnliche Erfahrungen gemacht hatten. Andere medizinische Journale wie *Lancet* und *British Medical Journal* berichteten über Varianten der Störung: Schmerzen im Brustbereich, Kopfschmerzen verschiedenartiger Ausprägung, Herzklopfen (Palpitation, → Glossar), Schwindel, Muskelkrämpfe, Schwäche der Oberarmmuskeln und Nackenschmerzen. Jegliche Kombination dieser Symptome bezeichnete man als Chinarestaurant- oder Kwok-Syndrom. Die Medien griffen die neuartige Krankheit natürlich umgehend auf; bald begannen die Menschen landauf, landab an der bis dahin unbekannten Störung zu „leiden". Aber nicht alle Opfer bildeten sich ihr Leiden nur ein, und manchen machte das Syndrom ernsthaft zu schaffen.

Teilweise wurde der Ärger von der speziellen westlichen Art, fernöstliche Menüs zu verzehren, verursacht. Obwohl chinesische Gerichte recht salzig und scharf sind, war es in den 1960er Jahren in Amerika nicht üblich, während des Essens ausgiebig zu trinken. In den Ursprungsländern dagegen gehört zu einer Mahlzeit viel Flüssigkeit, Wein, Bier und besonders Tee (grüner Tee enthält allerdings auch seinerseits etwas Glutamat). Heutzutage trinkt man auch im Westen im Chinarestaurant ausreichend Mineralwasser oder Bier, und jedes Menü sollte mit reichlich grünem Tee enden. Durst ist jedoch nicht das einzige Symptom der Chinarestaurant-Krankheit, und Flüssigkeitszufuhr schwächt die Störung zwar ab, verhindert sie aber nicht und bringt auch als Behandlungsmaßnahme keinen Erfolg.

Die Schuld lag eindeutig bei den chinesischen Köchen, und schließlich gelang es auch, des eigentlichen Bösewichts habhaft zu werden. Von der Chemikalie Mononatriumglutamat hatten die meisten Leute noch nie etwas gehört, obgleich die Chinesen und Japaner seit langem vielfältige Formen dieses Gewürzes verwenden. Weder in China noch in Japan war jemals über Probleme im Zusammenhang mit Glutamat berichtet worden. Woran lag das?

1969 spekulierte Herbert Schaumburg vom Albert Einstein College of Medicine in der Bronx, der ebenfalls unter diesem Syndrom litt, über dessen Auslöser. Zunächst hielt er es für wenig wahrscheinlich, daß Glutamat oder Sojasoße dahintersteckte, denn seine Familie verwendete beides auch in der häuslichen Küche reichlich. Innerhalb eines Jahres hatte er seine Meinung jedoch geändert und veröffentlichte in der einflußreichen Zeitschrift *Science* einen Artikel unter dem Titel „Mononatriumglutamat, seine Pharmakologie und Rolle bei der Entstehung des Chinarestaurant-Syndroms". Schaumburg benannte eindeutig MSG als Verursacher der Symptome. Die Medien berichteten über dieses Ergebnis und gaben ihrem Publikum den vereinfachten Ratschlag: Meide MSG, und du wirst nie am Chinarestaurant-Syndrom leiden.

So begann eine Hysterie, die über 20 Jahre lang andauern sollte. Einige Lebensmittelhersteller fühlten sich schließlich sogar genötigt, ausdrücklich auf ihren Produkten zu vermerken, daß diese kein Glutamat enthielten. In den Vereinigten Staaten schlossen sich besorgte Bürger zu Gruppe NOMSG zusammen, deren Ziel das Verbot von MSG war. Zweifellos gibt es Menschen, die unter einem Übermaß an Geschmacksverstärker schwer zu leiden haben, aber das sind die wenigsten. Den meisten schadet die Substanz nicht, denn ihr Körper verwendet es in derselben Weise wie das gebundene, aus Proteinen freigesetzte Glutamat.

Chinesische und japanische Köche verwenden Glutamat aufgrund seiner stimulierenden Wirkung auf die Nervenendigungen, insbesondere im Mund und in den Geschmackspapillen. Fleisch und Fisch schmecken mit MSG intensiver. Das trifft in der Tat auf sämtliche Eiweiße zu, so auch auf Meeresfrüchte und Käse. In vielen traditionellen Gerichten wird eine geringe Menge Protein mit einem Nahrungsmittel kombiniert, das reich an freiem Glutamat ist. Die so entstehende Speise schmeckt weitaus besser, als wenn man beide Bestandteile nacheinander verzehrt. Typische Beispiele findet man nicht nur in China (Schweinefleisch und Garnelen) und Japan (Fisch und Seetang), sondern auch in Italien (Pizza mit Tomaten und Käse) und Frankreich (Champignons à la Grecque: marinierte Champignons mit gedünsteten Schalotten, Tomaten, Tomatenmark und Kräutern, dazu Camembert). Überall auf der Welt, wo man solche Zusammenstellungen liebt, lauert die Gefahr für besonders empfindliche Menschen.

Reife Früchte schmecken wesentlich besser als unreife. In einigen Fällen, beispielsweise bei Tomaten, liegt dies zum Teil am steigenden Gehalt an Glutamat. Tomaten geben daher vielen Gerichten erst den rechten Geschmack. Reduzierte Fleischbrühe (Brühpulver oder -paste) hat übrigens einen ähnlichen Effekt. Der Suppentopf ist ein fester Bestandteil der traditionellen französischen Küche. Man kocht Fleisch- oder Fischstückchen mit verschiedenen Gemüsen lange und langsam, wobei Glutamat freigesetzt wird. Ob man nun auf althergebrachte Weise eine Brühe ansetzt oder einen Suppenwürfel benutzt – entscheidend ist das Glutamat, das den Geschmack anderer Zutaten intensiviert.

Der vergessene fünfte Geschmack

In der westlichen Welt kennt man vier verschiedene Geschmacksqualitäten: süß, sauer, salzig und bitter. Ihre Erkennung verdanken wir dem deutschen Psychologen Hans Hening (1916). Chinesische Köche dagegen unterscheiden fünf grundlegende Geschmacksqualitäten (süß, sauer, salzig, bitter und scharf) sowie „xiang" (beißend und aromatisch wie Knoblauch, Frühlingszwiebeln und manche Gewürze) und „xian" (herzhaft wie Austern- und Krabbensoße oder Hühner- und Fleischbrühe). „Xian" verleiht man einem Gericht durch einen Spritzer Sojasoße oder eine Prise Glutamatpulver.

Auch im Westen erkennt man die Berechtigung einer fünften Geschmacksqualität allmählich an, und das aus guten, wissenschaftlich fundierten Gründen. Die Benennung des fünften Geschmacks stammt aus dem Japanischen: „umami" bedeutet ungefähr „fleischig" oder „herzhaft". Speisen, die „umami" schmecken, fallen jedem sofort ein: Parmesankäse, Lasagne, Bouillon, Tomatensaft, Sardinen, Makrelen und Thunfisch.

In Japan gibt es wesentlich mehr Nahrungsmittel, die in die Kategorie „umami" fallen, darunter Tang, grüner Tee, Bonito, Meerbrassen und getrocknete Pilze (Shiitake und Matsutake). Bei den Köchen sind bestimmte, in kalten Meeren wachsende Blattang-Arten *(Laminaria japonica)* besonders begehrt. Sie werden für Suppengrundlagen ausgekocht, da sie viel freies Glutamat enthalten.

Erst zu Beginn des 20. Jahrhunderts identifizierte man Umami korrekt als fünfte Geschmacksqualität. Eines Tages stellte Professor Kikunae Ikeda von der Fakultät für Chemie der Tokyo Imperial University fest, daß sein Tofu (Quark aus Sojamilch) viel besser schmeckte, wenn er dazu einen Löffel Tangbrühe aß. Er untersuchte die Brühe und isolierte daraus eine Säure, die er Umami nannte – die Glutaminsäure. Auf der 8. Internationalen Konferenz für Angewandte Chemie in Washington DC (1912) berichtete er von seiner Entdeckung. Glutaminsäure war zu diesem Zeitpunkt eigentlich schon bekannt: Der deutsche Forscher Karl Ritthausen hatte sie bereits 1866 aus Weizenprotein (Gluten) erhalten und benannt.

Heute ist Umami als eigenständige Geschmacksqualität anerkannt. In zahlreichen Experimenten versuchte man, Umami aus süß, sauer, salzig und bitter zu kombinieren – vergebens. Mittlerweile fand man auf den tierischen Geschmacks-Sinneszellen spezifische Umami-Rezeptoren (→ Glossar). Umami schmeckt besser in Verbindung mit salzigen und sauren Speisen als mit süßen oder bitteren Nahrungsmitteln.

Drei chemische Substanzen sind für die Umami-Empfindung zuständig: Mononatriumglutamat (MSG), Dinatriuminosinat (DSI) und Dinatriumguanylat (DSG), wobei MSG die wichtigste Rolle spielt. Im europäischen System der Nahrungsmittel-Zusatzstoffe („E-Nummern") ist MSG als E 621 aufgeführt. DSI, dem vorläufig die Nummer E 631 zugeteilt wurde, ist die zweitwichtigste Umami-Substanz und ist besonders reichlich in Sardinen, Bonito, Makrelen, Thunfisch und Schweinefleisch enthalten. DSG, die dritte Umami-Komponente, wurde erst 1960 von Dr. Akira Kuninaka als solche erkannt und kommt vor allem in Pilzen wie Shiitake, Matsutake, Enokitake und Trüffeln vor.

Die drei Umami-Komponenten können sich in ihrer Wirkung gegenseitig beeinflussen. Eine Kombination von MSG und DSI schmeckt intensiver umami, als man es aufgrund des Effekts der beiden einzelnen Stoffe erwarten würde. Infolge einer chemischen Reaktion zwischen MSG und DSI wird ein achtfach stärkerer Umami-Geschmack erzeugt, als es der Summe der Komponenten entspräche. Italienische Köche belegen ihre Pizzen oft mit Tomaten und Käse oder streuen Parmesankäse über eine Minestrone. Beide Gerichte schmecken umami, weil MSG und DSI kombiniert werden. In Japan erzielt man einen ähnlichen Effekt durch die Mischung von Bonito mit Seetang, und in der häuslichen Küche geben wir zu diesem Zweck einen Spritzer Sojasoße, ein paar Körnchen Fleischextrakt oder einen Suppenwürfel (der nicht unbedingt Fleischauszüge enthalten muß) an die Speisen.

Wenn Sie mit Mononatriumglutamat kochen möchten, sollten Sie sich an die folgenden Empfehlungen halten (die Mengen sind jeweils für vier Personen berechnet):

- **Suppen:** bis zu einem halben Teelöffel (5 g) in Abhängigkeit von den anderen Zutaten;
- **gebratene Nudeln, gebratener Reis:** ein gestrichener Teelöffel (10 g);
- **Fleisch- und Fischgerichte:** ein halber Teelöffel (5 g).

Mit einem chinesischen Menü, das alle diese Speisen enthält, nimmt jeder Beteiligte allerdings eindeutig mindestens 5 g MSG zu sich – mehr als genug, um bei empfindlichen Personen das Chinarestaurant-Syndrom auszulösen.

In Fertiggerichten jeder Art ist in aller Regel MSG enthalten. Besonders viel findet sich in Tiefkühlkost, herzhaften Knabbereien, Gewürzmischungen, Büchsen- und Tütensuppen, Soßenpulver, Wurst und Schinken. Diese Speisen sollten Sie in jedem Falle meiden, wenn Sie befürchten, MSG nicht zu vertragen. Bedenken Sie aber, daß freies Glutamat auch von Natur aus in vielen Lebensmitteln vorkommt (siehe Tabelle 1.1).

Chemie und Biologie von MSG und Glutamat

Einweiße bestehen aus Aminosäuren. Eine der am häufigsten vorkommenden Aminosäuren ist die Glutaminsäure, die in manchen Proteinen bis zu 20 % ausmacht. Noch mehr Glutamat findet sich in Milcheiweiß (22 %) und Weizenprotein (31 %). Unsere Muskeln und viele andere Organe bestehen aus Aminosäuren, die zu langen Ketten verknüpft sind. Von den 20 verschiedenen natürlich auftretenden Aminosäuren kann unser Organismus einige selbst herstellen („nichtessentielle" Aminosäuren); alle anderen, die sogenannten „essentiellen" Aminosäuren, müssen wir mit der Nahrung aufnehmen. Glutaminsäure zählt zu der Gruppe der „nichtessentiellen" Aminosäuren. Sie wird von unseren Zellen produziert, und wir brauchen sie zum einen als Ausgangsstoff der körpereigenen Herstellung anderer Aminosäuren und zum anderen als Neurotransmitter (→ Glossar) im Gehirn. In dieser Funktion leitet die Glutaminsäure Nervenimpulse von Neuron zu Neuron weiter. Die Zellen des Gehirns decken ihren Glutamatbedarf aus eigener Produktion, da die Substanz die Blut-Hirn-Schranke nicht passieren kann. Diese schützende Grenze zwischen dem Körperkreislauf des Blutes und dem Gehirn können nur wenige Stoffe überwinden.

Industriell stellt man MSG aus Melasse her, einem Nebenprodukt der Raffination von Zuckerrohr und Zuckerrüben. Melasse enthält viel Glucose, die man durch bakterielle Fermentation mit *Corynebacterium helassecola* in Anwesenheit von Ammoniakgas in Glutaminsäure umwandeln kann. Das Produkt wird zunächst durch Kristallisation gereinigt; anschließend löst man die Kristalle in sauberem Wasser und neutralisiert die Säure, wobei sich das Natriumsalz bildet. Die Lösung wird entfärbt und eingedampft, bis sich reine, weiße Kristalle von MSG abscheiden, welche man schließlich trocknet und verpackt. In dieser Form läßt sich MSG am einfachsten verwenden, es sieht beinahe wie normales Speisesalz aus. Wie bei allen Salzen sind die Komponenten, Natrium und Glutamat, nicht besonders fest miteinander verbunden. Löst man MSG in Wasser, zerfällt es in Natriumionen und freies Glutamat.

Im sauren Milieu unseres Magens wird aus Glutamat wieder Glutaminsäure, die sich chemisch nicht von derjenigen unterscheidet, die im Zuge der enzymatischen Eiweißverdauung entsteht. Beide „Arten" Glutaminsäure werden durch die Wände unseres Magen-Darm-Kanals gleich gut aufgenommen. Unmittelbar danach wird eine der Carboxylgruppen und ein Kohlenstoffatom von der Säure abgespalten. Die so entstandene einfachere Aminosäure Alanin wird zu allen Stellen des Körpers transportiert, wo neues Gewebe gebildet oder Energie benötigt wird.

Im Durchschnitt nehmen wir täglich 10 g gebundenes Glutamat, etwa 1 g freies Glutamat aus Lebensmitteln und etwa 0,5 g freies Glutamat in Form von MSG zu uns. Gleichzeitig stellt der Organismus 50 g Glutamat selbst her. Aus diesen Zahlen könnte man folgern, daß der Anteil des als Gewürz zugeführten MSG vernachlässigbar klein ist. Das stimmt auch – bedenken Sie aber, daß es sich um Durchschnittswerte handelt, die der Einzelne erheblich überschreiten kann, wenn er sich zum Beispiel auf fernöstliche Art ernährt oder pausenlos Salzgebäck und Kartoffelchips ißt. Eine durchschnittliche, 70 kg schwere Person enthält 1800 g Glutamat, vorwiegend in Eiweißen gebunden. Rund 10 g liegen in freier Form vor und finden sich vorwiegend im Muskelgewebe (6 g), im Gehirn (2,5 g), in der Leber, den Nieren und zum geringsten Teil im Blut. Unser Organismus kann Glutamat nicht nur durch die Spaltung von Eiweißen gewinnen, sondern auch durch Umwandlung von anderen Aminosäuren oder sogar aus Glucose.

16 g Glutamat scheiden wir täglich aus – mit Urin und Stuhl, aber auch durch die Abstoßung von Hautschüppchen.

Wenn Glutamat außer Kontrolle gerät

Nach Krebs und Herzinfarkt ist der Schlaganfall die dritthäufigste Todesursache in den westlichen Industrieländern. Das Verwirrende am Schlaganfall (und an den Folgen anderweitiger Kopfverletzungen) war zunächst, daß die Hirnschädigung langsam einsetzt, tagelang kaum zu bemerken ist, sich dann aber schlagartig verstärkt. Das Opfer bemerkt solche Vorgänge gelegentlich auch während der Phase der Erholung von einer vorangegangenen Attacke. Inzwischen kennt man die Ursache: Im Hirn produziertes Glutamat wird freigesetzt.

Normalerweise schütten die Zellen des Gehirns nur winzigste Mengen Glutamat aus, die für die mentale Aktivität benötigt werden. Ein Schlaganfall beeinflußt die Blutzufuhr zum Gehirn und unterbricht so die Zulieferung von Sauerstoff und Glucose. Damit geht der Energievorrat der Zellen zur Neige. Ohne Energie können die Zellen jedoch ihren Glutamathaushalt nicht mehr steuern, und freies Glutamat strömt aus den geschädigten Zellen. Dieses Glutamat stimuliert die Rezeptoren benachbarter Zellen, welche dadurch in einen dauernden Erregungszustand versetzt werden, bis sie zugrunde gehen – und dabei wiederum Glutamat freisetzen, das andere Zellen schädigt, und so weiter.

Es gibt vier verschiedene Typen von Glutamatrezeptoren. Pharmazeutische Unternehmen suchen derzeit nach einer Möglichkeit, diese Rezeptoren zu blockieren und das Gehirn so vor der Glutamatflut zu schützen. Die Natur kennt und nutzt solche Strategien bereits: Es gibt Spinnenarten, die ihre Opfer mittels einer Injektion von Glutamatblockern lähmen. Dieses sogenannte Argiotoxin-636 deaktiviert die Glutamatrezeptoren der Nervenzellen, das bedeutet, es verhindert die Anlagerung von Glutamatmolekülen. Hunter Jackson und seine Mitarbeiter von der Firma Natural Product Science Inc. in Salt Lake City wiesen die Wirkung des Toxins an Katzen nach, die unter Anfällen gelitten hatten.

Überempfindlichkeit auf Glutamat

Die meisten Menschen vertragen Geschmacksverstärker ohne Probleme. Bei Asthmatikern (→ Glossar) und Allergikern kann ein Zuviel an Glutamat Asthmaanfälle und Reaktionen der oberen Luftwege (Verstopfung, Niesreiz, Naselaufen) bewirken. Fallen Kinder durch Verhaltensstörungen wie Hyperaktivität und Konzentrationsschwierigkeiten auf, sollte untersucht werden, ob sie höhere Dosen Glutamat nicht vertragen; gegebenenfalls hilft eine geeignete Diät. Im Verlauf solcher Tests wird der „verdächtige" Bestandteil zunächst vollkommen aus der Nahrung eliminiert und anschließend schrittweise wieder eingeführt (im Falle von MSG in Form von Tomatensaft).

Eine andere Nebenwirkung zu hoher Dosen Glutamat ist Müdigkeit. Diese tritt allerdings erst mit einer Verzögerung von ungefähr zwölf Stunden ein, wodurch es schwierig wird, Ursache und Wirkung zweifelsfrei miteinander zu verknüpfen. Glutamat beeinflußt auch die Ausschüttung von Insulin (→ Glossar) durch die Bauchspeicheldrüse; Insulin wird von den Zellen benötigt, um Energie aus Glucose zu gewinnen.

Freies Glutamat ist, wie gesagt, etwas durchaus Natürliches. Wird der Körper aber damit überschüttet, muß er nach Wegen zur Entgiftung suchen. Der Darm beispielsweise kann bis zu 30 % seines Energiebedarfs aus Glutamat decken. Dazu erfolgt eine sogenannte „Deaminierung", die Abspaltung einer Aminogruppe in Form von Ammoniak. Ähnliche Prozesse laufen in der Leber und in der Niere ab. Das gebildete Ammoniak kann in den letzteren Fällen sogar zum Aufbau anderer Moleküle wiederverwendet werden. Verantwortlich für diese chemischen Reaktionen ist das Enzym Glutamat-Dehydrogenase.

Diese verschiedenen Mechanismen zur Entgiftung überschüssigen Glutamats können nicht unendlich beschleunigt werden, so daß es zur Akkumulation von Glutamat in bestimmten Geweben kommen kann. Behördlicherseits wird empfohlen, maximal 10 g MSG am Tag zusätzlich (als Gewürz) aufzunehmen. Dabei werden jedoch weder die individuellen Eßgewohnheiten hinsichtlich des Verzehrs von Natur aus glutamatreicher Nahrungsmittel noch die individuelle Empfindlichkeit berücksichtigt. Bei manchen Leuten ruft schon eine einmalige Dosis von 3 g Intoleranzsymptome hervor, und jeder kann die empfohlene tägliche Menge mühelos überschreiten, auch ohne mit MSG zu würzen: Man muß lediglich viele glutamatreiche Speisen verzehren (siehe die Speisekarte zu Beginn dieses Kapitels). Inwieweit eine zu hohe Dosis Glutamat schadet, hängt auch vom Gesundheitszustand der betreffenden Person ab. Gesunde Menschen sind in der Regel weniger gefährdet. Am Ende dieses Kapitels haben wir einige Empfehlungen für alle diejenigen zusammengestellt, die vermuten, auf zu viel freies Glutamat empfindlich zu sein.

Freies Glutamat in Nahrungsmitteln

Vielen Fertigsuppen wird Geschmacksverstärker zugesetzt. Eine Portion Tüten- oder Dosensuppe kann bis zu 1,5 g Glutamat enthalten, chinesische Wantan-Suppe sogar die dreifache Menge. Da MSG als ungefährlicher Zusatzstoff betrachtet wird, muß die zugegebene Menge nicht immer auf der Pakkung vermerkt werden. In verarbeiteten Lebensmitteln verbirgt sich gewöhnlich weniger als 0,1 g Glutamat pro 100 g – das ist vollkommen harmlos. Instantnudelgerichten dagegen wird nicht nur reichlich MSG zugegeben, sondern ihre Inhaltsstoffe wie Fleisch- und Gemüseextrakte sind auch von Natur aus reich an Glutamat (bis zu 1,5 g auf 100 g).

Die Verwendung von MSG und anderen Glutamaten als Nahrungsmittelzusatzstoff wurde von der Federation of the American Society for Experimental Biology (FASEB) untersucht. In ihrem Jahresbericht von 1995 stellt die Gesellschaft fest, keinerlei Anhaltspunkte für die Verknüpfung von MSG mit gesundheitlichen Problemen der allgemeinen Bevölkerung gefunden zu haben. Betont wird allerdings, daß empfindliche Einzelpersonen nach übermäßiger Glutamataufnahme Symptome der Chinarestaurant-Krankheit entwickeln können. Werden nur geringfügige Mengen konsumiert, schreibt die Gesellschaft weiter, so läßt sich keinerlei Schädigung nachweisen. Der Nahrungs- und Arzneimittelbehörde (FDA) wurde daher empfohlen, MSG als ungefährlichen Zusatzstoff zu behandeln. 1993 hatte die FDA vorgeschlagen, selbst Nahrungsmittel, die von Natur aus freies Glutamat enthalten, entsprechend zu kennzeichnen. Zukünftig wird dies nur verlangt, wenn der Glutamatgehalt extrem hoch ist.

Der wissenschaftliche Arbeitskreis für Nahrungsmittel der EU legte keinen Zahlenwert für die akzeptierbare tägliche Aufnahme (*acceptable daily intake*, ADI) von Glutamat fest. Das bedeutet, auch dieses Gremium hält MSG für weitgehend gefahrlos. Das Joint Expert Committee on Food Additives, beratender Ausschuß der UN-Organisation für Nahrungsmittel und Landwirtschaft sowie der Weltgesundheitsorganisation (WHO), gibt ebenfalls keinen oberen Grenzwert für Glutamat an, warnt aber davor, Babynahrung mit der Substanz anzureichern.

Der untenstehenden Tabelle 1.2 können Sie entnehmen, wieviel MSG einigen alltäglichen Lebensmitteln zugesetzt wird. Sie werden keine alarmierend hohe Zahl finden; es ist höchst unwahrscheinlich, bei einer Mahlzeit die Grenze von 3 g zu überschreiten, oberhalb derer mit Unverträglichkeitsreaktionen zu rechnen ist. Wer käme beispielsweise auf die Idee, 350 g Rinderwürstchen auf

Tabelle 1.2 Lebensmittel, denen Glutamat zugesetzt wird, und durchschnittliche wöchentliche Aufnahme.

Lebensmittelgruppe	Durchschnittlicher an freiem Glutamat (%)	Durchschnittlicher wöchentlicher Verbrauch (g)	Durchschnittliche wöchentliche Aufnahme an freiem Glutamat (g)
Obst und Gemüse			
Bohnen (Konserve)	0,14	126	0,18
Champignons (Konserve)	0,24	36	0,09
Fleisch und Fisch			
Schinken, Schinkenspeck	0,23	26	0,06
Schinken (Konserve)	0,83	32	0,27
Corned beef	0,41	37	0,15
Wurst (Schwein)	0,20	38	0,08
Wurst (Rind)	0,54	46	0,25
Fleischpasteten	0,10	14	0,01
Hamburger	0,56	26	0,15
Lasagne	0,10	158	0,16
Getreideprodukte, Snacks			
Pizza	0,27	250	0,68
Salzgebäck, Cracker	0,20	105	0,21
Nudeln (Konserve)	0,18	35	0,06
Kartoffelchips	0,91	27	0,26
Anderes			
Nüsse	0,48	12	0,06
Würzsoßen zum Kochen	2,06	10	0,21
Dosensuppen	0,33	77	0,25
Tütensuppen	3,78	5	0,17
Fleisch- und Hefeextrakte	8,70	5	0,42
Sauerkonserven, pikante Soßen	0,60	60	0,37

einmal zu essen, wenn nicht ein „Süchtiger"? Damit kommen wir auf einen Aspekt zu sprechen, der uns auch im Laufe der folgenden Kapitel immer wieder beschäftigen wird: die unausgewogene Ernährung. Viele Leute neigen immer mehr dazu, Tag für Tag dasselbe zu essen – und zwar unter anderem Nahrungsmittel, die reichlich Glutamat enthalten, wie Kartoffelchips, Fertiggerichte und Tütensuppen.

Besonders einseitig ernähren sich die 15- bis 25jährigen, die sich nicht mehr von ihren Eltern zur sinnvollen Ernährung überreden lassen und die neugewonnene Freiheit nutzen, um in ungesundem Übermaß zu einigen wenigen Lieblingsspeisen zu greifen. In der Regel hat dies keine ernsthafteren Auswirkungen auf die Gesundheit: Die Phase geht bald vorüber, weil die einseitige Ernährung mit der Zeit langweilig wird. Wenn Sie allerdings zur genannten Personengruppe gehören, so ist es nicht unwahrscheinlich, daß Sie Glutamat zeitweise in großen Mengen zu sich nehmen, insbesondere mit den in Tabelle 1.3 aufgeführten Lebensmitteln. Achten Sie darauf, falls Sie vermuten, am Chinarestaurant-Syndrom zu leiden.

Tabelle 1.3 Zu viel des Guten!

Lieblingsspeisen	Wöchentliche Glutamataufnahme bei übermäßigem Verzehr
Kartoffelchips	13
Cerealien (z. B. Frühstücksflocken)	14
Nüsse	12
Pizza, Nudelfertiggerichte	12
Dosensuppen	13
Tütensuppen	14

15- bis 25jährige essen nicht selten drei Tüten Kartoffelchips am Tag. Darin stecken bis zu 7 g Glutamat, manchmal sogar erheblich mehr! Dasselbe gilt für Pizza: Im Durchschnitt ißt man davon jede Woche 250 g, die 0,7 g freies Glutamat enthalten. Besteht aber jedes Abendbrot aus Pizza (350 g oder mehr), summiert sich der Gehalt an freiem Glutamat auf wöchentlich über 8 g. Empfindliche Personen können dann durchaus Symptome der Chinarestaurant-Krankheit entwickeln.

Das seltsame Verschwinden des Chinarestaurant-Syndroms

Schon zu Beginn der Hysterie vermuteten manche Wissenschaftler, daß nicht Glutamat der Verursacher des Chinarestaurant-Syndroms (CRS) ist. Ein Artikel in der Zeitschrift *Science* berichtete 1970 von Personen, die über 20 g Glutamat am Tag ohne erkennbare Schädigung zu sich nehmen konnten. 1978 stellte eine Gruppe von Toxikologen in dem Buch *Glutamic Acid,* einer Sammlung von wissenschaftlichen Artikeln, fest, selbst bei der Zufuhr extremer Glutamatdosen mit der Nahrung hätten Labortiere nicht auffällig reagiert. Andere Berichte zeigten, daß CRS zehnmal häufiger bei Personen auftrat, die von dieser Krankheit bereits wußten, als bei uninformierten Kontrollgruppen. Eindeutig hatte das Syndrom eine starke psychosomatische (→ Glossar) Komponente; dies macht einschlägige epidemiologische Studien natürlich weitgehend wertlos.

Einer der ersten, die die MSG-Theorie in Frage stellten, war Richard Kenney von der George Washington University in den Vereinigten Staaten. In der Zeitschrift *Food Chemistry and Toxicology* veröffentlichte er 1986 Resultate einer Studie an freiwilligen Probanden, die angaben, unter CRS zu leiden. Zunächst wurden alle diese Personen auf biochemische Abnormitäten hin untersucht, die den Glutamat-Stoffwechsel beeinflussen konnten. Dann wurden Doppelblindversuche mit alkoholfreien Getränken unternommen, denen entweder MSG oder ein Placebo zugesetzt worden war. Bei dieser Art von Experimenten wissen weder die Versuchspersonen noch das Personal, wer den verdächtigen Stoff erhält. So kann niemand, ob absichtlich oder unabsichtlich, den Probanden einen Hinweis geben. Die Proben werden einzeln zusammengestellt und so verschlüsselt, daß sich nicht mehr erkennen läßt, um welche Substanz es sich im Einzelfall handelt.

Bei der Auswertung der Versuchsreihe zeigte sich, daß die Beschwerden der Probanden überwiegend psychosomatischer Natur waren. Eine ernsthafte CRS-Attacke erlitten oft diejenigen, die das Placebo erhalten hatten; anderen, die MSG bekommen hatten, ging es gut.

Zwischen 1968 und 1990 wurden insgesamt 19 Studien unternommen, um die Wirkung von MSG nachzuweisen. Etwa die Hälfte der Versuchsreihen verstärkte den Verdacht, das Chinarestaurant-Syndrom hänge mit MSG zusammen, die andere Hälfte schien die Vermutung zu widerlegen. Die überzeugendste Testreihe organisierten 1993 Leonid Tarasoff und Michael Kelly von der University of Western Sydney. Bei der Durchsicht der Resultate früherer Studien war den beiden Forschern aufgefallen, daß die Probanden stets gewußt hatten, um welche chemische Substanz es ging. In einigen Fälle wurde MSG sogar in reiner Form, als Pulver, verabreicht, so daß es ohne weiteres an seinem spezifischen Aroma erkannt werden konnte.

So beschlossen Tarasoff und Kelly, den Freiwilligen den Gegenstand ihrer Studie nicht zu verraten. Sie verabreichten Kapseln im Rahmen einer Verbraucherbewertung eines neuen alkoholfreien Getränks; Glutamat wurde überhaupt nicht erwähnt. Wieder handelte es sich um einen Doppelblindversuch. Von den 71 Freiwilligen nahm ein Teil Kapseln mit 1,5 g MSG ein, andere erhielten je 3,0 g MSG, der Rest schluckte ein Placebo. Elf Probanden gaben eine merkliche Wirkung nach der Einnahme von MSG an; weitere zehn Personen berichteten von ähnlichen Effekten, hatten aber das Placebo erhalten. Die restlichen 50 Personen hatten keine Wirkung verspürt. Tarasoff und Kelly kamen zu dem Schluß, MSG spiele im wörtlichen Sinne die Rolle des Sündenbocks; der wahre Auslöser des Chinarestaurant-Syndroms sei dagegen noch unbekannt. Vielleicht, so vermuteten die beiden Forscher, liegt die Schuld bei Histamin, das sich bei der Verdauung einiger beliebter Zutaten der chinesischen Küche wie Sojasoße, schwarzen Bohnen und Krabbenpaste bildet. Wie in Kapitel 4 noch gezeigt werden wird, ist Histamin eine der wichtigsten Ursachen für Unverträglichkeitsreaktionen.

Ratschläge für die Ernährung

Wenn Sie vermuten, auf hohe Dosen Glutamat mit einigen der beschriebenen Symptome zu reagieren, dann überprüfen Sie dies: Meiden Sie eine Zeitlang alle Speisen, die freies Glutamat enthalten (siehe untenstehende Übersicht), und verwenden Sie kein Glutamat zum Würzen. Haben sich die Symptome nach einem Monat abgeschwächt oder sind sie vollkommen verschwunden, so sollten Sie ernsthaft darüber nachdenken, Ihre Eßgewohnheiten dauerhaft zu ändern. (Bevor Sie sich zu diesem Schritt entschließen, sollten Sie ermitteln, ob Ihre Probleme tatsächlich von MSG verursacht werden: Fordern Sie Ihren Organismus mit einer hohen Dosis Glutamat, zum Beispiel in Tomatensaft, heraus und beobachten Sie, ob die Symptome wiederkehren.)
 Informieren Sie sich auf den Etiketten von Nahrungsmitteln über deren Zusammensetzung. Achten Sie dabei besonders auf die E-Nummern E620–625. Beachten Sie dabei, daß MSG nicht bei den Zutaten stehen muß, sondern auch als Gewürz angeführt sein kann. Möglicherweise sollten Sie nicht auswärts essen, weil MSG vielen Menüs zugesetzt wird oder (beispielsweise in Form von Brühe) von Natur aus darin enthalten ist. Sie können sich beim Restaurantleiter oder Koch nach einer eventuellen Zugabe von MSG erkundigen, allerdings werden Sie nicht immer eine verläßliche Auskunft erhalten. Besondere Vorsicht sollten Sie natürlich in chinesischen Restaurants walten lassen: Selbst dort, wo ausdrücklich nicht mit Glutamat(-Pulver) gekocht wird, verwendet man in der Regel glutamatreiche Zutaten wie Sojasoße.

Tabelle 1.4 Sind Sie überempfindlich auf freies Glutamat? Dann orientieren Sie sich am besten an den folgenden Angaben.

Wenig freies Glutamat enthalten:	Viel freies Glutamat enthalten:
Obst und Gemüse	
Äpfel, Birnen, Orangen, Bananen, Melonen, Beerenobst	Trauben, Pflaumen, Zwetschgen, Rosinen, getrocknete Aprikosen
Kartoffeln, Möhren, Kohl, Bohnen (alle Sorten), grüner Salat, Blumenkohl, rote Bete, Rüben, Zucchini, Gurken, Spinat	Tomaten, Champignons, Erbsen, Maiskörner
Fleisch und Fisch	
frisches und frisch zubereitetes Muskelfleisch, Hühnchen, Fisch	
Milchprodukte	
Eier, Milch (Vollmilch, fettarme Milch, Kondensmilch, H-Milch, Milchpulver), Sahne, Butter	
Speiseeis, Pudding und Dessertsoßen, Joghurt	
Käse: Cheddar, Edamer, Emmentaler, Stilton, Mozzarella	Käse: Roquefort, Parmesan, Greyerzer, Gouda, Camembert, Brie
Getreideprodukte, Snacks	
Brot, Nudeln, Reis, Haferschrot, Mehl, süßes Gebäck, Kuchen, Kekse	pikantes Knabbergebäck aus Kartoffeln oder Getreide wie Käsestangen, Kartoffelchips usw.
Frühstücksflocken: Cornflakes, Kleie sowie alle Weizen-, Reis-, Hafer- und Maisprodukte	
Anderes	
Margarine, Speiseöl	Sojasoße, Tomatenketchup, Würzsoßen, Worcestersoße, Soßenwürfel, Brühpulver
Schokolade, Süßigkeiten auf Zuckerbasis	Hefeextrakte, Fleischextrakte
Sauerkonserven, Essig, Salatsoßen	Fisch, Fleischpasteten, Dosen- und Tütensuppen
Fertigpudding, Dessertmischungen, Götterspeise, Eierkuchenmischungen	
Zucker, Honig, Melasse, Rübensirup	
Getränke	
Bier, Lagerbier, Cider	Wein, Portwein, Likör, Sherry
Spirituosen (Whisky, Gin, Rum, …)	
Fruchtsäfte, Cola, Sprudel	Tomatensaft
Tee, Kaffee, Kakao, Malzgetränke (wie Vitamalz)	

Alternativ können Sie ein Restaurant wählen, wo Sie bewußt glutamatarm essen können, zum Beispiel ein Steakhaus (Steak mit Backkartoffeln). Dies schränkt Ihre Auswahl zwar erheblich ein, aber dafür können Sie unbeschwert genießen, ohne befürchten zu müssen, den Tag mit Kopfschmerzen, Kribbeln und Muskellähmungen zu beschließen.

MSG-freies Menü

Vorspeise
Melonenscheiben
Französische Zwiebelsuppe

Hauptgericht
Backkartoffeln mit Fisch
Pfeffersteak mit Herzoginkartoffeln und Möhrengemüse
Vegetarisch: Kräuteromelette, Salatbeilage mit Thousand-Islands-Dressing

Dessert
Verschiedene Sorten Eis
Erdbeeren mit Schlagsahne

KAPITEL 2

Alkohol: Vergiftung und Entgiftung

An jedem Neujahrstag leiden Millionen von Menschen darunter, daß der Alkoholgenuß der vergangenen Nacht für ihren Organismus schlicht zuviel des Guten war. Pochende Kopfschmerzen, Schwindelgefühl, sogar Erbrechen und Durchfall: Mit diesen typischen Symptomen teilt uns der Körper mit, daß er übergroße Mengen einer chemischen Substanz, die er als Gift empfindet, loswerden will. Unsere Einstellung zum Alkohol ist zwiespältig: Wir halten die Qualen des Katers aus, weil wir die Wirkung des Alkohols nicht missen möchten.

Ein Drink nach einem harten Arbeitstag, ein paar Gläser Wein zum Essen sind sehr erholsam. Die in ihnen enthaltene Alkoholmenge kann der Körper mühelos bis zum nächsten Morgen abbauen. Zur Vergiftung kommt es erst, wenn man beispielsweise auf einer Party gezielt Alkohol trinkt, um eigene Hemmungen abzubauen und damit den Aufbau sozialer Kontakte zu erleichtern. Nach einigen Drinks hat man mit jedem Gast Freundschaft geschlossen, man lacht, scherzt und gibt unerhörte Bemerkungen von sich – in einem Wort, man benimmt sich so, daß man es am darauffolgenden Tag am liebsten schnell vergessen möchte.

Alkohol im Übermaß verhilft dem Durchschnittsmenschen am ehesten zu der Erfahrung einer Unverträglichkeitsreaktion auf eine Chemikalie. Wenn wir verstehen, was Alkohol ist, was er bewirkt und wie unser Organismus versucht, mit ihm fertigzuwerden, dann können wir auch die Wirkung anderer in Nahrungsmitteln enthaltenen Gifte besser verstehen. Das Besondere am Alkoholstoffwechsel sind die Effekte der Zwischen- und Endprodukte: Alkohol wird zunächst in einen Stoff verwandelt, der die erwähnten unangenehmen Symptome hervorruft, und anschließend in eine Substanz, die wir zur Energiegewinnung nutzen können. Daraus erklärt sich die kuriose Wirkung des Alkohols in dreierlei Hinsicht:

- Ein Drink ist angenehm und tut uns gut.
- Im ersten Stadium der „Entsorgung" durch den Körper entsteht ein Gift.
- Schließlich wird ein Energielieferant gebildet: Alkohol ist also auch ein Nahrungsmittel.

Chemisch sind diese drei Stadien mit drei verschiedenen Verbindungen verknüpft, nämlich dem Alkohol selbst, seinem Oxidationsprodukt Acetaldehyd und wiederum dessen Oxidationsprodukt Essigsäure. Letztere wird schließlich in Kohlendioxid umgewandelt, das wir mit der Atemluft ausscheiden.

> Der Alkohol, den wir trinken, der sogenannte Ethylalkohol, heißt in der Sprache der Chemiker Ethanol.
> Der chemische Name für Acetaldehyd ist Ethanal.
> Essigsäure heißt chemisch korrekt Ethansäure.

Alkohol: Eine Risiko-Nutzen-Analyse

Es gibt viele gute Gründe dafür, Alkohol zu meiden. Aus medizinischer Sicht bestehen die wichtigsten Risiken in der Sucht, verschiedenen Krankheiten und Übergewicht sowie vielfältigsten Folgeerscheinungen. 100 g Alkohol enthalten 700 kcal – übertroffen wird dies nur noch von Fetten und Ölen, die durchschnittlich 900 kcal pro 100 g enthalten.

Andererseits gibt es viele gute Gründe dafür, Alkohol zu trinken, zumindest in Maßen. Alkohol hilft bei der Streßbewältigung und ist über lange Zeit betrachtet gut für das Herz. Letztere Behauptung gründet sich auf epidemiologische Studien, deren Resultate lauteten, daß Herzinfarkte bei Menschen, die regelmäßig sinnvolle Mengen Alkohol zu sich nehmen, signifikant seltener auftreten als bei allen anderen. Unter „sinnvollen" Mengen versteht man in diesem Zusammenhang höchstens drei Einheiten Alkohol täglich für Frauen, vier für Männer. Die Bedeutung des Begriffes „Einheit" wird im Abschnitt „Vergiftung" erläutert.

Alkohol kann man als Nahrungsmittel betrachten. Eine Einheit, etwa 10 g, liefert uns etwa 70 kcal Energie. Ein Mann (eine Frau) sollte pro Woche nicht mehr als 28 (21) Einheiten Alkohol zu sich nehmen, das entspricht rund 2000 (1500) kcal. Diese Mengen sind an sich nicht groß, müssen aber in einem Diätplan selbstverständlich berücksichtigt werden. In den USA und Europa decken die Menschen rund ein Zehntel ihres Energiebedarfs mit Alkohol! Früher betrachtete man Alkohol als höchst bequemen Energielieferanten und verabreichte ihn geschwächten Patienten sogar in Infusionen.

Alkohol kann in verschiedener Hinsicht nützlich sein. Ein Schlaftrunk, etwa ein Bier oder ein Whisky, läßt uns schneller einschlafen. Möglicherweise schlafen wir dann aber nicht gut, denn der Alkohol verkürzt die wichtige frühe Schlafphase, in der wir träumen. Der dauernde Mangel an Traumschlaf ist vielleicht die Ursache für die Halluzinationen, die starke Trinker beim Entzug erleben, das sogenannte *Delirium tremens*.

Wer mäßig trinkt, etwa 2–3 Einheiten Alkohol täglich, kann tatsächlich davon profitieren. Alkohol in Maßen senkt den Cholesterinspiegel (→ Glossar) und das Risiko der koronaren Herzkrankheit.

Untersuchungen des Lebensstils französischer Bauern (publiziert 1992 im *Lancet*, einer führenden medizinischen Fachzeitschrift) stützen diese These. Dr. Serge Renaud vom Staatlichen Institut für Gesundheit und Medizinische Forschung in Lyon nimmt an, daß die französische Landbevölkerung trotz ihrer fettreichen Nahrung vergleichsweise wenig an Herzinfarkten leidet, weil die Menschen viel Rotwein trinken. Die empfohlene Menge beträgt zwei Glas täglich. Rotwein ist kein Medikament, er kann bereits bestehende Herzkrankheiten weder heilen noch bessern. Sein Nutzen liegt einzig und allein in einer vorbeugenden Wirkung. Als 1992 die Ergebnisse der französischen Studien publik wurden, schnellten die Verkaufszahlen für Rotwein in den Vereinigten Staaten um 44 % in die Höhe – was nicht verwundert, wenn man bedenkt, daß fast eine Million Amerikaner jährlich an Herz- und Gefäßkrankheiten sterben.

Eine Forschergruppe am Kaiser Permanent Medical Center in Oakland (Kalifornien) behauptete, die Schutzwirkung von Weißwein sei nicht geringer als jene von Rotwein. Ob der Alkohol dafür verantwortlich ist oder ein anderer Weinbestandteil, möglicherweise Polyphenole, ist vorläufig noch unklar. Ein aussichtsreicher Kandidat war zum Beispiel die Polyphenolverbindung Resveratrol, die in Wein reichlich enthalten ist (bis zu 3 mg pro Liter in Rotwein, in Weißwein allerdings nur sehr wenig).

Eine Hypothese lautet, die antioxidative Wirkung der Polyphenole hemme die Arterienverkalkung, sorge für eine Entspannung der Blutgefäße und verhindere die Bildung von Blutgerinnseln. Wahrscheinlich wird die Bildung von Belägen (Plaques) aus „schlechtem" Cholesterin, den sogenannten Low-density-Lipoproteinen (LDL), verlangsamt. Oxidiertes LDL wird von weißen Blutzellen abgefangen, aus dem Blutstrom entfernt und an den Innenwänden der Arterien abgelagert. Die Adern verengen sich, schließlich können sie sogar verstopfen.

Edwin Frenkel, Chemiker an der University of California in Davis, berichtete 1995, daß Rotwein die Oxidation von LDL zu 46–100 % unterdrückt, Weißwein dagegen nur zu 3–6 %. Ergebnisse anderer Studien, die 1996 von Eric Rimm von der Harvard School of Public Health in Boston (USA) veröffentlicht wurden, legen nahe, daß der Alkohol selbst die entscheidende Rolle bei der Vorbeugung gegen Herzinfarkte spielt, unabhängig von der Farbe des Weins. Rimm hebt hervor, es gebe inzwischen umfangreiches Beweismaterial dafür, daß Alkohol (gleichgültig, aus welcher Quelle) die Bildung von Blutgerinnseln hemmt und den Blutspiegel des „guten" Cholesterins (High-density-Lipoprotein, HDL) anhebt.

Wie auch immer: Alkohol bringt bei mäßigem Genuß mit Sicherheit manchen Nutzen. Wer täglich zwei Einheiten Alkohol trinkt, so heißt es, erkältet sich nur halb so häufig wie ein Abstinenzler. Es soll hingegen auch nicht verschwiegen werden, daß Alkoholgenuß die Chance erhöht, an Tumoren des oberen Verdauungstrakts zu erkranken, insbesondere an Speiseröhren- und Magenkrebs.

Alkohol ist gut für das Herz – aber nur in Maßen! Männer, die mehr als 12 Einheiten Alkohol täglich trinken (12 Gläser Wein oder 6 Halbe Bier) leiden, statistisch gesehen, doppelt so oft an plötzlichen Herzattacken wie Nichttrinker. Dies fand Professor Gerry Shaper vom Royal Free Hospital in London durch eine achtjährige Studie an über 7500 Männern im mittleren Alter heraus. Jährlich starben 25 Probanden an Herzattacken; zwei Drittel davon waren starke Trinker.

Die Meinung, mäßiger Alkohol sei gesund, teilt durchaus nicht jeder Forscher. Auf dem Symposium der Novartis-Stiftung zu Alkohol und Herz- und Gefäßkrankheiten, 1997 in London, wurden jene epidemiologischen (→ Glossar) Studien heftig kritisiert, auf die sich die Hypothese vom gesundheitlichen Nutzen des Alkohols gründet. Sie berücksichtigten den sozialen Status der Probanden nicht in ausreichendem Maße, hieß es, denn mäßige Trinker und besonders Weinfreunde kämen häufiger aus wohlhabenderen Gesellschaftsschichten, deren Gesundheitszustand ohnehin besser ist als der Durchschnitt. Starke Trinker und Nichttrinker gehörten hingegen häufiger der Arbeiterklasse an – mit allen Nachteilen, die sich daraus ergeben.

Die Zusammensetzung alkoholischer Getränke

Seit fast 7000 Jahren stellt der Mensch alkoholische Getränke her, genießt sie und leidet unter den Folgen. Archäologen der University of Pennsylvania fanden eine Weinkruke, den ältesten Beweis für eine Alkoholproduktion, in Resten einer jungsteinzeitlichen Siedlung im Norden des Zagros-Gebirges im Iran. Das Gefäß wurde auf ungefähr 5000 v. Chr. datiert und enthielt Spuren von Weinsäure, die in großen Mengen nur in Weintrauben enthalten ist, sowie von Ölharz. Dieses Harz wurde aus der Terebinthe (einem Nadelbaum) gewonnen und verhinderte das Wachstum von Mikroben, die Wein zu Essig vergären.

Heutzutage gibt es eine große Vielfalt alkoholischer Getränke. Die wichtigsten sind Wein, Bier und Brände. Die letzteren, hochprozentigen Sorten werden durch Destillation von niederprozentigen Ausgangsstoffen gewonnen; dabei wird der Alkohol aufkonzentriert und gereinigt. Jede Zuckerlösung läßt sich zu Alkohol vergären. In vielen Ländern kennt man alkoholische Getränke, die aus zuckerhaltigen Pflanzen – Trauben, Gerste, Mais, Zuckerrohr, Kartoffeln, Reis und verschiedenen Früchten – hergestellt werden. Die Kohlenhydrate dieser Pflanzen müssen dazu zunächst in einfache Zuckerbausteine umgewandelt werden, von welchen sich Hefen ernähren. Hefen nutzen Zucker als Energiequelle wie wir auch; der Unterschied ist aber, daß der Mensch zur Energiegewinnung aus Zucker Sauerstoff benötigt. Hefen vergären den Zucker anaerob (ohne Sauerstoff), und dabei entsteht Alkohol.

Um Wein herzustellen, muß man zerquetschte Trauben oder Traubensaft lediglich sich selbst überlassen. Wilde Hefen, natürliche Bewohner der Trauben, verrichten dann ihre Arbeit. Dieses Unternehmen kann aber auch gründlich danebengehen. Um tatsächlich das gewünschte Produkt zu erhalten, sollte man lieber eine geeignete „Reinzuchthefe" zusetzen. Besonderer Beliebtheit unter den Winzern erfreut sich die Art *Saccharomyces ellipsoideus*. Selbst dann kann man jedoch nicht sicher sein, daß der Wein nicht verdirbt, weil wilde Hefen die Reinzuchthefen aus dem Felde schlagen oder sogar mit Hilfe eigens produzierter Giftstoffe abtöten. Nicht alle wilden Hefen sind allerdings unwillkommen: Einige Arten verleihen dem Wein ein besonderes Aroma, so daß der Winzer sie kultiviert und immer wieder verwendet. Die Hefestämme gehören zu den bestgehüteten Geheimnissen der Weinbereitung.

Unerwünschte Bakterien entfernt man mit Hilfe von Schwefeldioxid. Dieses gibt man entweder als wäßrige Lösung oder in Form von Natriumsulfit zu, aus dem sich bei der Auflösung in Wasser Schwefeldioxid bildet. Früher „schwefelte" man den Wein, indem man neben den Fässern mit Traubensaft Schwefel verbrannte. Manche Leute reagieren auf Schwefeldioxid überempfindlich (siehe dazu Kapitel 7), aber für einige Weißweine ist die Verbindung eine wichtige Geschmackskomponente.

> Zu einem Menü sowohl Weiß- als auch Rotwein zu reichen, macht sich immer bezahlt: Rotweinflecken auf der Tischdecke lassen sich leicht mit Weißwein entfernen, denn das in Weißwein enthaltene Schwefeldioxid wirkt als Bleichmittel.

Wein besteht aus Wasser, Ethanol und Hunderten weiterer Chemikalien wie andere Alkohole, Aldehyde (→ Glossar), Carbonsäuren und Ester, Tannine, Aminosäuren, Mineralstoffe und Aromen. Schaumweine und Sekt enthalten Kohlendioxid unter hohem Druck. Traditionell wird das Gas durch eine zweite Gärung nach Zugabe von Zucker und einer reinen Hefekultur erzeugt. Die Flaschen werden fest verschlossen und mehrere Wochen lang sich selbst überlassen. Anschließend werden die Flaschen auf den Kopf gedreht, damit sich die Hefereste im Hals sammeln. Den Hals friert man ein und entfernt die Hefe als Eispfropfen. Diese Prozedur ist zeitaufwendig, weshalb man die zweite Gärung heute oft in Stahltanks vornimmt und das Produkt unter Druck abfüllt.

Bier hat eine andere Geschichte. Die ersten schriftlichen Zeugnisse des Bierbrauens stammen aus dem Ägypten der ersten Dynastie (3000 v. Chr.), aber man fand auch Beweise, daß sich bereits die Babylonier tausend Jahre zuvor als Brauer betätigt hatten. Bier entsteht durch die Vergärung von Gerste. Die Gärhefen können die in den Getreidekörnern enthaltene Stärke allerdings nicht verdauen, diese muß zunächst in einfache Zuckerbausteine zerlegt werden. Dazu weicht man die Gerste einen bis zwei Tage lang in Wasser ein und läßt die Körner anschließend in einem warmen, feuchten Raum einige Tage lang auskeimen. Zuletzt wird die angekeimte Gerste getrocknet und erhitzt. Diesen Vorgang nennt man Mälzen. Bei der Keimung bilden sich Enzyme, die Stärke in einfache Zucker spalten können. Diese Zuckerstoffe werden mit Wasser aus dem Malz herausgelöst („Maischen") und dann vergoren.

Vor der Gärung fügt man der Mischung Hopfen hinzu, der einerseits für das biertypische bittere Aroma sorgt, andererseits aber auch Chemikalien freisetzt, die das Wachstum unerwünschter Bakterienkulturen hemmen. Die Hefe *Saccharomyces cerevisiae* produziert bei der rund eine Woche dauernden Gärung nicht nur Alkohol, sondern auch einen ganzen Cocktail organischer

Aromastoffe. Für Lagerbier verwendet man eine spezielle Kultur, *Saccharomyces carlsbergensis*.

Durch die Destillation entstehen höherprozentige Getränke. Die Kunst der Destillation wurde vor über 2000 Jahren von den Römern entwickelt und von mittelalterlichen Mönchen zur Perfektion gebracht. Beim Erhitzen von Wein entweichen zuerst Alkohole (der „Sprit"), die man abkühlt und sammelt. Im Anschluß an geringe Mengen Methanol, eines leichteren Alkohols, den man verwirft, wird der erwünschte Alkohol, Ethanol, abdestilliert. Er siedet bei 78 °C. Das Produkt enthält auch ein wenig Wasser, aber durch eine zweite und dritte Destillation kann man den Wassergehalt auf 5 % verringern. Um diese Flüssigkeit in ein Getränk zu verwandeln, verdünnt man sie mit Wasser: In einer Literflasche Branntwein befinden sich im Schnitt 400 ml Ethanol (40 %) und 600 ml destilliertes Wasser, dazu winzigste Mengen essentieller Aromastoffe.

Jene Aromen sind es, die die Unterschiede zwischen den verschiedenen Bränden ausmachen. Anhand ihres Geschmacks lassen sich die verschiedenen Spirituosen mühelos auseinanderhalten: Branntwein entsteht aus destilliertem Wein, Whisky aus vergorener Gerste (wie Bier), Rum aus vergorener Melasse und Bourbon aus vergorenem Mais. Wodka ist das sauberste hochprozentige Getränk: Nach der Vergärung von Getreide oder Kartoffeln gibt man die Flüssigkeit durch ein Aktivkohlefilter, wobei außer dem Alkohol sämtliche Inhaltsstoffe entfernt werden. Daher ist Wodka nahezu geschmacklos.

Gin stellt man aus Kornbranntwein her, in den man vor der zweiten und dritten Destillation Kräuter, Früchte und Beeren einlegt, darunter Wacholder, der dem Getränk sein typischer Aroma verleiht, und andere Ingredienzien wie Koriander, Engelwurz, Mandeln, Kassiarinde, Süßholz, Kardamom, Orangen- und Zitronenschale, Zimt, Muskat und Veilchenwurzel.

Die Aromastoffe des Scotch Whiskys werden in allen Stadien der Herstellung gebildet, zum Teil beim Räuchern des Malzes über Torffeuer. Beim Maischen werden nicht nur Zuckerstoffe, sondern auch Aromen aus dem Malz herausgelöst, und während der Gärung entstehen weitere flüchtige Inhaltsstoffe. Mindestens drei, gelegentlich auch bis zu zwölf Jahre lang wird der Whisky dann auf dem Faß gelagert, wobei weitere Chemikalien aus dem Holz in Lösung gehen. Sämtliche Aromastoffe sind nur in winzigsten Mengen im fertigen Getränk enthalten, gemeinsam verleihen sie dem Produkt aber den typischen Geschmack.

Die chemische Analyse zeigt, daß alkoholische Getränke einige höchst ungewöhnliche Bestandteile enthalten, zum Beispiel Dimethylsulfid – die Chemikalie, die Mundgeruch verursacht – und die nach Mandeln schmeckende Blausäure (Stickstoffwasserstoffsäure). Allerdings beträgt der Blausäuregehalt nur wenige Millionstel, zu wenig, um uns zu schaden. Wesentlich größer kann dagegen der Gehalt an Methanol sein, und das kann schlimme Folgen haben: Wer illegal gebrannte Spirituosen trinkt, läuft Gefahr zu erblinden, weil unser Körper Methanol in Formaldehyd und Ameisensäure umwandelt; letztere greift die Netzhaut an. Weine und Spirituosen, die im Handel erhältlich sind, enthalten nur geringste, ungefährliche Mengen Methanol.

Reiner Alkohol wirkt grundsätzlich ebenso auf den Menschen wie Wein oder Bier, ist aber frei von zusätzlichen Verunreinigungen. Daneben kann man ihn als Konservierungsmittel und als Antiseptikum verwenden, weil er jedes Leben abtötet. Seit Jahrhunderten verwendet man Alkohol in der Pharmazie. Den ersten destillierten Alkohol nannte man aufgrund seiner stärkenden Wirkung Aqua vitae, Lebenswasser. Ärzte verwenden Alkohol als Betäubungsmittel, zur Wunddesinfektion und zur Säuberung der Haut vor Injektionen.

Alkohol und Stoffwechsel

Alkohol ist in unserem Körper allgegenwärtig, aber nicht als Produkt unseres eigenen Stoffwechsels. Unter dem Stoffwechsel versteht man die Gesamtheit der unzähligen chemischen Reaktionen, die sich in allen lebenden Zellen, so auch denen des menschlichen Organismus, abspielen. Geringe Mengen Alkohol werden im Magen-Darm-Trakt von Bakterien und Hefen enzymatisch aus Kohlenhydraten erzeugt und gelangen in den Blutkreislauf. Unsere Leber produziert ein Enzym namens Alkoholdehydrogenase (ADH), mit dessen Hilfe der Körper sich der unerwünschten Chemikalien entledigt. Zunächst wird der Alkohol in Acetaldehyd umgewandelt. Auch dieses Molekül ist nicht willkommen, und ein weiteres Enzym, die Acetaldehyddehydrogenase, vermittelt die Umsetzung zu Essigsäure. Diese Chemikalie wird vom Körper im Zuge der Energiegewinnung ohnehin produziert; die geringe zusätzliche Menge, die der Alkoholstoffwechsel liefert, wird sofort unter Energiefreisetzung im Gewebe zu Kohlendioxid oxidiert, welches mit der Atemluft ausgeschieden wird.

In der Regel vertragen Männer mehr Alkohol als Frauen. Ein Grund besteht in der unterschiedlichen Körpergröße und -masse: Männer sind im Schnitt größer und schwerer, so daß der Alkohol im Körper stärker „verdünnt" wird und das Gehirn weniger Schaden erleidet. Ein zweiter Grund ist die bessere Absorption von Alkohol durch die Magenwände von Frauen. Bei Männern ist im Magen mehr ADH vorhanden, die Acetaldehydproduktion setzt sofort ein, und ein geringerer Anteil des Alkohols gelangt in den Blutkreislauf. Einen ADH-Mangel im Magen beobachtet man zum Beispiel bei den amerikanischen Ureinwohnern und bei Angehörigen fernöstlicher Völker: Schon ein, zwei Drinks können diesen Menschen zu einem merklichen Schwips verhelfen. Im Hinblick auf den weiteren Verarbeitungsweg des Alkohols, der einmal im Blutkreislauf angelangt ist, unterscheiden sich Männer und Frauen nicht wesentlich, und die Verarbeitungsgeschwindigkeit des Alkohols in der Niere hängt nicht vom Geschlecht ab. Studien in den USA zeigten, daß Männer und Frauen gleiche Mengen Alkohol vertragen, wenn dieser nicht getrunken, sondern injiziert wird.

Unsere Leber kann mit enormen Mengen Alkohol fertigwerden – vorausgesetzt, sie hat genügend Zeit dazu. Inzwischen können der Alkohol und sein Abbauprodukt, der Acetaldehyd, seine unheilvolle Wirkung entfalten.

Im Gehirn und im Zentralnervensystem wirkt Alkohol als Depressor. Das hat nichts mit Depressionen zu tun; es bedeutet lediglich, daß die Aktivität der Nervenzellen und die Weitergabe von Informationen über die Nervenfasern verlangsamt wird. Wir werden entspannter und reaktionsträger, unsere Sprache wird undeutlich. Dieser Effekt des Alkohols beruht auf der Verdrängung von Wassermolekülen in der Umgebung der Nervenzellen, wodurch wiederum das Fortschreiten elektrischer Potentiale entlang der Fasern beeinflußt wird. Alkohol verringert auch die Geschwindigkeit, mit der chemische Botenmoleküle Signale von Zelle zu Zelle weitergeben.

Im Inneren der Ohren befinden sich unsere Gleichgewichtsorgane. Alkohol verändert die Dichte des Gewebes und der Flüssigkeit in diesen Organen, was schließlich zum Verlust des Gleichgewichtssinns führt. Ein Angetrunkener, der sich erhebt, fühlt sich unsicher und schwankt oder torkelt, um dies zu kompensieren.

Alkohol hebt die Pulsfrequenz und den Blutdruck an. Für das Wärmegefühl hingegen ist der Acetaldehyd verantwortlich, der die Blutgefäße des Unterhautgewebes erweitert. So kann mehr Blut fließen, und die Körperoberfläche erwärmt sich. Diese Vorgänge laufen auch in der Kopfhaut und in der Umgebung des Gehirns ab, sie sind Mitverursacher der kräftigen Kopfschmerzen, mit denen ein Kater einhergeht.

Bei Männern beginnt die Produktion von Acetaldehyd, wie erwähnt, bereits im Magen. Der Aldehyd wirkt stark reizend; Empfindliche sollten daher vermeiden, auf nüchternen Magen Alkohol zu trinken, wenn sie das Risiko eines Magengeschwürs mindern wollen. Fett im Magen verzögert die Entleerung des Mageninhalts in den Darm und damit auch die Resorption von Alkohol.

Die wichtigste Rolle bei der Entfernung des Alkohols spielt die Leber. Sie arbeitet jedoch mit gleichbleibender Geschwindigkeit und kann auf eine plötzliche Überschwemmung mit Alkohol nicht flexibel reagieren. Bei manchen Leuten ist der Alkohol in der Atemluft noch 24 Stunden nach dem letzten Drink nachzuweisen! Alkohol regt in der Leber auch die Spaltung von Glycogen (→ Glossar) in Glucose an, wodurch sich die körpereigenen Energiereserven erschöpfen.

Alkohol wirkt als Diuretikum, das heißt, er stimuliert die Ausscheidung von Wasser in Form von Urin. Wenn Sie ein Viertel Wein getrunken haben, so verlieren Sie im Laufe der darauffolgenden beiden Stunden wahrscheinlich das Doppelte dieses Volumens an Wasser. Normalerweise nimmt die Niere das Wasser auf und führt es in den Kreislauf zurück. Dafür sorgt ein Hormon namens Vasopressin, das von der in der Schädelbasis befindlichen Hirnanhangsdrüse ausgeschüttet wird. Alkohol reduziert die Menge dieses Hormons; daraufhin wird die Niere nicht mehr zur Wasseraufnahme veranlaßt, und die Flüssigkeit verläßt über die Blase unseren Körper. Eine der unangenehmen Begleiterscheinungen eines Katers ist daher die Austrocknung – man sollte also immer ein großes Glas Wasser trinken, bevor man mehr oder weniger alkoholisiert zu Bett geht.

Alle genannten Effekte sind Unverträglichkeitsreaktionen auf Alkohol und Acetaldehyd. Daß wir uns nach einem ausgiebigen Zechgelage schlecht fühlen, läßt sich nicht vermeiden, aber dieser Zustand wird in der Regel innerhalb von zwölf Stunden vom Körper selbst bewältigt. Ernsthafte Schäden können dagegen entstehen, wenn man zu häufig zu viel trinkt: Beeinträchtigungen der Hirnfunktion, Gedächtnisverlust, akute Magenschleimhautentzündungen, Fettleibigkeit, Abhängigkeit, Lebererkrankungen, Myocardiopathie (eine schwere Herzmuskelerkrankung, auch „Trinkerherz" genannt) und sogar Speiseröhrenkrebs sind einige der schlimmsten Folgen. Myocardiopathien entwickeln sich bei Patienten, die zehn oder mehr Jahre lang täglich mindestens 80 g reinen Alkohol (das entspricht etwa einer Flasche Wein) zu sich genommen haben. Exzessives Trinken erhöht auch das Risiko, einen plötzlichen Herztod zu erleiden, insbesondere bei Männern im Alter von 50 bis 60 Jahren.

Die Wirkungen des Alkohols in der Leber sind vielschichtig und noch nicht vollständig aufgeklärt. Man weiß, daß Alkohol die Leberspiegel sogenannter Cofaktoren beeinflußt, die an der Aktion von Enzymen beteiligt sind. In der Folge wird die Oxidation von Fettsäuren in den energieproduzierenden

Zellteilen, den Mitochondrien, gestört, und immer mehr Fette werden synthetisiert. Die Leber verfettet. Eine Leberzirrhose dagegen entsteht, wenn normales Gewebe durch Collagen (Stützgewebe) ersetzt wird, was die Effizienz des Organs beeinträchtigt. Zirrhosen entwickeln sich ebenfalls nach langanhaltendem Alkoholmißbrauch, sie werden aber anscheinend nicht davon verursacht, wie man lange Zeit glaubte.

Man schätzt, daß unter 100 000 Menschen 200 vom Alkoholismus betroffen sind und daß beispielsweise in Großbritannien 25 von 100 000 Todesfällen jährlich auf Alkoholmißbrauch zurückzuführen sind. Die Alkoholabhängigkeit wird möglicherweise zum Teil vererbt, wie Studien von Ernest Noble von der University of California in Los Angeles und von Kenneth Blum von der University of Texas zeigten. Untersuchungen an 1033 eineiigen weiblichen Zwillingen stützen diese Hypothese. Kenneth Kendler von der Virginia Commonwealth University in Richmond berichtete im *Journal of the American Medical Association*, Zwillinge hätten erheblich höhere Chancen, Alkoholiker zu werden, als erwartet. Kendler vermutet, daß in 60 % aller Fälle von Alkoholmißbrauch Erbfaktoren eine Rolle spielen.

Vergessen wir aber dabei nicht, daß Alkohol auch nützen kann: Aus einer zwölfjährigen Studie an 34 000 französischen Männern mittleren Alters, die 1997 zu Ende ging, folgerten Forscher der Universität Bordeaux eine um 30 % niedrigere Häufigkeit von cardiovaskulären Erkrankungen bei mäßigen Trinkern, verglichen mit Abstinenzlern. Die Krebshäufigkeit wurde vom Trinkverhalten nicht beeinflußt.

Vergiftung

An einer zu hohen einmaligen Alkoholdosis kann man sogar sterben. Die tödliche Menge steckt in einer normal großen Flasche Hochprozentigem. Auf diese Weise Selbstmord zu begehen, ist nicht ganz einfach, trotzdem schaffen es Jahr für Jahr einige Menschen. Wesentlich häufiger führt Alkohol zum Tod, wenn man sich betrunken ans Steuer setzt. Die jährlich steigende Zahl der Verkehrstoten löste die ersten Diskussionen darüber aus, welche Alkoholmenge noch als ungefährlich zu betrachten ist.

Der Alkoholgehalt verschiedener Getränke, auch verschiedener Sorten eines Getränks, unterscheidet sich stark: Mit einem halben Liter Bier (5 Vol.-%) trinkt man durchschnittlich 23 g reinen Alkohol, mit einem Glas Wein (12 Vol.-%) ebenso wie mit einem „Einfachen" einer Spirituose 12 g. Ratschläge zur Alkoholaufnahme werden häufig in „Einheiten" formuliert. Die Definition einer Einheit variiert jedoch von Land zu Land und sogar innerhalb eines Landes. Die British Medical Association setzt eine Einheit mit 10 g reinem Alkohol gleich, die Industrie und die Regierung dagegen beziehen sich auf ein Volumen von 10 ml (etwa 8 g). In den USA ist eine Einheit gleich 12 g.

Tabelle 2.1 Die Wirkungen von Alkohol.

Ein-heiten	Getrunkene Menge			Blutalkoholgehalt (mg/100 ml)	Ein durchschnittlicher Mann* ist danach …
	Bier	Wein	Spirituosen		
2	1 Halbes	2 Gläser	2 Einfache	30	beschwingt
4	2 Halbe	½ Flasche	2 Doppelte	50	enthemmt
8	4 Halbe	1 Flasche	4 Doppelte	100	unsicher
16	8 Halbe	2 Flaschen	½ Flasche	250	betrunken
24	12 Halbe	3 Flaschen	¾ Flasche	400	schwer betrunken (Lebensgefahr)

* Eine Frau verspürt dieselben Effekte bereits nach dem Konsum von ungefähr zwei Dritteln der angegebenen Mengen.

Die Auswirkungen von Alkohol sind in Tabelle 2.1 zusammengefaßt. Natürlich konnten nicht alle Faktoren aufgenommen werden, die den Effekt der Chemikalie bestimmen, da diese vom Körpergewicht und vom Zustand der Leber abhängen. Es spielt auch eine wesentliche Rolle, ob der Alkohol zum Essen genossen wird.

Entgiftung

Alkohol wird von der Darmwand aufgenommen, gelangt in den Blutkreislauf und verteilt sich so im ganzen Körper. 10 % verlassen den Organismus unverändert über Atemluft, Schweiß und Urin. Die restlichen neun Zehntel müssen von der Leber verarbeitet werden, welche stündlich 12 ml (10 g) reinen Alkohols abbauen kann. In dem Maße, wie uns die Leber vom Alkohol befreit, beschert sie uns allerdings dessen Abbauprodukt, den Acetaldehyd, für dessen Verarbeitung sie noch einmal ebensoviel Zeit benötigt. So lassen sich die Effekte einer durchzechten Nacht erklären: Zu Beginn führt man seinem Körper den Alkohol viel schneller zu, als das Enzym ADH ihn wieder entfernen kann, und erfreut sich der „Vergiftungssymptome". Mittlerweile steigt bereits der Acetaldehydspiegel an, man nimmt es aber nicht zur Kenntnis, da die Wirkung des Alkohols noch dominiert. Nachdem man aufgehört hat zu trinken, geht man in der Regel ins Bett. Während des Schlafes sinkt der Alkoholspiegel langsam ab, dafür steigt der Acetaldehydspiegel stetig an. Am Morgen verspürt man dann den Effekt des giftigen Stoffwechselprodukts: Man hat einen „Kater". Der Körper ist jedoch schon kräftig dabei, sich selbst zu helfen, denn das Enzym Acetaldehyddehydrogenase arbeitet fleißig an der Entfernung des Aldehyds. Bis zum Nachmittag ist das Gift normalerweise weitgehend beseitigt, und man fühlt sich besser.

Der Begriff „Entgiftung" wird oft in mißverständlicher Weise verwendet, um den Menschen einzureden, sie könnten ihren Stoffwechsel dazu bringen, unerwünschte und nutzlose, ja sogar schädliche Substanzen abzustoßen. Sogenannte „Entgiftungsdiäten" beruhen auf der falschen Vorstellung, der Körper sei von ungesunden und unnatürlichen Chemikalien geradezu verstopft und müsse kräftig durchgespült werden. Mit einer Darmspülung erreicht man wortwörtlich dies – einen Nutzen hat sie nicht. Andere Entgiftungsbehandlungen setzen bei den Stoffen an, die wir aufnehmen. Sie können durchaus sinnvoll sein, wenn sie den Patienten von exzessivem Alkohol- oder Kaffeegenuß, ungünstigen Eßgewohnheiten oder dem Rauchen abbringen. Einige Tage lang nur Wasser zu trinken, nur Obst zu essen und viel spazierenzugehen, wirkt sich mit Sicherheit positiv auf die Gesundheit übergewichtiger, untrainierter Zeitgenossen aus. Man kann dieses Vorgehen natürlich „Entgiftung" nennen, aber dies hat nichts mit den Mechanismen zu tun, die unserem Organismus für den Abbau von Giften zur Verfügung stehen.

Der Körper ist unentwegt damit beschäftigt, Giftstoffe unschädlich zu machen. Dazu produziert er Enzyme, welche die schädigenden Stoffe zerstören, die wir aus der Umwelt aufgenommen haben. Enzyme sind Eiweißstrukturen. Sie steuern chemische Reaktionen; in der Regel sind sie auf eine ganz bestimmte Reaktion spezialisiert. Enzyme sorgen für die Verdauung, die Energiegewinnung und den Aufbau neuer Bausteine für die Körperzellen, sie erhalten die Funktion der Nerven und Sinnesorgane aufrecht, und sie erfüllen spezielle Aufgaben wie etwa die Synthese anderer Enzyme.

Die für die Entgiftung verantwortlichen Enzyme liegen stets auf der Lauer. Wird der Körper von einem Giftstoff jedoch plötzlich überschwemmt, muß der Körper rasch eine ausreichende Menge von Enzymen nachliefern, um den

Angriff abzuwehren. Alkohol und Acetaldehyd baut der Organismus in Prozessen „nullter Ordnung" ab. Solche Mechanismen können viel leichter überlastet werden als beispielsweise Prozesse „erster Ordnung".

Der Begriff der „Ordnung" einer Reaktion stammt aus der Theorie der Reaktionsgeschwindigkeit. Von einer Reaktion erster Ordnung spricht man, wenn die Aktivität der Enzyme mit steigender Menge des anflutenden Giftes zunimmt. Einige Enzyme können jedoch nur mit einer festgelegten Geschwindigkeit arbeiten, ungeachtet dessen, wieviel Arbeit (beispielsweise in Form zugeführten Alkohols) anfällt. Solche Prozesse laufen mit nullter Ordnung ab. Leider verlaufen die meisten Entgiftungsreaktionen unseres Körpers in dieser Weise. Der Organismus ist darauf eingestellt, mit einer bestimmten Menge an Giften und Fremdstoffen in unserer Nahrung fertigzuwerden, ohne daß wir unangenehme Symptome registrieren. Nehmen wir hingegen plötzlich größere Mengen unerwünschter Substanzen auf, bleibt dem Körper nichts anderes übrig, als damit zu leben, bis er den Abbau bewältigt hat. Nur durch solche *Überschüsse* werden Unverträglichkeitsreaktionen ausgelöst.

Die Leiden der Alkoholentgiftung lassen sich verlängern, indem man das Enzym Acetaldehyddehydrogenase blockiert. Diese Strategie scheint auf den ersten Blick ziemlich unsinnig zu sein, hat sich aber bei der Behandlung Alkoholkranker bewährt, denen man ihre Sucht durch das Übermaß negativer Begleiterscheinungen förmlich verekeln will. Ein geeigneter Wirkstoff ist Antabus, dessen Geschichte Sie im folgenden Kasten lesen werden.

Antabus wurde während des Zweiten Weltkrieges in Dänemark entdeckt. Dr. Jens Hald suchte nach einem Wurmkurmittel und testete die Wirkung einer Substanz namens Disulfiram, die sich bereits bei der Therapie der von Parasiten ausgelösten Krätze bewährt hatte, auf wurmbefallene Kaninchen. Die Behandlung zeigte den gewünschten Erfolg. Ob Menschen den Wirkstoff gefahrlos einnehmen konnten, untersuchten Hald und sein Kollege Dr. Erik Jacobsen anschließend im Selbstversuch. Beide schluckten einige Wochen lang täglich eine Dosis Disulfiram. An den meisten Tagen ging es ihnen gut, nur gelegentlich registrierten sie heftige, unangenehme Effekte wie Kopfschmerzen, Erbrechen und Schwindel, die in der Regel nachmittags auftraten.

Eines Abends trank Hald mit einem Freund eine Flasche Cognac. Bald darauf fühlte er sich sehr schlecht, dem Freund dagegen ging es unverändert gut. Hald fiel auf, daß die rätselhaften Attacken nur dann auftraten, wenn er zum Abendessen Alkohol getrunken hatte. Jacobsen bestätigte diese Beobachtung ebenso wie Freiwillige, an denen die beiden ihre Substanz nachfolgend testeten. Die Verwendung von Disulfiram als Wurmkurmittel wurde daraufhin nicht weiter verfolgt.

Das hätte das Ende der Geschichte sein können. Nach Kriegsende, 1947, ließ Jacobsen diese Begebenheit jedoch als amüsante Nebensächlichkeit in einen Vortrag auf einer Konferenz einfließen. Ein Journalist von der Kopenhagener Tageszeitung *Berlingske Tidende* berichtete darüber. Alkoholiker, die den Artikel lasen, kamen auf die Idee, Disulfiram als Entzugsmittel zu verwenden, und wandten sich an Jacobsen. Dieser ließ das Mittel an freiwilligen Alkoholikern klinisch prüfen, wobei sich herausstellte, daß der Wirkstoff Abhängige tatsächlich zur Aufgabe der Sucht bewegen konnte. So kam Disulfiram unter dem Handelsnamen Antabus (von engl. *anti-abuse*) auf den Markt.

Alkoholabhängige, die fest zum Entzug entschlossen sind, können Antabus regelmäßig einnehmen – dann denken sie mit Sicherheit zweimal nach, bevor sie ihrem Verlangen nachgeben, da die Wirkung auch geringer Dosen Alkohol unter Antabus äußerst unangenehm ist.

Antabus blockiert das Enzym, das für die Umwandlung von Acetaldehyd in Essigsäure zuständig ist. Wenn sich der Aldehyd im Körper anreichert, kommt es zum sogenannten „Antabuseffekt", einem Krankheitsbild, das auch als Acetaldehydämie bezeichnet wird. Betroffene fühlen sich schwerkrank; sie leiden sozusagen unter einem extremen Kater mit Übelkeit, Erbrechen, Atemnot, Schwindel, Brustschmerzen und pochendem Kopfschmerz. Diese Erfahrung wirkt so abstoßend, daß der Abhängige in der Regel nicht mehr zu seinem Suchtmittel greift, solange er Antabus einnimmt. Indessen wurden auch Fälle der Gewöhnung an das Medikament bekannt, wodurch sich die Effekte stark abschwächten. Patienten beurteilen das Mittel meist als hilfreich. Bei der Einnahme ist allerdings zu beachten, daß auch viele alltägliche Haushaltsprodukte alkoholhaltig sind, zum Beispiel Gewürzauszüge, Hustensaft (bis 25 %) und Mundwässer (ca. 25 %).

Alkohol kann die Fähigkeit unseres Organismus beeinflussen, andere unerwünschte Chemikalien loszuwerden. Durch den Alkoholabbau werden beispielsweise Enzyme gebunden, die auch zum Abbau des Amins Serotonin benötigt werden. Serotonin ist ein Botenstoff im Gehirn. Die Anreicherung dieser Substanz durch Unterbrechung des Abbauweges ruft möglicherweise die angenehmen Empfindungen beim Trinken von Alkohol hervor. Diesem Aspekt werden wir uns in Kapitel 4 ausführlicher widmen.

Der Morgen danach: Wie man den Kater vermeidet

Hat unser Körper den Alkohol einmal aufgenommen, muß er zunächst mit seinen Effekten kämpfen, später mit denen des Acetaldyds. Der Kater wird vor allem von letzterem verursacht: Daß Acetaldehyd Kopfschmerz und Übelkeit auslöst, ist bekannt. Durch Entwässerung wird das Leiden noch verschlimmert. Ließe sich die Wirkung des Alkohols vielleicht neutralisieren, indem man ein „ausnüchterndes" Medikament einnimmt? Könnte man damit auch die Wirkung des Acetaldehyds unterdrücken?

Ein Sofortmittel zur Ausnüchterung gibt es nicht, denn es ist kein Geheimrezept bekannt, das eine schlagartige, massenhafte Ausschüttung des Entgiftungsenzyms, der Alkoholdehydrogenase, bewirkt. Keines der populären Hausmittel wie Saunagänge, heftige Bewegung, starker Kaffee oder ein kalter Wasserguß über den Kopf ist in irgendeiner Weise wirksam. Ebensowenig läßt sich der Kater erfolgreich behandeln, denn man kennt auch keinen Wirkstoff, der die Menge der Acetaldehyddehydrogenase steigert. Traditionell kuriert man einen Kater aus, indem man noch mehr Alkohol trinkt. Dies „hilft" jedoch nur Abhängigen, die weniger unter einem Kater als unter Entzugserscheinungen leiden. Zur Verhinderung des Katers hat sich ein anderer Cocktail bewährt: das Schmerzmittel Paracetamol, Zitronensäure, Natrium- und Kaliumcarbonat sowie Vitamin C. Ein Tütchen von dieser Mischung wird vor dem Zubettgehen in Wasser gelöst eingenommen, eine weitere Dosis folgt nach dem Erwachen am nächsten Morgen. Mit Sicherheit bringt dieses Mittel eine gewisse Erleichterung, zumindest, was den Kopfschmerz und die Magenbeschwerden betrifft.

Das einzige wirklich Wirksame, was man tun kann, ist jedoch, die Alkoholaufnahme zu Beginn des Trinkens zu verlangsamen und die Symptome der Aldehydanreicherung zu bekämpfen. Den schlimmsten Nachwirkungen können Sie begegnen, indem Sie einige grundsätzliche Ratschläge befolgen:

- Trinken Sie Alkohol nicht auf nüchternen Magen. Am besten trinken Sie vorher ein Glas Milch.

- Bleiben Sie bei einer Sorte alkoholischer Getränke, und greifen Sie zwischendurch hin und wieder zu etwas Alkoholfreiem.
- Bevor Sie zu Bett gehen, sollten Sie der Entwässerung entgegenwirken, indem Sie ein großes Glas Wasser trinken.
- Zum Frühstück empfiehlt sich etwas Süßes wie Honig oder Marmelade. Diese Aufstriche enthalten viel Fructose, den Zucker, aus dem das Nicotinamid-Adenin-Dinucleotid (NAD), ein Cofaktor bei der Alkoholentgiftung, entsteht. Durch die zusätzliche Zuckeraufnahme werden auch die erschöpften Glycogenreserven der Leber wieder aufgefüllt.
- Vermeiden Sie histaminhaltige Getränke wie Sherry. Histamin gehört, wie wir in Kapitel 4 genauer diskutieren werden, ebenfalls zu den versteckten Gefahren, die in unserer Nahrung lauern.

Enzyme und Entgiftung

In diesem Kapitel haben wir gesehen, daß zwei Enzyme, die Alkohol-Dehydrogenase und die Acetaldehyd-Dehydrogenase, unablässig zur Entgiftung von Alkohol bereitstehen. Die Verteidigungsmechanismen unseres Körpers in Bezug auf Alkohol sind demnach stark spezialisiert. Im allgemeinen lohnt es sich für den Organismus jedoch nicht, für jedes denkbare Gift ein spezifisches Enzym zu produzieren. Statt dessen stellt er wenige, universeller einsetzbare Substanzen her, welche etwa die Löslichkeit unerwünschter Moleküle verbessern können, um deren Entsorgung über Nieren und Urin zu beschleunigen.

Eine Schlüsselstellung nimmt in diesem Zusammenhang der Cytochrom-P450-Stoffwechselweg ein, der in den späten 1950er Jahren im Zusammenhang mit dem Abbau der Amphetamine (→ Glossar) entdeckt wurde. Seitdem beschäftigten sich unzählige Forscher mit diesem äußerst vielgestaltigen System. Alle Tierarten produzieren das Enzym Cytochrom-P450, das insbesondere bei Säugetieren an zwei Aufgaben beteiligt ist, der Hormonproduktion und der Entgiftung unerwünschter Chemikalien. Man nimmt an, daß sich die letztere Funktion entwickeln konnte, weil P450-produzierende Spezies eine Vergiftung mit pflanzlichen Toxinen überlebten. Das wichtigste Merkmal des Enzyms besteht im enorm großen Spektrum möglicher Substrate (das sind Substanzen, auf die das Enzym wirkt). Diese Flexibilität hat jedoch auch ihren Preis: Das P450-System arbeitet vergleichsweise langsam und ineffizient. Außerdem ist die produzierte Menge an P450 individuell verschieden, so daß manche Menschen mühelos mit Giften fertigwerden, die andere ernsthaft schädigen.

Das Wirkprinzip des Enzyms besteht darin, die Fettlöslichkeit potentiell giftiger Stoffe herabzusetzen. Um die Chemie dieser Vorgänge zu verstehen, denken wir am besten an eine Salatsoße, bestehend aus Olivenöl, Weinessig, Zitronensaft, Salz, Pfeffer, Knoblauch und Zucker. Diese Zutaten schüttelt man gemeinsam in einer Flasche, wobei sich eine Emulsion bildet. Läßt man diese ein Weilchen stehen, trennt sie sich wieder in zwei Schichten: Unten setzen sich die wäßrigen Bestandteile (Essig und Zitronensaft) ab, das Öl schwimmt oben. Zucker und Salz sind in der Wasserschicht gelöst, während die Aromamoleküle von Pfeffer und Knoblauch in das Öl übergegangen sind.

Im menschlichen Körper trennen sich wasserlösliche und fettlösliche Stoffe in ganz ähnlicher Weise. Fettlösliche Substanzen reichern sich im Fettgewebe an. Handelt es sich dabei um Giftstoffe, die über den Blutkreislauf ausgeschwemmt werden müssen, muß der Körper sie zunächst in wasserlösliche Formen überführen. Anschließend können sie mit dem Urin oder dem Stuhl ausgeschieden werden. Das P450-System wandelt fettlösliche in wasserlösliche Chemikalien um, indem es ein Sauerstoffatom in das betreffende Molekül einbaut. So entsteht eine Hydroxylgruppe, welche die Affinität des Stoffes gegenüber Wasser erhöht.

Im ersten Schritt dieses Stoffwechselweges müssen Enzyme des P450-Systems das unerwünschte Molekül einfangen. Dazu besitzen die Enzyme Rezeptorpositionen (→ Glossar), an denen das Molekül festgehalten und währenddessen innerhalb von zehn Sekunden oxidiert wird. Dieser Prozeß besteht aus neun einzelnen Schritten: Elektronen werden abgespalten und ersetzt, ein Sauerstoffatom wird herangebracht, aktiviert und zur Bildung der Hydroxylgruppe in das Molekül eingebaut. Das oxidierte Molekül wird dann vom Rezeptor entfernt, und der Prozeß kann erneut ablaufen. Zehn Sekunden scheinen eine kurze Zeit zu sein, aber die meisten Enzyme arbeiten erheblich schneller. Das Anfluten von Milliarden und Billionen toxischer Moleküle zu bewältigen, kann für den Organismus einen Überlebenskampf gegen die Uhr bedeuten.

Für das P450-System ist die exakte Natur des Substratmoleküls ohne Bedeutung: Es wird prinzipiell mit allen Stoffen fertig, ob sie nun einfach oder kompliziert aufgebaut sind, Schwefel, Stickstoff, Halogene oder andere funktionelle Gruppen enthalten. Zwar ist das System flexibel, es besteht jedoch stets die Gefahr der Überlastung. Dafür hat der Organismus Rückhaltesysteme entwickelt, an denen die unerwünschten Toxine festgehalten werden, bis sie enzymatisch unschädlich gemacht werden können. Diese Rückhalteenzyme binden die Giftmoleküle an Proteine oder weiße Blutzellen, welche für den Weitertransport zu den Entgiftungsorganen sorgen. In einigen Fällen können sie die Entgiftung auch selbst starten.

Manche Leute können unerwünschte Chemikalien viel schneller abbauen als ihre Verwandten, Freunde und Bekannten. Die Reaktionen auf ein bestimmtes Menü können daher höchst unterschiedlich ausfallen. Auch der körperliche Allgemeinzustand beeinflußt die Fähigkeit zur Entgiftung, wobei schon leichte Erkrankungen wie eine Erkältung verheerende Folgen haben können. Eine gesunde Person mit raschem Stoffwechsel baut eine bestimmte Giftmenge bis zu zwölf Mal schneller ab als ein Kranker mit langsamem Stoffwechsel. Diese individuellen Unterschiede können wir uns nun erklären.

Betrachtet man die ungeheure Menge an Chemikalien, die der moderne Mensch etwa als Medikamente oder Zusatzstoffe von Lebensmitteln zu sich nimmt, kann man sich fragen, wie der Organismus die Fähigkeit entwickeln konnte, alle diese Herausforderungen zu bewältigen. Die Antwort lautet, daß die Verteidigungsmechanismen des Körpers gegen natürliche Fremdstoffe und Toxine, sogenannte Xenobiotika, entwicklungsgeschichtlich sehr alt sind. Das P450-System und ähnliche sind flexibel genug, um nahezu jedes unerwünschte Molekül, ob natürlich oder künstlich, zu zerstören. Allerdings gibt es Ausnahmen: Einige Stoffe sind so giftig, daß diese Mechanismen nicht greifen, wie effizient sie auch immer sein mögen. Diese Substanzen müssen wir strikt meiden. Zum Glück sind es nur relativ wenige.

KAPITEL 3

Darmfunktion, Gifte, Allergien

Unser Körper braucht alle Arten von Nährstoffen zum Aufbau und zur Reparatur seiner Strukturen, aber auch zur Gewinnung der Energie, die für diese Prozesse benötigt wird. Die meisten Nahrungsmittel enthalten daher energiereiche Moleküle wie Zucker, Stärke, Fette und Öle. Um deren Energie jedoch für den Organismus nutzbar zu machen, brauchen wir außerdem Proteine, Vitamine, Mineralstoffe und einige andere Substanzen – kurz gesagt, eine ausgewogene Ernährung.

Das Rohr, dessen Enden Mund und After bilden, heißt Magen-Darm- oder Verdauungstrakt. Der Verdauungsprozeß beginnt im Moment der Nahrungsaufnahme: Zunächst werden die Speisen in ihre Bestandteile zerlegt, dann werden nützliche von den unnützen oder gar schädlichen Komponenten getrennt, schließlich werden die Abfallprodukte des Stoffwechsels ausgeschieden. Dabei bewegt sich der Nahrungsbrei immer weiter nach unten. Zuletzt sorgen im Dickdarm Bakterien für die Gewinnung bis dahin ungenutzter Energie; der Stuhl besteht zu einem nicht geringen Teil aus diesen Organismen.

Unser Darm stellt Heerscharen von Enzymen zur Verdauung der Kohlenhydrate, Fette und Proteine bereit. So können die komplizierten Nährstoffmoleküle in kleine Bausteine aufgespalten werden, die der Körper aufnehmen kann. Nach dem Genuß eines saftigen Steaks beispielsweise freut sich unser Organismus über die Zufuhr von tierischem Eiweiß aus den Muskelfasern des

Bullen. Aus diesen Proteinen kann der Körper eigene Muskelzellen aufbauen. Hierzu muß der tierische Rohstoff jedoch zunächst in seine Bausteine, die Aminosäuren, zerlegt werden; dies übernehmen die Proteaseenzyme. Die Aminosäuren können dann die Darmwand durchdringen und werden zu Stellen des Körpers transportiert, wo neue Muskeln oder andere Körperstrukturen aufzubauen sind. Nach einem Bauplan, der in unseren Erbanlagen verschlüsselt ist, werden die Bausteine wieder zu kompletten Eiweißstrukturen zusammengefügt.

Während der Verdauung der Speisen begegnen dem Körper auch Stoffe, die nicht der Ernährung dienen können. Bei diesen sogenannten Xenobiotika (*xenos:* griech. „fremd") handelt es sich im allgemeinen um natürliche Substanzen, die synthetischen Lebensmittelzusätze machen nur einen geringen Teil aus – und im großen und ganzen sind die Stoffe ungiftig und nützlich, indem sie die Qualität des Essens und Trinkens verbessern oder bewahren.

Eine aufgenommene chemische Substanz kann für unseren Körper unentbehrlich, nützlich oder bedeutungslos sein, oder sie kann eine spezielle pharmakologische Wirkung ausüben. Letztere wird bei geringeren Dosen vielleicht kaum registriert, während hohe Dosen zur Vergiftung führen können. Vitamin A zum Beispiel ist ein Nahrungsbestandteil, auf den wir nicht verzichten können; nehmen wir jedoch zuviel davon auf, entwickeln sich Vergiftungssymptome, die im Extremfall sogar lebensbedrohende Ausmaße erreichen können. Andere Xenobiotika wirken stets toxisch; je mehr man davon aufgenommen hat, umso stärker leidet man.

Pharmazeutische Wirkstoffe sollen in bestimmten Körperregionen einen Effekt auslösen, aber sie sollen uns nicht umbringen. Die Hersteller des Wirkstoffs müssen daher die ideale therapeutische Dosis herausfinden. Dazu werden im Tierversuch ständig steigende Mengen der Chemikalie verabreicht, bis zur tödlichen Dosis. Aus den Ergebnissen dieser Experimente läßt sich die für den Menschen wirksame, aber sichere Dosis berechnen. Solche Versuche entbinden den verschreibenden Arzt jedoch nicht von seiner Pflicht, ebenso die individuelle Konstitution seines Patienten in Betracht zu ziehen.

Auch „normale" Nahrungsbestandteile können als Gift wirken. Dies kann folgende Gründe haben:

- Eine Komponente hat die Entgiftungsmechanismen überlastet und damit außer Kraft gesetzt.
- Die körpereigenen Rezeptoren wurden mit natürlichen Aminen überstimuliert.

- Nahrungsbestandteile, die eigentlich unentbehrlich sind, wurden durch Mikroorganismen in Giftstoffe umgewandelt.
- Die Darmwand ist geschädigt, und toxische Stoffe können sie passieren.

In jedem Fall fühlen wir uns schlecht. Wie und warum es so weit kommen kann, wollen wir im folgenden besprechen, um zu verstehen, aus welchen Gründen wir manche Speisen nicht vertragen.

Wie der Körper mit Giften umgeht

Die häufigsten Reaktionen des Organismus auf eine Vergiftung sind Erbrechen und Durchfall. Das Erbrechen ist eine der primitivsten Funktionen, die bei den meisten Tieren vorhanden ist und verschiedene Ursachen haben kann: eine überreichliche Nahrungsaufnahme, ein unappetitlicher Anblick, der nahende Tod. Der wahrscheinlichste Auslöser des Erbrechens ist jedoch eine Vergiftung: Der Körper möchte einen schädigenden Stoff auf dem schnellsten Wege wieder loswerden.

Erbrechen ist eine sehr häufige Erscheinung von erheblicher klinischer Bedeutung. Trotzdem kennt man den zugrunde liegenden Mechanismus bisher nicht genau. In ihrem Buch *Serotonin and the Specific Basis of Anti-emetic Therapy* äußern John Reynolds, Paul Andrews und Christopher Davis die Vermutung, ein spezielles Hirnzentrum löse das Erbrechen aus. Dieses Hirnrindenfeld, die *Area postrema*, wird, so die Autoren, von dem Neurotransmitter (→ Glossar) Serotonin gesteuert. Blockiert man den Botenstoff durch spezielle Wirkstoffe (Serotoninantagonisten), läßt sich das Erbrechen unterdrücken. Große Erleichterung brachte die Verabreichung von Serotoninantagonisten vor allem Krebspatienten, denn das Erbrechen tritt als äußerst unangenehme Nebenwirkung der Chemotherapie von Tumorerkrankungen auf.

Der Darm entledigt sich unerwünschter Substanzen durch Diarrhoe (Durchfall). Man muß häufig auf die Toilette, und der Stuhl wird flüssig. Eine Nebenwirkung, die vor allem Babys und Kleinkindern gefährlich werden kann, ist die Entwässerung des Körpers. In der Regel ist der Durchfall eine verspätete Reaktion des Organismus auf ein eher mildes Gift, das den Magen bereits passiert hat. Aus dem Dünndarm gelangt ein sehr flüssiger, halbverdauter Nahrungsbrei in den Dickdarm, wo ihm Wasser, Kohlenhydrate und andere, von Bakterien produzierte Substanzen entzogen werden. Der immer dicker werdende Stuhl wird durch regelmäßige Kontraktionen des Darms (Peristaltik) zum Enddarm befördert. Ist dieser gefüllt, sendet er ein Signal aus, und wir gehen auf die Toilette. Der Durchfall beschleunigt den gesamten Prozeß; sobald der Körper die schädlichen Substanzen losgeworden ist, normalisiert sich die Darmfunktion in den meisten Fällen von selbst. Chronischer Durchfall führt oft zu Gewichtsverlust und zum Mangel an bestimmten Nährstoffen. Häufig verordnet der Arzt dann die Einnahme von Nahrungsergänzungsstoffen und die Umstellung der Ernährung auf mehr Ballaststoffe und Fett sowie viel Wasser; Coffein und Nicotin sind verboten. Die Darmbewegung läßt sich auch durch bestimmte Arzneimittel verlangsamen.

Erbrechen und Durchfall sind völlig normale Reaktionen eines gesunden Verdauungssystems auf zu hohe Dosen von Giftstoffen. In einigen Fällen kann sich der Magen-Darm-Trakt des Giftes jedoch nicht effizient erwehren, und wir werden krank. Weizen, Kuhmilch und Bohnen sind zum Beispiel drei Grundnahrungsmittel, die von Millionen Menschen problemlos vertragen werden, für manche jedoch extrem gefährlich werden können. Nach dem Abstillen führt man Babys schrittweise an die übliche Erwachsenennahrung heran. Neue Nahrungsmittel werden langsam eingeführt. Eines der ersten ist in der Regel Kuhmilch. Zu diesem Zeitpunkt bekommt etwa eins von 2500 Kindern Verdauungsprobleme – Durchfall, Koliken, Ausschlag und eine ständig laufende Nase sind die augenfälligen Symptome. Die Babys gedeihen nicht mehr, beginnen, Gewicht zu verlieren, werden immer empfindlicher, der Bauch ist aufgebläht – und die Eltern wissen sich keinen Rat.

Bei der Untersuchung des Dünndarms solcher Kinder stellt man merkliche Veränderungen fest. Wahrscheinlich werden die beschriebenen Symptome von einer Schädigung der Darmwand verursacht: Eines der Milcheiweiße, β-Lactoglobulin, wird im Übermaß absorbiert, so daß der Körper sich verteidigt. Ob diese Darmschädigung durch eine Gastroenteritis hervorgerufen wird oder genetisch bedingt ist, weiß man noch nicht. In jedem Falle werden lokale Antikörper (→ Glossar) in der Darmwand gebildet, und je mehr β-Lactoglobulin in den Darm gelangt, desto größer werden die Schäden, und desto mehr Milcheiweiß wird absorbiert. Dieser Teufelskreis läßt sich wirksam unterbrechen, indem man das Baby kuhmilcheiweißfrei ernährt. Meist erholt sich das Kind daraufhin schnell und vollständig.

Milch enthält eine weitere Substanz, die ganz ähnliche Reaktionen bewirken kann, allerdings nach einem völlig anderen Mechanismus. Es handelt sich um das Kohlenhydrat Lactose. Manche Menschen können aufgrund einer genetischen Störung ein Enzym nicht herstellen, das zur Lactoseverdauung benötigt wird; Lactoseintoleranz kann aber auch durch eine Gastroenteritis entstehen. Eine Schädigung der Darmwand hemmt die Produktion sämtlicher Enzyme, die für die Spaltung von Kohlenhydraten in einfache Zucker verantwortlich sind, aber das lactasespaltende Enzym ist mit am stärksten betroffen. So reichern sich unverdaute Stoffe im Darm an, der Körper kann nicht mehr genügend Wasser aufnehmen, und Mikroben beginnen sich zu vermehren. Diese Mikroorganismen produzieren Milch- und Essigsäure, die den Darm zusätzlich reizen.

Durch ähnliche Symptome macht sich auch eine Überempfindlichkeit von Babys auf das in Roggen und Weizen enthaltene Protein Gluten bemerkbar. In einigen Regionen, zum Beispiel Westirland, ist jedes 300. Kind davon betroffen. Im Unterschied zur Überempfindlichkeit auf die Milchbestandteile kann sich die Reaktion auf Gluten auch im Laufe des späteren Lebens entwickeln; bei einzelnen Personen wird sie erst im Alter von über 60 Jahren diagnostiziert. Wer an dieser sogenannten Zöliakie erkrankt ist, muß sich glutenfrei ernähren. Heutzutage kann man glutenfreie Produkte überall kaufen, allerdings sind sie nicht ganz billig.

Zöliakie

Die Zöliakie war bereits in der Antike bekannt, wie wir aus Aufzeichnungen des römischen Arztes Galenus wissen. Behandeln ließ sich die Krankheit damals nicht. Im 19. Jh. nannte man sie „nichttropische Sprue", aber ein Heilmittel war noch immer nicht in Sicht. Dabei blieb es bis zur Mitte des 20. Jh.

In den 1940er Jahren unternahm der holländische Kinderarzt Willem-Karo Dicke (1905–1962) erste Versuche mit erkrankten Kindern. Er setzte sie auf eine weizenfreie Diät, was in den Jahren der Lebensmittelrationierung nicht besonders schwierig war. 1950 wurde seine Arbeit „Zöliakie und der Einfluß verschiedener Getreidearten" an der Universität Utrecht veröffentlicht; sie wurde weltberühmt. Durch weitere Forschungen konnte man den Auslöser mittlerweile auf die Gliadinfraktion des Glutens einengen. Zöliakiepatienten erhalten eine spezielle Diätberatung. Reis, Mais, Obst, frisches Fleisch, Käse, Fett und Öle werden problemlos vertragen; Vorsicht geboten ist dagegen bei verarbeiteten Lebensmitteln, die glutenhaltige Getreidebestandteile enthalten können.

Die korrekte Bezeichnung der Krankheit lautet glutensensitive Enteropathie.

Die Darmbarriere

Der Darm ist ein riesiges Organ, das zwei wesentliche Probleme bewältigen muß. Erstens muß er einen erheblichen Teil der benötigten Energie (50 % beim Dünndarm, sogar 80 % beim Dickdarm) aus der momentan in ihm enthaltenen Nahrung beziehen. Obwohl sich der Darm tief in unserm Inneren befindet, bildet er eine komplizierte Barriere zwischen dem Körper und der Außenwelt. Solange eine Substanz die Darmwand nicht passiert hat und in Blutkreislauf und Gewebe gelangt ist, wird sie nicht als körpereigen behandelt. Einerseits muß der Darm die Nährstoffe in einfache, kleine Moleküle spalten, die er aufnehmen kann; andererseits muß er wirksam verhindern, daß unerwünschte Stoffe in den Körper gelangen. Die zweite schwierige Aufgabe des Darmes besteht daher darin, Nährstoffe in den Organismus zu lassen, gleichzeitig aber Xenobiotika zu neutralisieren oder zumindest zu verhindern, daß sie in größeren Mengen die Wand durchdringen, und das Eindringen von Mikroorganismen völlig zu unterbinden.

Wenn es dem Darm gut geht, erfüllt er diese Aufgaben mühelos. Nach einer Operation oder einem Trauma, nach einer Krankheit oder bei Nahrungsmangel beginnt der Darm jedoch zu verhungern. Die Auswirkungen verspürt man, nachdem man eine Woche überhaupt nichts gegessen hat. Selbst bei leichten Erkrankungen ist die Darmfunktion gestört, und Appetitlosigkeit, Übelkeit und Unwohlsein sind die Folge.

Die Darmwand ist mit einem klebrigen Schleim bedeckt, der von den sogenannten Becherzellen abgesondert wird. Diese Zellen enthalten lokale Antikörper, IgA und IgM, die den Körper vor dem Eindringen von Viren, Bakterien und Toxinen schützen. Ähnlich Aufgaben werden von Enzymen und speziellen chemischen Substanzen übernommen. Die Becherzellen gehören zu den ersten Leidtragenden einer Erkrankung. So wird die Darmbarriere geschwächt.

Einfache Nährstoffmoleküle werden bereits im oberen Teil des Darms resorbiert. Kompliziertere Stoffe müssen zunächst enzymatisch in einfache Bausteine zerlegt werden; die kompliziertesten Nährstoffe werden erst unter Mitwirkung der Dickdarmflora gespalten. Diese Bakterien wandeln hochmolekulare Faserstoffe und Eiweiße in kurzkettige Fettsäuren und bestimmte Aminosäuren um, die dem Darm unmittelbar als Energielieferanten dienen. Die Darmbakterien sind für unseren Energiehaushalt sehr wichtig: Sie decken ein Viertel unseres Energiebedarfs durch die Verdauung von Kohlenhydraten und langkettigen Zuckermolekülen. Antibiotika greifen nicht nur krankmachende Bakterien an, sondern auch die lebenswichtige normale Darmflora.

Die Darmbarriere

Deshalb sollten diese Wirkstoffe nur eingenommen werden, wenn sie tatsächlich erforderlich sind.

Solange sich die Bakterien im Darm befinden, nützen sie uns. Gelangen sie jedoch durch eine geschädigte Darmwand in den Körper, werden wir ernstlich krank. Bengmark und seine Mitarbeiter haben eine spezielle Diät zur Sanierung eines geschädigten Darms erarbeitet. Sie enthält viel Hafer, der reich an Membranlipiden, an wasserlöslichen, verdaulichen Faserstoffen sowie an nützlichen Aminosäuren ist. Außerdem hemmen solche Nahrungsmittel das Wachstum der Darmflora und setzen so die Wahrscheinlichkeit herab, daß die Bakterien in den Körper eindringen.

Die Durchlässigkeit der Darmwand läßt sich bestimmen, indem man dem Patienten unverdauliche Zuckermoleküle verschiedener Größe verabreicht und dann feststellt, welcher Anteil der Dosis in den Blutkreislauf gelangt. Auf diese Weise konnten Mediziner den Einfluß verschiedener Krankheiten auf die Darmwand ermitteln. Zu den größeren Molekülen, die nur im Krankheitsfall die Wand passieren, gehören auch Giftstoffe oder Substanzen, die eine Immunreaktion auslösen können. Die Effekte beschränken sich manchmal auf einzelne Körperregionen, manchmal treten aber auch generalisierte Vergiftungen oder Allergien auf. Ungeachtet des Ortes der Immunantwort werden die eindringenden Moleküle als fremd und feindlich betrachtet, und der Körper versucht, sie zu zerstören. So kann plötzlich ein normalerweise vollkommen harmloser Nährstoff angegriffen werden. Häufig sind lokale Entzündungen der Darmschleimhaut die Folge, der Darm wird weiter geschädigt und somit noch durchlässiger.

Direkt unterhalb der Schleimhaut des Darms befinden sich dichte Anhäufungen („Peyer-Plaques") von Lymphocyten, den Eckpfeilern des Verteidigungssystems unseres Körpers. Die Lymphocyten werden aktiviert, indem sie Teile der Molekülstruktur eines fremden, potentiell feindlichen Eindringlings kennenlernen; diese Information können sich die Zellen merken und im Falle eines erneuten Angriffs desselben Moleküls nutzen. Die Lymphocyten geben ihre „Erfahrungen" auch untereinander weiter. So entsteht ein mächtiges Abwehrsystem gegen Mikroben und Giftstoffe. Die aktivierten Gruppen der Lymphocyten stellen spezielle Antikörper her, die zur Feindabwehr vor Ort geschickt werden. Lymphocyten merken sich auch die Struktur winzigster, unverdauter Nahrungsteilchen, die durch die Darmwand gelangt sind. Dringen solche Stoffe erneut ein, so werden sie angegriffen. Hans Strobel vom Kinderkrankenhaus Great Ormond Street in London hat diese Theorie weiterentwickelt. Seiner Ansicht nach sind die Lymphocyten darauf „programmiert", entweder zu tolerieren oder zu reagieren. Die Entscheidung kann laut Strobel buchstäblich lebenswichtig sein. Der kritische Faktor ist die Darmwand – nicht nur hinsichtlich der generellen Toleranz von Nährstoffen. Hier lernt der Körper im Laufe der Individualentwicklung auch, welche Fremdstoffe er akzeptieren und als Nahrung nutzen kann.

P. D'Eufemia vom Institut für Pädiatrie an der Universität Rom stellte fest, daß die Darmwand autistischer Kinder verstärkt größere Moleküle durchläßt. Peptide (Aminosäureketten ähnlich den Eiweißen, nur wesentlich kürzer) könnten eine Rolle bei der Entwicklung des Autismus spielen. Auf diese veränderte Durchlässigkeit der Darmwand läßt sich auch der Mangel an Mineralstoffen, Spurenelementen und Vitaminen zurückführen, unter dem Autisten oft leiden.

Damit der Darm gesund bleibt

Die wesentliche Bedingung für die reibungslose Funktion des Darmsystems ist eine vielseitige, ausgewogene Ernährung. Im Anhang wird erläutert, wieviel von welchen Nährstoffen wir aufnehmen müssen. Ernähren wir uns einseitig, zum Beispiel zu fettreich, oder nehmen wir übermäßig viel von den in diesem Buch beschriebenen Giftstoffen auf, sollten wir wohl nicht überrascht sein, wenn der Darm seine normale Tätigkeit aufkündigt.

Der sogenannte Reizdarm (*Colon irritabile*) äußert sich mit Symptomen wie Blähungen, Völlegefühl, Schmerzen und Funktionsstörungen wie einem Wechsel zwischen Verstopfung und lockerer Bewegung. Diese können gelegentlich und in leichter Form auftreten, aber auch ein äußerst belastendes Ausmaß annehmen. Die Diagnose wird gestellt, nachdem alle anderen wichtigen Darmerkrankungen ausgeschlossen werden konnten. Im Grunde ist sie aber nur ein Zeichen der Ratlosigkeit des Arztes. Häufig wird dem Patienten geraten, so gut wie möglich mit seiner Krankheit zu leben. Vielleicht wird außerdem empfohlen, scharfe und stark gewürzte Speisen zu meiden. Das ist gewiß kein unnützer Rat, aber es wäre sicher wesentlich sinnvoller, die Ernährungsgewohnheiten des Patienten insgesamt unter die Lupe zu nehmen und eventuell umzustellen.

In Tabelle 3.1 finden Sie Stoffe, die den Darm reizen – von den unvermeidbaren bis zu denen, die sich leicht aus der Diät ausschließen lassen. Die Mangelernährung wird nicht erwähnt, gehört aber auch zu den auslösenden Faktoren. Die ungeeignetste Art, einen Reizdarm zu kurieren, besteht im Auspro-

Damit der Darm gesund bleibt 55

Tabelle 3.1 Stoffe, die den Darm reizen können.

Medikamente	Antibiotika, entzündungshemmende Wirkstoffe, Abführmittel, Corticosteroide, Kontrazeptiva („Pille") und andere Hormone, Digoxin
Reizstoffe	Alkohol, Coffein
Mikroorganismen	*Dientamoeba fragilis, Blastocystis hominis, Giardia lambli, Cryptosporidium, Heliobacter pylori, Klebsiella, Citrobacter*
Lebensmittelzusätze	Farbstoffe, Konservierungsmittel, peroxidierte Fette
Enzymmangelkrankheiten	Zöliakie, Lactasemangel
raffinierte Kohlenhydrate	Süßigkeiten, Schokolade, Erfrischungsgetränke, Weißbrot
natürliche Toxine	Toxine von Schimmel, Pilzen, Bakterien sowie aus Fisch, Schalentieren und Honig

bieren neuartiger Diäten, bizarrer Nahrungszusätze, wirkungsloser Techniken und zweifelhafter Behandlungsmethoden. Solche Maßnahmen bessern nichts – im Gegenteil. Es hat wenig Sinn, große Mengen unnötiger und teurer Diäthilfsmittel zu sich zu nehmen; wesentlich nützlicher ist die Befolgung einiger einfacher Ratschläge.

Eher unerwartete Auslöser des Reizdarmsyndroms sind raffinierte Kohlenhydrate wie zum Beispiel Zucker. Wenn die Region des Darms, in der Zucker gespalten werden, viel zu viel Ausgangsstoffe erhält, kann es zur Gärung kommen. Dabei entsteht nicht nur Ethanol, der auch in alkoholischen Getränken enthalten ist, sondern auch andere, giftigere Alkohole wie Propanol und Butanol.

Die Mechanismen, die zur Nahrungsmittelunverträglichkeit führen, sind bei allen Menschen identisch. Das Ausmaß der Körperreaktion kann jedoch höchst unterschiedlich sein. Viele Störungen der Darmfunktion sind auf Nahrungsmittelunverträglichkeiten zurückzuführen, selbst wenn wir uns nur von „gewöhnlichen" Speisen ernähren. Manchmal überlasten wir unseren Körper mit einem „alltäglichen" Gift, ohne uns dessen bewußt zu sein. Wenn wir dann versuchen, die Reaktion der Organismus zu analysieren, kommen wir meist zu dem Schluß, auf einen Inhaltsstoff der zuletzt aufgenommenen Nahrung allergisch zu sein. In Wirklichkeit leiden wir vielleicht nur an einer leichten Vergiftung durch ein natürliches Toxin oder einen Bestandteil der Nahrung.

Unverträglichkeit und Allergie

Unsere Nahrung besteht aus Nährstoffen und Nichtnährstoffen (Xenobiotika). Auf erstere können wir allergisch reagieren, gegenüber letzteren können wir Unverträglichkeitsreaktionen entwickeln. Die jeweilige Antwort unseres Körpers ist genetisch bedingt.

Die Unterschiede des genetischen Codes von Menschen einerseits und Schimpansen andererseits machen lediglich 2 % der gesamten Erbinformation aus; diese jedoch sind entscheidend. Der Mensch konnte sich an nahezu jeden Lebensraum anpassen, von den Eiswüsten der Arktis bis zu den sengend heißen Sandwüsten Arabiens und den extremen Höhenlagen Nepals. Überall werden Menschen geboren, können überleben und schaffen blühende Zivilisationen. Diese Anpassungsfähigkeit beruht zum Teil darauf, daß der Mensch seine Nahrung aus verschiedensten Umgebungen gewinnen kann. Zum Beispiel stehen im Gegensatz zu Frauen in Finnland den Frauen in Gambia kaum Milchprodukte zur Verfügung. Die Finninnen können mühelos genügend Calcium aufnehmen, um feste Knochen zu bilden. Die Knochen der gambischen Frauen sind jedoch ebenso fest, denn diese nutzen die sehr geringen verfügbaren Calciummengen viel effizienter.

Das Überleben der Menschheit in derart unterschiedlichen Regionen war demnach nur möglich, weil wir bezüglich der Zusammensetzung unserer Nahrung so wenig wählerisch sind. Eine Allergie auf ein bestimmtes Nahrungsmittel wäre in der Geschichte einer biologischen Katastrophe gleichgekommen. Betroffene wären mit Sicherheit gestorben, bevor sie hätten aufwachsen und sich vermehren können. So sorgte die Natur dafür, daß Lebensmittelallergien nicht an die Nachkommen weitergegeben werden konnten. Eine abnorme Reaktion auf ein Nahrungsmittel, eine Allergie, ist daher an sich etwas höchst Ungewöhnliches.

Die Veranlagung, eine Allergie zu entwickeln, ist genetisch bedingt. Die Allergie kommt zum Ausbruch, wenn man dem Allergen – oft einem alltäglichen Stoff – ausgesetzt wird. Skandinavier sind häufig allergisch auf Weißbirke, Briten entwickeln einen klassischen Heuschnupfen, und Nordamerikaner sind empfindlich auf Sumpfholunder – je nachdem, welche Pflanzen in der jeweiligen Umgebung bevorzugt vorkommen. Je häufiger das Allergen, desto wahrscheinlicher ist es, daß ein Teil der Bevölkerung aufgrund der genetischen Disposition allergisch reagiert.

Auf Lebensmittel trifft dies ebenso zu: Am wahrscheinlichsten sind Allergien auf Grundnahrungsmittel. Kuhmilch- und Weizenallergien sind daher wesentlich weiter verbreitet als Reaktionen auf exotischere Genüsse. Ein gutes Beispiel ist die Erdnußallergie, die vor 50 Jahren in Europa noch weitgehend unbekannt war. Seitdem wurden die Nüsse immer populärer, man führte sie massenweise ein und verwendete sie in allen möglichen Speisen. Die logische Folge ist eine drastische Zunahme akuter Erdnußallergien. Allergiker sind bei verschiedenster Gelegenheit gefährdet. So wurde ein Todesfall bekannt, dem nicht der Verzehr von Erdnüssen selbst vorausgegangen war – diese mied der Betroffene konsequent –, sondern der Genuß von Chips mit einer Soße auf der Grundlage von billigem Erdnußöl. Die Anzahl der Fälle von Erdnußallergie nimmt zwar progressiv zu, ist insgesamt gesehen allerdings noch immer gering.

Rund 90 % aller Nahrungsmittelallergien werden von Eiweißen verursacht, besonders von Proteinen in Milch, Eiern, Fisch, Krabben, Shrimps, Hummer, Erdnüssen, Nüssen, Sojabohnen und Weizen. 100–200 US-Amerikaner sterben jährlich an Nahrungsmittelallergien; das ist weniger als einer von 10 000 Allergikern. Die allermeisten (99 %) Menschen entwickeln keine Allergie auf Lebensmittel, das heißt jedoch nicht, daß sie alles vertragen. Kinder sind generell allergieanfälliger. Oft verschwinden die Symptome jedoch wieder, wenn sich der Darm entwickelt und für die allergieauslösenden Proteine allmählich undurchlässig wird. In einigen Fällen kennt man das Protein, das für die Allergie verantwortlich ist: Lactoglobulin in Milch, Ovomucoid und Apovitellin in Eiern sowie Tropomyosin in Shrimps.

Eine allergische Reaktion ist unabhängig von der *Menge* des aufgenommenen Allergens: Schon winzigste Mengen können lebensbedrohlich wirken. Die Reaktion des Körpers auf Xenobiotika hingegen ist unmittelbar mit der aufgenommenen Menge verknüpft. Je mehr von einem solchen Stoff in den Körper gelangt ist, umso mehr müssen wir wieder loswerden, und wenn alle Verteidigungsreserven erschöpft sind, werden wir gegebenenfalls krank. Bei allen Toxinen gibt es Grenzwerte für eine schädigende Wirkung. Versuche, sämtliche Stoffe zu meiden, die eine Unverträglichkeitsreaktion auslösen könnten, sind jedoch völlig sinnlos – man sollte möglichst genau wissen, auf welche Substanzen man empfindlich reagiert. Es kann sogar durchaus angeraten sein, die Entgiftungsmechanismen unseres Körpers zu trainieren, indem man dem Organismus ab und an einen Fremdstoff anbietet.

Eine Chemikalie, die zu Unverträglichkeitsreaktionen führen kann und gleichzeitig eine Schlüsselrolle bei Allergien spielt, ist Histamin. Dieses natürliche Amin wird im Körper zwar unter strenger Kontrolle produziert, aber trotzdem kann sich zu viel Histamin im Organismus anreichern. Das kann zwei

Ursachen haben: Entweder war die Nahrung histaminhaltig – auf welche Speisen dies zutrifft, besprechen wir in Kapitel 4 –, oder die körpereigenen Zellen haben übermäßig viel Histamin ausgeschüttet. Letzteres kann zum Beispiel geschehen, wenn man ein Allergen verzehrt. Die Mengen an Histamin, die dann in den Blutkreislauf gelangen, stehen in keinem Verhältnis zur aufgenommenen Menge des Allergens. Auf das lebenswichtige, aber unangenehme, in größeren Mengen sogar toxische Molekül reagiert der Körper dann heftig.

Allergietests

Eine Nahrungsmittelallergie läßt sich zweifelsfrei belegen, denn eine allergische Versuchsperson produziert als Reaktion auf die Aufnahme eines Allergens einen Antikörper, ein sogenanntes Immunglobulin. Allergieerzeugende Nahrungsmittel sind alltäglich, und der schuldige Bestandteil, in der Regel ein großes Molekül, läßt sich eindeutig ermitteln. Die Reaktion erfolgt oft rasch, sie kann lokal oder generalisiert auftreten. Unter den lokalen Reaktionen sind Schwellungen an den Kontaktstellen mit der Nahrung – Lippen, Zunge, Mund und Rachen –, auch angioneurotisches Ödem genannt. Generalisierte Reaktionen wie Erbrechen, heftiger Durchfall, laufende Nase und Atemnot können folgen. In extremen Fällen kommt es zum Kreislaufversagen und Atemstillstand, und der Patient stirbt. Betroffene wissen meist sehr genau, daß die Aufnahme, der Kontakt oder selbst der Geruch des Allergens eine akute Reaktion auslösen kann.

Die immunologischen Veränderungen, die mit einer Allergie einhergehen, sind kompliziert und zum Teil nicht völlig aufgeklärt. Der einfachste Mechanismus, die Allergie vom Soforttyp (Typ I), ist allerdings gut erforscht. Antikörper, die unser Organismus produziert, kann man messen; sie werden in die Klassen A, E, G und M eingeteilt. Das Immunglobulin E (IgE) ist ein Einzelgänger, den man nur bei Allergikern findet. (Die anderen Immunglobuline, IgA, IgG und IgM, erfüllen Schutzfunktionen und sind in jedem von uns vorhanden.) Jedes IgE ist spezifisch für ein bestimmtes Allergen; einige Allergene hingegen produzieren dasselbe IgE, zum Beispiel Obst, Nüsse und Latex. Das Immunglobulin lagert sich an das aufgenommene Allergen an, und diese Kombination reagiert mit sensibilisierten Zellen, wobei neben Histamin auch andere akut wirkende Substanzen freigesetzt werden. Diese Antigen-Antikörper-Reaktion läßt sich im Labor mit dem Blut eines Allergikers nachvollziehen, welches die geeigneten Antikörper enthält.

Histamin wird weltweit als Standard für Allergietests verwendet: Man bringt einen Tropfen davon auf die Haut des Patienten und ritzt die Haut durch den Tropfen hindurch mit einer Nadel an. Innerhalb von Sekunden kommt es zur Rötung und Schwellung. Mit dieser Stelle vergleicht man dann örtliche Reaktionen des Patienten auf beispielsweise Pollen, Stäube, tierische Hautschuppen und Schimmel. Liegt eine Allergie vor, so rötet sich die betreffende Stelle ebenfalls und schwillt an. Diese Methode bezeichnet man als Prick-Test.

Die individuelle Reaktion auf eine Reihe von Allergenen läßt sich recht gut messen, wenn man für jeden in Frage kommenden Stoff je eine positive und eine negative Probe verwendet. Dabei wird die Haut jeweils zweimal geritzt; einmal ist das Allergen in der aufgebrachten Lösung enthalten, einmal nicht. (Hat der Proband eine außergewöhnlich empfindliche Haut, kann auch die Stelle mit der negativen Probe anschwellen.) Gelegentlich erhält man falschnegative Ergebnisse, zum Beispiel, wenn der Patient vor dem Test ein Antihistaminikum eingenommen hat.

In einer allergologischen Abteilung eines Krankenhauses sind in der Regel Hunderte von Allergenen vorrätig, arbeitsplatz- und haushalttypische Substanzen ebenso wie Stoffe aus der Umwelt sowie Nahrungsmittel, von deren allergieauslösendem Effekt man weiß. Im allgemeinen ist der Patient auf Eiweiße allergisch, denen er besonders oft ausgesetzt ist. Kuhmilch gehört zu den ersten Nahrungsmitteln, die der Mensch im Verlauf seines Lebens zu sich nimmt; in vielen Fällen beobachtet man Reaktionen auf Milcheiweiß in Form von Ekzemen, Verdauungsstörungen, Asthma (→ Glossar) und Schnupfen.

Mit Hilfe dieser beiden Methoden – dem Antikörperassay und dem Hauttest – findet der Allergologe heraus, auf welche Substanz der Patient überempfindlich reagiert. Die verschiedenartigen Mechanismen und Ursachen der Krankheit stehen zweifelsfrei fest. Um Allergien vom verzögerten Typ (Spättyp) korrekt zu diagnostizieren, gibt es andere Tests, über deren Aussagekraft jedoch noch ebensowenig Einigkeit herrscht wie über die exakten Mechanismen.

Studien ergaben, daß nur etwa 1 % der allgemeinen Bevölkerung tatsächlich unter einer Allergie auf ein bestimmtes Nahrungsmittel leidet. Bei Kindern sind es immerhin 5 %. In vielen Fällen verschwindet die Überempfindlichkeit im Laufe des Lebens; mit 3 Jahren hat die Hälfte der von einer Milch- oder Hühnereiweißallergie betroffenen Kinder die Krankheit bereits überwunden. Viele Menschen, die nach dem Essen bestimmter Speisen allergieähnliche Symptome verspüren, schließen übereilt auf eine echte Allergie. 20 % der Teilnehmer einer Studie unter der erwachsenen Bevölkerung von High Wycombe

(England) gaben beispielsweise an, auf ein Lebensmittel allergisch zu reagieren. In Doppelblindversuchen (→ Glossar) stellte sich heraus, daß lediglich in 1 % der Fälle tatsächlich eine Allergie vorlag; bei den restlichen 19 % handelte es sich um eine Unverträglichkeit. Letztere als „Pseudoallergie" zu bezeichnen, ist ebenfalls falsch, denn der Mechanismus ist ein grundlegend anderer. Die Symptome deuten unzweifelhaft auf eine Vergiftung, also eine Intoleranz, hin. Weit mehr als 1 % der Bevölkerung, möglicherweise sogar jeder Fünfte, leidet an einer Unverträglichkeit. Personen mit einem ineffizienten Entgiftungssystem sind am anfälligsten, wie wir an den Beispielen von Alkohol und Glutamat bereits gesehen haben.

Wo lauern also in unserer Nahrung versteckte Gefahren? Wie können wir sie identifizieren? Die folgenden Kapitel geben Antworten hierauf.

KAPITEL 4

Biogene Amine

MENÜ

Vorspeise
Geflügelleberpastete auf Toast
Avocadosalat mit Thunfisch und Nüssen
Wein: 1994er Frascati

Hauptgericht
Steak mit Bohnenauflauf
Spinat mit neuen Kartöffelchen
Wein: 1990er Chianti

Dessert
Karamelisierte Ananas mit Soufflé
Schokoladen-Crêpes
Käseauswahl (Italien/Schweiz)

Beim Lesen dieser Speisekarte läuft einem förmlich das Wasser im Munde zusammen! Das Menü ist ausgewogen und nahrhaft. Allerdings enthält es auch reichlich biogene Amine, auf die manche Menschen mit Befindlichkeitsstörungen, zum Beispiel Kopfschmerzen, reagieren. Bereits 100 mg – ein Zehntel eines Gramms – reichen aus, um derartige Wirkungen hervorzurufen. Jeder Gast, der eine ganz normale Portion der obigen Speisenfolge verzehrt, nimmt ungefähr das Doppelte dieser Menge auf, was zwar keine *allergische* Reaktion auslöst, aber die Abbaumechanismen des Körpers vorübergehend überfordert. Mit hoher Wahrscheinlichkeit bekommt man pochende Kopfschmerzen, die erst nach Stunden wieder abklingen. Jedes der aufgeführten Gerichte für sich ist harmlos. Erst alle Speisen gemeinsam führen zu einer Überstimulation von Rezeptoren (→ Glossar) und einer Überlastung der Entgiftungswege.

Biogene Amine sind sehr aktive Stoffe, die an einer Vielzahl lebensnotwendiger Körperfunktionen beteiligt sind. Ob Blut durch die Adern gepumpt, Luft ein- und ausgeatmet, Hirnfunktionen aufrechterhalten, Glieder bewegt oder Sinnesorgane betätigt werden sollen – überall spielen die Amine eine Rolle.

Die erwähnten und viele andere Tätigkeiten des Organismus werden von Millionen chemischer Reaktionen gesteuert. Ohne daß wir es bewußt wahrnehmen, werden Körperprozesse gestartet und beendet, beschleunigt und verlangsamt. Den biogenen Aminen kommt dabei eine Schlüsselrolle zu.

Unter „biogen" versteht man „biologisch entwickelt". Biogene Verbindungen sind also Stoffe, die der Organismus selbst bildet. Auch Pflanzen und Tiere produzieren solche Substanzen, die folglich in großen Mengen in der Nahrung vorhanden sind. Im menschlichen Körper fungieren die Amine als Neurotransmitter, Boten- oder Überträgerstoffe, die die „Empfangseinrichtungen" (Rezeptoren) von Zellen anregen. Haben diese Stoffe ihren Dienst verrichtet, so achtet der Organismus penibel darauf, sie sofort zu eliminieren. Wird der Körper jedoch mit solchen Substanzen überflutet, etwa durch eine Krankheit, die die Abwehrmechanismen erschöpft, oder eine Mahlzeit, die überreichlich biogene Amine enthielt, so können die Effekte außerordentlich belastend sein. Die Neurotransmitter stimulieren dann beispielsweise die Blutgefäße des Gehirns (man bekommt Kopfschmerzen) oder das Zentralnervensystem (man findet trotz Müdigkeit keinen Schlaf). Sie können auch die Luftwege verengen, was zu Atemnot führt. Nicht alle Reaktionen sind so extrem, aber auch Durchfälle, Stimmungsschwankungen, Übelkeit und Blähungen können sehr quälend und schwächend sein.

In diesem Kapitel wollen wir genauer untersuchen, wann und wie es zu solchen Reaktionen kommen kann. Dazu beschäftigen wir uns zunächst mit den biogenen Aminen selbst.

Natürliche Amine und körpereigene Rezeptoren

Biogene Amine, die auch Unverträglichkeitsreaktionen auslösen können, werden mit Hilfe spezifischer Enzyme aus Aminosäuren gebildet, indem die Säuregruppe (Carboxylgruppe) abgespalten wird. Viele der so produzierten Amine spielen Schlüsselrollen als Neurotransmitter bei der Steuerung von Körper- und Stoffwechselfunktionen. Für die Hirntätigkeit beispielsweise sind die Amine Serotonin, Melatonin und Dopamin bedeutsam. Serotonin regt Rezeptoren an, welche das Zusammenziehen und Erweitern der Blutgefäße bewirken; so reagiert der Organismus auf den momentanen Blutbedarf. Ziehen sich die Gefäße im Hirn zu sehr zusammen, verspüren wir charakteristische vasomotorische Kopfschmerzen (Migräne, → Glossar). Darüber hinaus kontrolliert Serotonin die Funktionen der Hirnanhangsdrüse, der wichtigsten Schaltzentrale unserer

Hormonproduktion. Eine Veränderung des Serotoninspiegels wirkt sich auf den Appetit, das Schlafbedürfnis, die Stimmung und das Schmerzempfinden aus. Ein Serotoninmangel zieht Depressionen, Schlaflosigkeit und übermäßiges Essen, das bis zur Fettleibigkeit führen kann, nach sich.

Ein Eingreifen in den Serotoninhaushalt kann medizinisch indiziert sein. Dazu stehen bestimmte Wirkstoffe, unter anderem sogenannte selektive Serotonin-Wiederaufnahmehemmer (SSRI, selektive Serotonin-Reuptake-Inhibitoren) zur Verfügung. Das bekannteste derartige Arzneimittel ist Prozac (in Deutschland Fluctin). Andererseits können auch die Effekte von zuviel Serotonin „erwünscht" sein. Ecstasy zum Beispiel wirkt als Super-Serotonin, und die von dieser Partydroge ausgelösten Stimulationen der Rezeptoren halten einige Stunden lang an, da der Organismus die Substanz nur langsam abbaut. Ecstasy beeinflußt die Neurotransmitter des Hirns, besonders Dopamin und Noradrenalin („Rave-Effekt"; *rave*: engl. schwärmen). Dopamin hebt die Stimmung, während Noradrenalin als Gegenspieler des Serotonins wirkt und den Ecstasy-Konsumenten hellwach und energiesprühend unter Umständen auch nächtelang tanzen läßt. Daneben erhöht Ecstasy die Körpertemperatur, dies führt zur Austrocknung und damit zur wichtigsten Nebenwirkung der Droge, der Erschöpfung durch Überwärmung. Ursprünglich wurde Ecstasy als Appetitzügler entwickelt, wobei man ausnutzte, daß der Wirkstoff das Serotonin imitieren kann.

Nachdem ein biogenes Amin seine Arbeit verrichtet hat, ist der Körper bestrebt, es schnell wieder loszuwerden. Zur Entgiftung und Ausscheidung verfügt er über zwei Enzyme. Das erste, eine Monoaminooxidase, tauscht die Aminogruppe des Amins gegen eine Aldehydgruppe aus. Der entstehende Aldehyd (→ Glossar) ist aber seinerseits ebenfalls hochreaktiv. Mit Hilfe eines zweiten Enzyms, der Aldehyd-Dehydrogenase, wird er daher in eine Carbonsäure umgewandelt. Diese Säuren lösen sich leicht in Wasser und treten in den Blutstrom über; falls sie im Körper nicht anderweitig verwendet werden können, filtert die Niere sie aus.

Unsere Nahrung kann gelegentlich zu viele biogene Amine enthalten, wie es in der folgenden Fallstudie beschrieben wird.

Fallstudie: Rosemaries Mahlzeit im Bio-Restaurant

Die 48 Jahre alte Rosemarie speiste mit einem Freund in einem Bistro, das vorwiegend „gesunde" Küche anbietet. Ihre Mahlzeit bestand aus gebackenem Thunfisch, grünem Salat und einem Glas Weißwein. Rosemarie war guter Laune und schwatzte ein Stündchen mit ihrem Begleiter. Nach dem Essen trennten sich die beiden. Auf der Heimfahrt begann Rosemarie, sich seltsam zu fühlen. Daß ihr leicht schwindelig war (so kündigte sich bei ihr in der Regel ein Migräneanfall an), schrieb sie dem Wein zu. Ihre Handflächen, Fußsohlen und Lippen begannen zu jucken. Schließlich kribbelte es am ganzen Körper; wenn sie sich kratzte, blieben rote Striemen und Quaddeln zurück.

Sie kam gerade noch bis nach Hause. Dann wurde sie ernstlich krank. Durchfall, heftige und kolikartige Bauchschmerzen sowie pochender Kopfschmerz stellten sich ein und hielten einige Stunden lang an. Rosemaries Gatte rief den Arzt an, beschrieb die Symptome und war von der Auskunft des Mediziners sehr überrascht: Nach 12 Stunden, so meinte dieser, verschwänden die Krankheitszeichen vollständig und Rosemarie sei zwar erschöpft, hätte aber nicht unter Nachwirkungen zu leiden. Exakt dies trat ein.

Rosemarie litt unter einem klassischen Fall einer Aminunverträglichkeit, die sehr schnell ausbricht und den ganzen Körper ergreift. Schuld an diesem Zustand war nicht der Wein, sondern der Fisch, der wahrscheinlich nicht aus einer frisch geöffneten Dose stammte. Unter ungünstigen Bedingungen, zum Beispiel nach dem Öffnen der Konservendose, können Enzyme die Aminosäuren spalten, wobei reichlich biogene Amine entstehen.

In Tabelle 4.1 sind die wichtigsten biogenen Amine zusammengestellt, gemeinsam mit den Aminosäuren, von denen sie sich ableiten, und den Nahrungsmitteln, in denen diese Aminosäuren vorkommen. Die Menge der Säuren nimmt während der Reifung und weiter während des Verderbens von Gemüse und Obst zu (eine Ausnahme bildet die Ananas, bei der sie abnimmt). Auch durch Verarbeitung, Konservierung, Einlegen in Essig oder Salzlake sowie durch Saftbereitung reichern sich die Amine an, die zudem überwiegend hitzebeständig sind. Am gefährlichsten sind überreife und/oder im Verderben begriffene Lebensmittel. Sie können akute Unverträglichkeitsreaktionen auslösen, die unverzüglicher medizinischer Behandlung bedürfen.

Welche Mengen der als Neurotransmitter wirkenden biogenen Amine der Körper produziert, hängt davon ab, wieviel von den entsprechenden Aminosäuren zur Verfügung steht. Enthält die Nahrung beispielsweise viel Tryptophan, steigt der Serotoninspiegel. Umgekehrt sinkt dieser Spiegel, wenn in der Nahrung wenig Tryptophan enthalten ist. Dies kommt zum Beispiel in Regionen vor, in denen Mais statt Weizen oder Reis als Grundnahrungsmittel dient.

Tabelle 4.1 Biogene Amine und ihr Vorkommen in Nahrungsmitteln.

Biogenes Amin	Aminosäure, von der das Amin abgeleitet ist	Nahrungsmittel, die größere Mengen der Aminosäure enthalten	Nahrungsmittel, die größere Mengen des freien Amins enthalten können
Histamin	Histidin	Eier, Kräuter, Käse, Kartoffeln, Nüsse, Fisch	Hefeextrakte, Blauschimmelkäse, Emmentaler, Thunfisch, Salami, Spinat, Rotwein
Serotonin (5-Hydroxytryptamin)	Tryptophan	Fisch, Fleisch, Kräuter, Milchprodukte	Schokolade, Wein, eingelegter Fisch, Käse, Bananen, Ananas, Avocado, Pflaumen, Tomaten, Tintenfisch
Dopamin	Phenylalanin	Getreide, Nüsse, Fleisch, Fisch, Milchprodukte, Bohnen	Bananen, Avocado
Tyramin	Tyrosin	Milchprodukte, Eier, Lachs, Spinat, Fleischerzeugnisse, Nüsse	Orangen, Pflaumen, Tomaten, Fruchtsäfte
Tryptamin	Tryptophan	Fisch, Fleisch, Kräuter, Milchprodukte	Käse, saurer Hering, Wurst
Phenylethylamin	Phenylalanin	Getreide, Nüsse, Fleisch, Fisch, Milchprodukte, Bohnen	Schokolade, Käse, eingelegter Fisch (sauer oder in Salz), Fleischextrakt, Leber, Wurst, Wein, Bier
Octopamin	Tyrosin	Milchprodukte, Eier, Lachs, Spinat, Fleischerzeugnisse, Nüsse	Orangen, Pflaumen, Tomaten, Fruchtsäfte

Eine eiweißreiche Kost ist allgemein gut bekömmlich. Allerdings werden damit auch viele Aminosäuren aufgenommen, wodurch wiederum erhöhte Spiegel biogener Amine entstehen können. Kommt der Körper mit diesen nicht zurecht, kann es Probleme geben. Besonders gefährdet sind Patienten, die mit Monoaminooxidase- (MAO-) Hemmern behandelt werden, welche eines der beiden Entgiftungsenzyme für Amine außer Kraft setzen.

Um das tägliche Leben zu meistern, muß ein Mensch ausgeglichen und ansprechbar sein. Vor Jahren meinte man noch, depressive Patienten litten unter einem Mangel an Histamin in den Hirnzellen. Um den Histaminspiegel anzuheben, bot es sich an, das histaminabbauende Enzym zu hemmen. So verabreichte man den Patienten MAO-Hemmer (→ Glossar). Wirkstoffe dieser Art werden seit langem erfolgreich bei der Behandlung chronisch kranker, klinisch depressiver Menschen eingesetzt, die auf andere Therapien nicht ansprechen. In einigen Fällen beobachtete man jedoch eine Nebenwirkung: Nach dem Genuß von Käse, Wein, Fisch und anderen an biogenen Aminen reichen Speisen zeigten sich Symptome einer schweren Histaminvergiftung, da das Aminentgiftungssystem außer Kraft gesetzt worden war. Es kam zu Blutdruckanstieg, Krampferscheinungen und unkontrolliertem Zittern. Manche der Betroffenen verstarben.

1963 schließlich vermutete man, nicht Histamin sei der wahre Schuldige, sondern ein anderes biogenes Amin, das zwar nicht im Körper gebildet wird, aber die Histaminrezeptoren stimulieren kann und auch auf demselben Wege abgebaut wird wie Histamin: Tyramin. Im gleichen Jahr veröffentlichte A. M. Asatoor im *Lancet* den natürlichen Tyramingehalt von gereiftem Käse und stellte die Hypothese auf, dieses Tyramin könne mit den blockierten Abbauwegen in Wechselwirkung treten. Nach dem Genuß tyraminhaltiger Käsesorten stieg der Blutdruck MAO-behandelter Patienten stark an. Bald fand man auch andere Nahrungsmittel, die viel Tyramin enthalten, zum Beispiel Bier, Wein, saure Heringe, Kaffee, Avocados, Nüsse, Hefe, die Schalen von Saubohnen, Hühnerleber und Feigenkonserven. Heute ist allgemein anerkannt, daß die genannten Speisen sowohl Tyramin als auch Histamin enthalten und daß beide Substanzen zu Unverträglichkeiten führen können.

Histamin

Histamin ist eine in unserem Körper allgegenwärtige natürliche Verbindung, die aber unter Umständen auch tödlich wirken kann. Daher muß der Organismus den Histaminspiegel unter strenger Kontrolle behalten. Das Amin gehört auch zu den häufigsten verborgenen Gefahren in unserer Nahrung. Schon bevor ein Lebensmittel durch Bakterienbefall merklich verdorben ist, können die Mikroorganismen so viel Histamin gebildet haben, daß der Verzehr der Speise gefährlich werden kann.

Von einer Histaminvergiftung wurde erstmals 1830 berichtet: Fünf Seeleute von der *Triton of Leith* klagten über heftige Kopfschmerzen, Hautrötungen, Gesichtsschwellungen, Schüttelfrost und Durchfall, nachdem sie Bonito (einen Fisch) gegessen hatten. Die neue Krankheit nannte man Scombroid-Vergiftung nach dem Namen der Fischfamilie *Scombridae* (makrelenartige Fische), nach deren Genuß sie am häufigsten auftrat. Zu dieser Familie gehören neben den Makrelen auch Thunfisch und Bonito. Auch andere Fischarten (Hering, Sardine, Pilchard, Sardelle, Grashecht) führten nachweislich zur Vergiftung. Inzwischen sind die Symptome gut erforscht, und Histamin wurde als der eigentliche Verursacher entlarvt.

Scombroid-Vergiftungen treten vorwiegend in den USA, in Japan und Europa auf. In den Jahren 1976–1990 gab es beispielsweise in Großbritannien 962 Verdachtsfälle; bei 167 der Patienten wurde zweifelsfrei eine Histaminvergiftung nachgewiesen. Die Vergiftungssymptome zeigen sich äußerst rasch, manchmal bereits nach zehn Minuten, gelegentlich auch erst nach bis zu zwei Stunden. Ausschlag, Schweißausbrüche, Schüttelfrost, rote Flecken, Durchfall, Brennen im Mund und Oberbauchkrämpfe verschwinden nach etwa zwölf Stunden von selbst. Die Fallstudien im folgenden Kasten beschreiben mögliche Verläufe.

Zwei Fallstudien: **Verdorbene Gerichte**

Fall 1
Ein 45 Jahre alter Mann hatte in einem Weinrestaurant zu Mittag gegessen und war danach zur Arbeit zurückgekehrt. Am Nachmittag begann er sich unwohl zu fühlen. Innerhalb weniger Stunden verschlechterte sich sein Befinden so weit, daß er einen Arzt aufsuchte. Er litt zu diesem Zeitpunkt unter Schwellungen im Gesichts- und Halsbereich, roten Flecken, Kopfschmerzen und Durchfall. Die Symptome waren aufgetreten, nachdem er ein großes, frisch wirkendes Thunfischsteak vom Grill gegessen hatte. Der Arzt diagnostizierte eine Lebensmittelvergiftung. Glücklicherweise erholte sich der Mann im Laufe der folgenden Stunden von selbst; trotzdem wur-

de eine Untersuchung des Falls angeordnet. Am betreffenden Tag waren drei Portionen Thunfisch serviert worden. Zwei davon hatten die beschriebene Reaktion ausgelöst. Von dem Fisch wurden Proben genommen, und die Analyse ergab Histaminkonzentrationen von über 200 mg je 100 g Fisch. Als unbedenklich gelten 5 mg in 100 g! Konzentrationen oberhalb von 50 mg in 100 g sind potentiell toxisch. Der frische Thunfisch hatte vor der Zubereitung längere Zeit in einem warmen Raum gestanden, und die bakterielle Zersetzung hatte bereits begonnen. Dabei wurden größere Mengen Histamin freigesetzt. Das nachfolgende Erhitzen beendete zwar die Zersetzung, zerstörte aber nicht das bereits entstandene Histamin.

Fall 2
Ein 31jähriger Mann stellte plötzlich Ausschlag auf seinem Gesicht und Oberkörper fest. Sein Arzt vermutete die Ursache in einem Nahrungsmittel, und der Verdacht fiel auf Sandwiches mit Thunfischmayonnaise. Diese Befürchtung wurde bestätigt, als sechs Kollegen des Mannes, deren Mittagessen aus den gleichen Sandwiches bestanden hatte, ebenfalls Ausschlag, Kopfschmerzen, rote Flecken und Durchfall bekamen. Innerhalb weniger Stunden verschwanden die Symptome. Sofort wurden Proben von der Thunfischmayonnaise zur Analyse eingeschickt. Tatsächlich zeigten sich Histaminkonzentrationen von über 250 mg je 100 g Mayonnaisefüllung. Die Fischdose war um 6 Uhr morgens geöffnet worden. Die anschließend hergestellte Mayonnaisemischung hatte mehrere Stunden lang in der warmen Küche gestanden, und auch die fertigen Sandwiches waren vor dem Verkauf nicht gekühlt worden.*

* aus: Ian M. Stell, „Trouble with tuna: Two cases of scombrotoxin poisoning." *Journal of Accidental and Emergency Medicine*, 14 (1997) 110–117.

Die Histaminkonzentration in Makrelenfischen beträgt in der Regel weniger als 20 mg je 100 g. Durch Bakterienbefall jedoch wird die natürliche Aminosäure Histidin mit Hilfe des Enzyms Histidin-Decarboxylase in die aktive Substanz Histamin umgewandelt. Bakterien, welche dieses Enzym herstellen, leben in großer Zahl in der Haut, in den Kiemen und im Darm der Tiere; sie werden tätig, wenn der Fisch bei Temperaturen über 4 °C aufbewahrt wird. Daher ist es so wichtig, Fisch ordnungsgemäß zu kühlen. Das hitzebeständige Histamin wird durch anschließendes Kochen nicht zerstört, wodurch es sogar in Konserven gelangen kann. Über letzteres berichteten 1974 Michael Merson und seine Mitarbeiter im *Journal of the American Medical Association*: 232 Menschen hatten sich mit zwei Chargen kommerziell konservierten Thunfischs vergiftet. Der Bericht ist interessant zu lesen, denn er zeigt die Vielfalt und Häufigkeit der Vergiftungssymptome, die Zeitspanne zwischen dem Verzehr der verdächtigen Speise und dem Einsetzen der Symptome sowie die Histaminkonzentrationen in kontaminierten und einwandfreien Konservendosen:

> Am 20. Februar 1973 erfuhr die FDA (US-Gesundheitsbehörde) von einer Krankheit, die durch gastrointestinale Symptome, Rötungen und Kopfschmerzen gekennzeichnet war und an der Personen in drei Bundesstaaten der nördlichen Mitte litten. Das Leiden wurde mit dem Verzehr kommerziell konservierten Thunfischs in Zusammenhang gebracht. Durch eine vorläufige Untersuchung der FDA und des Center for Disease Control (CDC) wurden etwa 150 Fälle von Scombroidvergiftung festgestellt, die nach dem Verzehr von Thunfisch aus zwei Chargen einer einzelnen Konservenfabrik aufgetreten waren.
>
> Am 23. Februar rief die Konservenfabrik 170 000 Dosen aus den beiden Chargen zurück. Die FDA warnte landesweit vor dem Verzehr kontaminierten Fischs und bat, Dosen der betroffenen Chargen zurückzubringen. ... Drei Tage später wurden die Gesundheitsbehörden aller Staaten telefonisch befragt.
>
> Vier Behörden meldeten insgesamt 232 Fälle. 95 interviewte Patienten litten unter Übelkeit (86 %), Krämpfen (71 %), Hitzegefühl oder Brennen im Mund (63 %), Durchfall (55 %), Rötungen (46 %), Ausschlag einschließlich Nesselsucht (32 %) und Erbrechen (27 %), einzelne auch unter Herzklopfen. Obwohl einige Betroffene einen Arzt aufgesucht hatten, mußte sich niemand in stationäre Behandlung begeben, und es gab auch keinen Todesfall. Die mittlere Inkubationszeit betrug den Berichten zufolge 45 Minuten mit einer Spanne von 15 Minuten bis zu 3 Stunden. Die Symptome verschwanden spätestens nach 8 Stunden.
>
> Am 25. Februar berichteten die FDA-Labors, neun Proben der betroffenen Chargen hätten Histaminkonzentrationen zwischen 68 und 280 mg je 100 g Fisch enthalten; bei sieben dieser Proben lag die Konzentration bei mindestens 180 mg je 100 g. In Thunfischkonserven eines anderen Betriebes fanden sich im Mittel lediglich 3 mg Histamin je 100 g.

Durch die Aufnahme histaminkontaminierter Nahrungsmittel können die Verteidigungsmechanismen des Körpers erschöpft werden. Genügend Histamin, um dies zu bewirken, ist jedoch bereits von Natur aus in den Körperzellen vorhanden. Aus diesem Grund muß der Organismus seine Histaminvorräte stets unter Kontrolle behalten. Er speichert das Amin in einer inaktivierten Form, als Körnchen (in basophilen Leukozythen), so daß der Stoff gefahrlos zur rechten Zeit und in der richtigen Menge an den Ort transportiert werden kann, wo eine Reaktion ausgelöst werden soll. Wie alle Neurotransmitter muß auch Histamin aus einer Vorläuferverbindung erzeugt werden. In diesem Falle handelt es sich dabei um die Aminosäure Histidin. Die Freisetzung erfolgt durch sogenannte Histaminliberatoren.

Geht im Laufe dieses Prozesses etwas schief, so können wir uns mit unserem eigenen natürlichen Histamin selbst vergiften. Als Histaminliberatoren wirken zum Beispiel verschiedenste Chemikalien, unter anderem zwei wichtige Inhaltsstoffe von Nahrungsmitteln: Metabisulfit, eingesetzt im Brauereigewerbe und bei der Lebensmittelverarbeitung zum Abstoppen des Gärprozesses wilder Hefen, und Salicylat (→ Glossar), ein der Acetylsalicylsäure (unter anderem Aspirin) verwandter Naturstoff. Mit diesen beiden Substanzen beschäftigen wir uns in den Kapiteln 5 und 6.

Gegen Ende des 19. Jahrhunderts arbeiteten Sir Henry Dale und seine Mitarbeiter an der Erforschung von Abkömmlingen der Mutterkornalkaloide, wobei sie Histamin erstmals isolierten. Sie beobachteten die heftige Wirkung des Amins auf die glatte Muskulatur der Kapillargefäße und stellten eine Ähnlichkeit dieses Effekts mit einer schwerwiegenden akuten allergischen Reaktion, dem anaphylaktischen Schock, fest. Weiterhin konnten sie zeigen, daß Histamin während des anaphylaktischen Schocks von den Lungen freigesetzt wird und dort nicht nur auf die Blutgefäße wirkt, sondern auch die Luftwege (Bronchiolen) zusammenzieht. Andere Forscher wiesen Histamin in verschiedensten Geweben nach. Allmählich erkannte man die Schlüsselrolle des Histamins bei der Anregung spezifischer körpereigener Rezeptoren.

Pharmazeutische Unternehmen begannen, Antihistaminika (spezifische Gegenspieler des Histamins) herzustellen. Einige Symptome, zum Beispiel die vermehrte Magensaftsekretion, schienen sich mit den ersten bekannten derartigen Stoffen allerdings nicht unterdrücken zu lassen. In den 1960er Jahren wurden dann Histaminrezeptoren eines zweiten Typs identifiziert. Beide Rezeptortypen, die man H_1 und H_2 nannte, reagieren auf Histamin, jedoch mit unterschiedlicher Symptomatik.

In den 1970er Jahren verfügte man bereits über spezifische H_2-Anatgonisten. Dies eröffnete neue Wege zur Therapie von Magengeschwüren, die man heute auch ohne operativen Eingriff behandeln kann. Ein Magengeschwür entsteht durch Schädigung der Magenwand, die anfänglich durch Alkohol, Rauchen oder eine Infektion mit *Heliobacter pylori* verursacht wird und infolge des sauren Milieus nicht abheilt. Histamin regt den Säurefluß an; bei Blockierung der H_2-Rezeptoren kann ein Geschwür innerhalb weniger Tage abheilen.

Allgemeinchirurgische Abteilungen großer Krankenhäuser führten in den 1960er Jahren lange Wartelisten für Patienten, die aufgrund eines Magengeschwürs operativ behandelt werden sollten. Dabei wurden die zum Magen hinführenden Nerven gekappt (Vagotomie) und der Magen umgeformt, damit er sich schneller entleert, oder es wurden die säureproduzierenden Magenabschnitte entfernt. Es handelte sich dabei um größere Eingriffe, von denen sich der Patient wochenlang erholen mußte. Die Operation war auch keineswegs immer erfolgreich. Manchmal mußten weitere Eingriffe angesetzt, gelegentlich der Magen auch vollständig entfernt werden. In den frühen 1970er Jahren fand James Black von der Firma Smith Kline Beecham Substanzen, welche die H_2-Rezeptoren blockieren können. Diese Stoffe wurden so lange modifiziert, bis eine ungefährliche Variante gefunden war: Cimetidin, das gemeinsam mit verschiedenen Nachfolgern die Therapie des Magengeschwürs revolutionieren sollte. Wartelisten für die beschriebenen Magenoperationen findet man heute in keinem Krankenhaus mehr.

In den 1980er Jahren entdeckte man schließlich einen dritten Rezeptortyp, H_3. Dieser ist für spezifische Effekte im Hirngewebe zuständig und steuert Funktionen wie Schlaf, Appetit und Aufmerksamkeit. Angesichts der verschiedenartigen Typen von Histaminrezeptoren, die wir nun kennengelernt haben, sollten wir von dem äußerst breiten Symptomspektrum einer Histaminvergiftung nicht mehr überrascht sein.

Wein kann eine Freisetzung von Histamin bewirken. Manche Weine, zum Beispiel Sherry, enthalten auch selbst größere Mengen dieses Amins. Versuche, den Histamingehalt zu reduzieren, waren nicht immer von Erfolg gekrönt. Im April 1997 wurde eine neue Sherrysorte angekündigt, die „Genuß ohne Kater" versprach: Jose Estevez aus Jerez brachte einen blaßgelben, trockenen Tio Mateo auf den Markt, der nahezu kein Histamin enthielt. Estevez hatte zwei Sherry-Bodegas gekauft, die den harten Zeiten zum Opfer gefallen waren, und viel Zeit und Geld investiert, um die Bars unter den Bedingungen des immer enger werdenden Sherrymarktes zu retten. Da der einst populäre Aperitif in dem Ruf stand, Kopfschmerzen zu verursachen, wollte Estevez eine gesündere Sorte mit wenig Histamin herstellen. Er schloß sich mit der deutschen Firma Unterberg zusammen, die bereits einen Schaumwein mit geringem Histamingehalt produzierte, und gründete ein Labor in der Schweiz. Mit Hilfe einer besonderen Gärhefe und unter sorgfältigem Ausschluß von durch wilde Hefen infizierten Trauben ließ sich die Bildung von Histamin im Sherry in Grenzen halten.

Um es vorwegzunehmen: Die Reaktion auf den neuen Sherry war überschwenglich. Felix Lopez Alorza, der spanische Vorsitzende der Europäischen Gesellschaft für Histaminforschung, bemerkte beifällig: „Wein mit weniger Histamin ist definitiv gesünder, insbesondere für Leute mit Schwierigkeiten beim Histaminabbau, wovon schätzungsweise 4–7 % der Bevölkerung betroffen sind." Zustimmung kam auch von Francisco Bravo, Professor und Forscher auf den Gebieten der Chemie und der Önologie (Weinkunde) am Madrider Zentrum für Naturwissenschaftliche Studien. Er sagte dazu: „Vom medizinischen Standpunkt aus gesehen ist Wein mit niedrigem Histamingehalt sehr wertvoll, besonders für diejenigen, die sich histaminarm ernähren müssen. Histamin ist ein Gift, insbesondere in Verbindung mit dem Alkohol des Weins."

Leider durfte der Sherry nicht die Bezeichnung „histaminarm" führen, denn dies verbietet die spanische Gesetzgebung. Widerspruch regte sich auch seitens der Sherryproduzenten. Die gesetzliche Regelung wurde von der Vereinigung der Sherryexporteure gestützt, die behauptete, Histamin sei ein während der Fermentation natürlich gebildeter Stoff, dessen sich der menschliche Körper problemlos selbst erwehren könne. Das stimmt, wie wir wissen – vorausgesetzt, es handelt sich um hinreichend kleine Mengen. Wer auf Histamin empfindlich reagiert, sollte Sherry nach wie vor meiden, ungeachtet des beherzten Versuchs von Jose Estevez.

Serotonin (5-Hydroxytryptamin)

Serotonin ist der Trivialname für das Amin 5-Hydroxytryptamin, einen unserer wichtigsten Neurotransmitter, der mit Appetit, Stimmung, Sexualbedürfnis und Schlaf in Zusammenhang steht. Diese vier Funktionen führt unser Körper nicht zufällig aus, sondern sie erfordern die Aktivierung spezifischer Nervenrezeptoren. Wenn zum Beispiel die für den Schlaf verantwortlichen Rezeptoren durch Serotonin stimuliert werden, ermüdet man und schläft ein. Der Schlaf wird stufenweise tiefer, bis hin zur Tiefschlafphase, in der sich unser Organismus erholt. Nach dieser lebenswichtigen Phase wird der Schlaf allmählich wieder flacher, bis er die REM-Phase erreicht; in dieser Phase der raschen Augenbewegungen träumen wir am meisten. Dabei werden auch die aufgenommenen Informationen verarbeitet, weshalb sie für das gesunde Funktionieren des Hirns ebenso wichtig ist wie die Tiefschlafphase für den Gesamtorganismus.

Das Wirkprinzip einer neuen Generation von Antidepressiva besteht in der Steuerung des Serotoninhaushalts. Genauer gesagt, wird die Wiederaufnahme des ausgeschütteten Serotonins durch die Zellen gehemmt, und der Botenstoff verbleibt im synaptischen Spalt. Darin besteht die antidepressive Wirkung. In etwa 10 % der Fälle hat die Therapie eine unerwünschte Nebenwirkung, die Gewichtszunahme, denn Serotonin steuert auch den Appetit.

Der Zusammenhang zwischen dem Appetit und dem Serotoninspiegel wurde in zahlreichen Arbeiten erforscht. Der Wirkstoff Dexfenfluramin zum Beispiel blockiert das Serotonin und verzögert die Leerung des Magens nach einer Mahlzeit. So wird der Appetit verringert. Auf eine aus flüssiger Nahrung bestehende Diät trifft dies allerdings nicht zu. Man konnte nachweisen, daß das genannte Medikament im Hirnzentrum die Ausschüttung von Corticosteroidhormonen beeinflußt, was wiederum auf das Gewicht wirkt.

Hohe Serotoninspiegel finden sich in den Blutplättchen. Dort wird das Amin in inaktiviertem Zustand gespeichert. Seit über 100 Jahren vermutet man, daß eine Freisetzung von Serotonin an der Blutgerinnung und an der Bildung von Entzündungen beteiligt ist. In Versuchslabors betrachtete man die Substanz als Plage, da sie Blutgefäße kräftig kontrahieren ließ, wodurch zahlreiche Experimente ruiniert wurden. 1949 wurde der Name „Serotonin" geprägt – aus „sero" (Blut) und „tonin" (einem Verweis auf die zusammenziehenden Eigenschaften der Chemikalie). Die neue Verbindung wurde identifiziert und zwei Jahre später synthetisch hergestellt. Es folgte eine wahre Flut von Forschungsarbeiten auf diesem Gebiet: Innerhalb der darauffolgenden beiden Jahre fanden sich über 4000 einschlägige Verweise in der Fachliteratur.

Auch im Hirn ist die Serotoninkonzentration hoch. Erniedrigte Serotoninspiegel werden mit Gemütskrankheiten wie Depressionen in Zusammenhang gebracht. Die modernsten Antidepressiva hemmen die Serotoninwiederaufnahme an den Rezeptoren. Warum und wie der Serotoninspiegel sinkt und weshalb sich dies auf die Stimmung auswirkt, wird gegenwärtig noch erforscht. Vielleicht kann man körpereigene Mechanismen zur Serotoninproduktion anregen oder Abbauwege blockieren. In jedem Fall sollte eine Anhebung des Serotoninspiegels zur Besserung des Befindens Depressiver führen. Es wird auch vermutet, daß eine tryptophanarme Diät Depressionen verursacht (Tryptophan ist die Aminosäure, von der sich das Serotonin ableitet), und einige Forscher schlugen vor, die Tryptophanvorräte des Körpers durch eine spezielle Diät aufzufüllen. Daß sich damit auch Depressionen heilen lassen, bleibt allerdings eine bloße Vermutung. Mit Sicherheit spielen auch andere Prozesse und Wechselwirkungen eine Rolle.

Der rezeptfreie Verkauf von Tryptophan als Nahrungsergänzungsstoff wurde in den USA 1989 von der FDA verboten, nachdem 30 Anwender der Substanz gestorben waren. Die Todesursache, das seltene Sinophalie-Myalgie-Syndrom, wurde offenbar von oxidierten Formen des Tryptophans ausgelöst, mit welchen das käufliche Produkt verunreinigt war.

> Fallstudie: **Kartoffeln mit Fleisch und Soße**
>
> Der 52jährige Roy war Direktor einer großen Schule. Regelmäßig, ein- bis zweimal im Monat, litt er unter Migräneanfällen. Als noch störender empfand er aber eine Gelenksteife am Morgen, die gelegentlich mehrere Tage lang anhielt. Roy wurde sorgfältig medizinisch untersucht, ohne daß sich eine Ursache für die Symptome gefunden hätte. Der Verdacht fiel daraufhin auf einen Inhaltsstoff der Nahrung.
>
> Roy wurde an eine Klinik überwiesen, wo er zunächst gebeten wurde, zwei Wochen lang seine Nahrungsmittel zu protokollieren. Dazu erhielt er eine Liste mit Speisen und sollte jeweils ankreuzen, ob er diese niemals, gelegentlich oder regelmäßig zu sich genommen hatte; im letzteren Fall mußte er auch die Größe der Portionen vermerken. Neben diesem Fragebogen wurden Standardallergietests vorgenommen. Er stellte sich bald heraus, daß Roy gutbürgerliches Essen bevorzugte und insbesondere gern Fleisch (Lamm, Rind, Schwein) aß.
>
> Sein Diätprotokoll bestätigte dies. Auf eine Nachfrage hin gab Roy an, sehr wenig Fisch, Geflügel und Milchprodukte zu essen. Er wurde angewiesen, einen Monat lang ein bis zwei andere Lebensmittel wie Truthahn, Ente oder Fisch hinzuzunehmen und gleichzeitig mehr Gemüse zu essen. Bald begann er sich besser zu fühlen; 6 Monate später waren die Gelenkschmerzen verschwunden, Migräneanfälle traten nur noch selten auf. Durch diese Versuche hatte sich gezeigt, daß Roy Lamm- und Rindfleisch lieber meiden sollte. Schweinefleisch hingegen schien keine Probleme zu verursachen.
>
> Höchstwahrscheinlich war es keine Allergie, unter der Roy litt, sondern schlicht und einfach eine Überlastung des Organismus mit freien Aminen infolge der tryptophanreichen Ernährung. Diskutiert wurde vor allem die Rolle des Serotonins, das in allen Fleischsorten in unterschiedlicher Konzentration enthalten ist. Wer regelmäßig viel Fleisch einer bestimmten Sorte ißt, läuft Gefahr, zuviel Serotonin aufzunehmen.

Zuviel tryptophanreiche Proteine können zu einem Serotoninüberschuß im Organismus führen, der sich mit verschiedenen Symptomen bemerkbar machen kann (siehe dazu die obenstehende Fallstudie).

Um aus Tryptophan Neurotransmitter herzustellen, benötigt der Körper Vitamin B_6. Fehlt dieses in der Nahrung oder wurde es durch starkes Erhitzen

Serotonin (5-Hydroxytryptamin)

zerstört, leiden wir unter einem Mangel an Botenstoffen. In Kapitel 10 wird ein Beispiel diskutiert; es geht dort um einen Vitamin-B_6-Mangel in Fertignahrung für Babys. Auch orale Kontrazeptiva (die „Pille") können in diesen Mechanismus eingreifen. Frauen, die von der „Pille" depressiv werden, kann oft durch eine zusätzliche Gabe von Vitamin B_6 geholfen werden.

Freies Serotonin findet sich in vielen Lebensmitteln, insbesondere in Früchten, die sich zur Herstellung von Säften, Konzentraten, Konserven und Mus eignen wie Ananas, Bananen, Pflaumen, Avocados und Tomaten. Im Zuge der Verarbeitung wird das Amin weiter angereichert.

Der Körper verfügt über ein sehr effizientes System zur Neutralisierung freien Serotonins mit Hilfe von Oxidasen. Die zugrunde liegenden Mechanismen lassen sich anhand ihrer Produkte, die sich in Rückenmarksflüssigkeit, Blut und Urin finden, beweisen.

In einem bestimmten Stadium des Serotoninabbaus tritt ein Enzym (Aldehyddehydrogenase) in Aktion, das auch für die Entfernung von Acetaldehyd zuständig ist, welcher bei der Entgiftung des Alkohols entsteht (siehe Kapitel 2). Nach einer feucht-fröhlichen Party muß der Körper vergleichsweise riesige Mengen Acetaldehyd „entsorgen", und Serotonin reichert sich im Hirn an. Damit lassen sich vielleicht einige der mentalen Veränderungen erklären, die wir nach dem Alkoholgenuß verspüren.

Manche Leute, wie der Schuldirektor Roy, leiden nach dem Genuß bestimmter Speisen unter Gelenkschmerzen. Wenn man definitive Beweise für eine Gelenkentzündung, aber keine Anzeichen einer rheumatischen Arthritis oder Osteoarthritis findet, könnte Serotonin ein Verursacher sein. Man kann dann untersuchen, ob der Serotoninspiegel im Blut erhöht ist, und entsprechende Abbauprodukte im Urin nachweisen. Solche Tests werden vorgenommen, nachdem der Patient im Labor mit offenbar schädlichen Speisen „herausgefordert" wurde. Roys Ernährung war zwar in jeder Hinsicht nahrhaft, aber einseitig und enthielt mehr Serotonin, als sein Enzymsystem abbauen konnte.

Auch die Entstehung von Migräne (→ Glossar) bringt man mit dem Serotoninspiegel in Zusammenhang. Die Freisetzung des Amins im Blut löst eine Kettenreaktion aus, die sowohl die Nervenendigungen als auch die Blutgefäße des Hirns beeinflußt. So entsteht der typische vasomotorische (pulsierende) Migräne-Kopfschmerz. Wiederum kann man das Ausmaß der Serotoninfreisetzung anhand der Konzentration der Abbauprodukte im Urin ermitteln. Wer unter unerklärbaren Migräneanfällen leidet, sollte durchaus ein wenig mit seiner Ernährung experimentieren und Speisen meiden, die überdurchschnittlich viel freies Serotonin enthalten (siehe Tabelle 4.1).

Dopamin und Phenylethylamin

Die wissenschaftliche Literatur bringt Dopamin und Phenylethylamin in engen Zusammenhang mit Stimmungs- und Verhaltensschwankungen und Koordinationsproblemen. Dopamin ist ein wichtiger Neurotransmitter des Hirns, und Phenylethylamin leitet sich von Dopamin ab. Ob auch Phenylethylamin die Hirntätigkeit beeinflußt, ist unklar, denn das Amin wirkt selbst nicht als Neurotransmitter. Allerdings ist seine Molekülstruktur physiologisch aktiven Substanzen, zum Beispiel den Amphetaminen (→ Glossar), sehr ähnlich. Bisher fand man jedoch noch keinen schlüssigen Beweis dafür, daß der Organismus Phenylethylamin anders behandelt als eine nutzlose, abzubauende Chemikalie.

Phenylethylamin verbirgt sich in zahlreichen Lebensmitteln, darunter Schokolade, Käse (Gouda und Stilton), Würstchen, Fleischextrakt, Rotwein und einigen sauer eingelegten Speisen. Studien beschäftigten sich mit Personen, die ihre Migräneattacken und andere Kopfschmerzformen auf den Genuß von Schokolade zurückführten. Dabei bestätigte sich der Zusammenhang der Symptome mit dem Phenylethylamingehalt der Süßigkeit. Die Betroffenen produzierten zu wenig von einem phenylethylaminspaltenden Enzym.

Schokolade ist eines der Nahrungsmittel, die sogenannte Freßanfälle auslösen können; darunter versteht man die vorübergehende Unfähigkeit, das Eßverhalten zu kontrollieren. Auf diese Anfälle folgt Erbrechen, darauf wiederum exzessives Essen. Appetitlosigkeit, Freßsucht, Anorexie (Magersucht) und bulimische Syndrome (pathologisch gesteigertes Eßbedürfnis, gefolgt von Erbrechen) stehen seit einiger Zeit im Mittelpunkt zahlreicher Forschungsarbeiten. Um die Biochemie dieser Vorgänge zu untersuchen, wurden Tiermodelle entwickelt. Möglicherweise resultieren die Freßanfälle aus Abnormitäten des Zentralnervensystems, wobei der Appetitmechanismus durch Phenylethylamin beeinflußt wird. Die Menge freigesetzten Dopamins hängt mit dem resultierenden Phenylethylaminspiegel in einer komplizierten, bis jetzt nicht völlig aufgeklärten Weise zusammen. Die genannten Verbindungen steuern mehrere Zentren im Hirn, die Wohlbefinden signalisieren, etwa das Sättigungsempfinden nach einer ausgiebigen Mahlzeit. Normalerweise hört die betreffende Person dann auf zu essen. So klingt es durchaus nicht unwahrscheinlich, daß sowohl Anorexie als auch krankhaftes, zur Fettleibigkeit führendes Essen mit Dopamin und Phenylethylamin verknüpft sind.

> Fallstudie: **Das Schokoladenkind**
>
> Der 12jährige Andreas besuchte ein Schulinternat. Seine Lehrer empfanden ihn als schwierig, denn er konnte sich schlecht konzentrieren und war undiszipliniert. Mit Einverständnis der Eltern wurde Andreas an ein Allergiezentrum überwiesen.
>
> Übergewichtig, mit gerötetem Gesicht und ausgebeulten Hosentaschen kam Andreas in der Klinik an. Die Fragen, die der Arzt stellte, interessierten ihn wenig. Er wurde gebeten, seine Taschen zu leeren. Zum Vorschein kamen drei verschiedene Sorten Schokolade und ein Päckchen Fruchtgummi. Andreas aß nur selten die Mahlzeiten, die in der Schule angeboten wurden. Statt dessen versorgte er sich in der Verkaufsstelle der Schule mit Süßigkeiten und konsumierte bis zu sechs Tafeln Schokolade am Tag. Widerwillig stimmte Andreas zu, 2 Wochen lang nur die Schulmahlzeiten zu essen und Schokolade streng zu meiden. Seinen Appetit auf Süßes durfte er mit Obst stillen.
>
> Drei Tage später rief die Internatsleitung in der Klinik an und berichtete, Andreas' Verhalten habe sich weiter verschlechtert. Die Ärzte baten, trotzdem an den Vorgaben festzuhalten. Dies sollte sich auszahlen: Als Andreas zwei Wochen später wieder in der Klinik erschien, fiel es ihm wesentlich leichter, ruhig sitzen zu bleiben und aufmerksam zuzuhören. Außerdem hatte er – wie zu erwarten – abgenommen. Auch seine Lehrer bestätigten eine Verbesserung seines Verhaltens. Ob dies nun eine Folge der sinnvollen, ausgewogenen Ernährung oder des Weglassens der Schokolade war, blieb vorerst fraglich. Eine darauffolgende, genauere Analyse erwies, daß tatsächlich Dopamin und Phenylethylamin die Schuldigen der Verhaltensstörung des Jungen gewesen waren, denn die Probleme kehrten zurück, sobald Andreas wieder Schokolade im Übermaß essen durfte.

Erhöhte Phenylethylaminspiegel im Blut finden sich auch bei Schizophrenen, so daß mehrere Forscher einen Zusammenhang zwischen dem Amin und dieser Krankheit vermuten. Diese Hypothese wird durch den Fakt gestützt, daß die Vorläuferverbindungen von Dopamin und Phenylethylamin, Noradrenalin und Adrenalin, zahlreiche wichtige Körperfunktionen steuern. Bisher konnte die Beziehung zwischen dem Phenylethylaminspiegel und dem Ausbruch der Schizophrenie nicht zweifelsfrei geklärt werden, denn fraglos spielen hier mehrere Faktoren eine Rolle. Unzweifelhaft werden jedoch abnorm hohe Mengen Dopamin produziert, wenn die Nahrung viel Phenylethylamin enthielt. Die Beweise sind letztlich nicht schlüssig, und daher sollte man nur mit großer Vorsicht Schlußfolgerungen ziehen. Wenn man aber betrachtet, welche Symptome durch Veränderungen der Konzentration anderer Amine bewirkt werden können, erscheint es durchaus nicht unsinnig, auch die Schizophrenie mit der Ernährungsweise in Zusammenhang zu bringen.

Dopamin ist insbesondere bekannt für seine Verknüpfung mit der Parkinsonschen Krankheit (→ Glossar). Das augenfälligste Symptom dieser Erkrankung ist ein Zittern der Gliedmaßen, das mit dem Alter zunimmt. Untersuchungen zeigten, daß die Hirnregion, welche die Koordination steuert, bei diesen Patienten zuwenig Dopamin enthält. Diesen Mangel kann man nicht durch Zufuhr des Amins über die Nahrung ausgleichen, denn der Körper verfügt über spezielle Systeme, die den direkten Transport von Stoffen ins Hirn unterbinden.

Die Parkinsonsche Krankheit wurde nach dem Londoner Arzt James Parkinson benannt. Dieser beschrieb 1807 in dem Artikel „Bemerkungen zur Schüttellähmung" die Symptome eines kuriosen Leidens, das Patienten vom mittleren Lebensalter an befiel. Auch im 20. Jahrhundert fand man kein Mittel, um das unbarmherzige Fortschreiten des Syndroms aufzuhalten. Schließlich sind die Opfer nicht mehr in der Lage, selbst einfachste Tätigkeiten zu verrichten. Zusätzlich zum sichtbaren Zittern knickt der Körper an Knien und Hüften ein, Gehen, Sprechen und Atmen fallen schwer. Der Patient bleibt währenddessen bei völliger geistiger Klarheit, wie wir aus den chronologischen Aufzeichnungen eines prominenten Parkinson-Opfers entnehmen können: Alexander von Humboldt, der deutsche Naturforscher und Chemiker, lebte von 1769–1859.

Die Diagnose „Parkinson" wird von Jahr zu Jahr häufiger gestellt, in dem Maße, wie auch die Lebenserwartung der Bevölkerung zunimmt. Nur 80 von einer Million der unter 50jährigen erkranken, dagegen 22 000 von einer Million der über 70jährigen. Warum die Krankheit ausbricht, weiß man nicht mit endgültiger Sicherheit. Neben genetischen Faktoren spielen wohl auch Vergiftungen und bestimmte andere Erkrankungen eine Rolle.

In den 1950er Jahren entdeckte man die Verbindung zwischen der Parkinsonschen Krankheit und dem Dopaminmangel in bestimmten Hirnregionen. Dopamininjektionen erwiesen sich als wirkungslos, denn die Substanz wird im Körper abgebaut, bevor sie das Hirn erreicht. Allerdings konnte man eine verwandte Substanz, Levodopa, verabreichen, welche der Organismus mit Hilfe des Enzyms Dopadecarboxylase in Dopamin umwandelt. So kann eine geringe Menge Dopamin bis in die Hirnzellen gelangen, denen der Neurotransmitter fehlt.

Der Körper braucht Dopamin, muß sich seiner aber auch wieder entledigen, sobald es seine Aufgabe erfüllt hat. Zu diesem Zweck gibt es die Enzyme Monoaminoxidase (MAO) und Catechol-O-Methyltransferase (COMT). Während die dopaminproduzierenden Zellen mit fortschreitendem Alter abnehmen, verringern sich die Kapazitäten des Dopaminabbaus nicht. Normalerweise bleiben die Körperfunktionen unbeeinflußt, solange noch wenigstens 30 % der Dopaminneuronen aktiv sind. Liegt der Anteil funktionsfähiger Zellen jedoch wesentlich darunter, so bricht die Krankheit aus. MAO- und COMT-Hemmer erlauben Parkinson-Patienten, das beste aus ihren schwindenden Dopaminreserven zu machen. Seit Beginn der 1970er Jahre ist der MAO-Inhibitor (→ Glossar) Selegiline auf dem Markt, der dafür sorgt, daß möglichst viel Dopamin wirksam bleibt. 1997 bzw. 1998 wurden die COMT-Hemmer Tolcapone und Entacapone eingeführt. Seit 1996 steht mit Ropinrole auch ein Dopamin-Agonist zur Verfügung – das ist eine Substanz, die anstelle des Dopamins an dessen Rezeptorpositionen binden kann. Ähnlich wirkt auch Pramipexole.

Tyramin und Octopamin

Neben den nützlichen Neurotransmittern, die gelegentlich aus dem Geleise geraten können, gibt es „falsche" Neurotransmitter, die offenbar keinem Zweck dienen. Tyramin und Octopamin gehören zu letzteren, doch obwohl sie beide nicht so aktiv sind wie die jeweils verwandten „echten" Neurotransmitter, können sie jene imitieren. Sie binden an die entsprechenden Rezeptoren und verhindern damit, daß die gewünschten Signale übermittelt werden. Tyramin hat zwar keine natürliche Aufgabe in unserem Körper, wird aber medizinisch zur Verdrängung von Noradrenalin an den Nervenendigungen eingesetzt.

Sowohl Tyramin als auch Octopamin ist in vielen Nahrungsmitteln in geringen Mengen, in einigen Speisen auch in großen Mengen enthalten. In die letztgenannte Kategorie fallen die Weinsorte Chianti und bestimmte Käsesorten (Camembert, Stilton). Die Aufnahme mäßiger Mengen der beiden Amine wird von den meisten Menschen problemlos verkraftet. Tyramin- und octopaminreiche Lebensmittel können jedoch Unverträglichkeitsreaktionen, oft in Form von Migräneattacken, auslösen. Die Ursache dafür ist die gefäßaktive Wirkung des Tyramins, die zu einem Blutdruckanstieg führt, auf den nicht nur empfindliche Menschen mit Kopfschmerzen reagieren. 90 % der freiwilligen Probanden mehrerer Studien entwickelten heftige Kopfschmerzen nach der Aufnahme von 100–125 mg dieses biogenen Amins.

Bakterien, die Lebensmittel befallen, und Mikroorganismen der Darmflora produzieren Enzyme, welche auf die in manchen verdorbenen Nahrungsmitteln enthaltene Aminosäure Tyrosin wirken. Diese Enzyme wandeln Tyrosin in Tyramin und weiter in Octopamin um. Beide Amine wirken toxisch und rufen Kopfschmerzen, Schlaflosigkeit und Stimmungsschwankungen hervor. Der Tyramingehalt der Nahrungsmittel hängt unmittelbar mit dem Reifegrad, der Vergärung, der Zubereitung und der Aufbewahrung der Speisen zusammen.

Fallstudie: Jedes Familientreffen wurde zur Qual

Die 48 Jahre alte Jackie litt häufig unter Migräneanfällen, verbunden mit Sehstörungen in Form gezackter Blitze, pulsierenden Kopfschmerzen, Übelkeit und Erbrechen. Derartige Attacken traten drei- bis viermal monatlich auf, und zwar meist nach den Wochenenden, an denen sie sich mit der Familie zum Grillen traf. Jackie machte den Rotwein, der bei diesen Gelegenheiten gereicht wurde, für ihre Befindlichkeitsstörungen verantwortlich. Es trat jedoch auch dann keine Besserung ein, als sie den Wein konsequent ablehnte.

Jackie suchte ihren Arzt auf und wurde an ein Allergiezentrum überwiesen. Dort stellte man eine Überempfindlichkeit auf Kartoffeln fest, die sich durch leichte Migräneanfälle bemerkbar machte. Bluttests zeigten, daß eine Antikörperreaktion auf Kartoffeln, Tomaten, Brokkoli sowie Hühner- und Rindfleisch erfolgte.

Jackie strich die betreffenden Lebensmittel aus ihrem Speiseplan. Während der darauffolgenden Wochen waren die Kopfschmerzen weniger heftig und traten seltener, aber weiterhin regelmäßig auf. Es mußte noch eine andere Ursache geben! Die Ärzte hielten eine Überreaktion auf Tyramin für wahrscheinlich und gaben Jackie entsprechende Diätanweisungen. Daraufhin verschwanden die Kopfschmerzen. Innerhalb der folgenden neun Monate litt Jackie nur noch einmal unter Migräne.

Tabelle 4.2 Tyraminreiche Nahrungsmittel.*

Lebensmittel	Tyramingehalt (mg in 100 g)
Camembert	bis 200
Emmentaler	20–100
Blauschimmelkäse, Roquefort	bis 100
Gouda	bis 70
Boursault	10–110
Stilton mit Blauschimmel	50–230
Hefeextrakte	bis 230
saurer Hering	300
Wurst	bis 120

* Eine umfangreichere Übersicht finden Sie in Anhang 2, Tabelle A2.1.

Lebensmittel, die Tyramin enthalten, sind in Tabelle A2.1 im Anhang zusammengestellt. Die Speisen mit dem höchsten Gehalt an diesem biogenen Amin finden Sie in Tabelle 4.2. Viel Tyramin findet sich auch in fermentierten Wurstsorten, saurer Sahne, Himbeeren und bestimmten Weinen. Bei einigen Nahrungsmitteln hängt der Tyramingehalt von der Frische ab, Fäulnisprozesse können ihn beträchtlich erhöhen.

Gewöhnlich werden Tyramin und Octopamin von Bakterien hergestellt. Auch unser eigener Darm kann die Stoffe jedoch produzieren, insbesondere bei schweren Erkrankungszuständen wie dem Leberkoma. Hohe Spiegel der Substanzen lösen ebenso schwerwiegende Wirkungen aus wie erniedrigte Spiegel, etwa infolge der Einnahme von MAO-Hemmern. Solche Patienten reagieren bereits auf ungewöhnlich niedrige Dosen Tyramin: 6–10 mg bewirken, wie Untersuchungen zeigten, leichte Reaktionen, 10–25 mg können zu schweren Symptomen führen. In diesen Fällen können auch Lebensmittel gefährlich werden, die sehr wenig Tyramin enthalten oder die nicht mehr ganz frisch sind. Heftige Kopfschmerzen, in der Regel seitlich oder am Hinterkopf, tränende Augen, erhöhter Speichelfluß und Herzklopfen sind die Folge. Sogar Herzattacken, Hochdruckkrisen und Schlaganfälle sind als Reaktionen auf Tyramin und Octopamin aufgetreten. Zu derart überschießenden Reaktionen kommt es in der Regel nach dem Genuß von verdorbenen, äußerst tyraminreichen Lebensmitteln. Betroffene sollten selbstverständlich wissen, welche Speisen sie meiden sollten.

Mehr als 200 Nahrungsmittel enthalten kleine Mengen Tyramin, auf die Patienten, denen MAO-Hemmer verordnet wurden, mit mehr oder weniger heftigem Unwohlsein reagieren. Tabelle A2.1 (Anhang 2) wurde von Stephen Sakland, dem Chef der pharmazeutischen Fakultät der University of Texas, als Leitfaden für MAO-Konsumenten zusammengestellt.

Die Aufnahme von Tyramin läßt sich sicher nicht vollständig vermeiden, man kann sich aber auf Nahrungsmittel mit sehr geringem Gehalt an diesem biogenen Amin konzentrieren. Wenn Sie vermuten, auf Tyramin empfindlich zu reagieren, dann sollten Sie ruhig experimentieren und die schlimmsten Übeltäter eine Zeitlang von Ihrem Speisezettel streichen. Das ist nicht schwierig; die folgenden Lebensmittel dürfen Sie bedenkenlos essen, vorausgesetzt, sie sind frisch:

Sardellen	Schmelzkäse	Rosinen
rote Bete	Gurken	Salatdressings
Bratkartoffeln	gekochtes Ei	Maiskörner
Cola	Fisch	Tomatensaft
Kaffee	Pilze	Brot aus Hefeteig
Hüttenkäse	Ananas	

Diätempfehlungen

Die folgenden Empfehlungen richten sich in der Hauptsache an Personen, die besonders empfindlich auf biogene Amine reagieren. Einige generelle Ratschläge sind jedoch allgemein nützlich, wenn man grundsätzlich vermeiden möchte, zuviel biogene Amine aufzunehmen.

Alkoholische Getränke: Meiden Sie Rotwein, besonders Chianti, und Wermutwein. Ein einzelnes Glas (125 ml) von den genannten Sorten sowie von allen anderen Weinen und Portweinen ist jedoch harmlos. Whisky und Liköre (Chartreuse, Drambuie) können gefährlich werden. Auch beim Bier sollten Sie sich zurückhalten (kleinere Mengen einiger Marken sind ungefährlich). Alkoholfreie Biere und Weine sollten ebenfalls mit Vorsicht genossen werden.

Tofu: Dieser Quark aus Sojabohnen ist in der chinesischen und japanischen Küche sehr beliebt (zum Beispiel in Miso-Suppe). Vergorene Sojamilchprodukte enthalten generell viel Tyramin.

Käse: Der Tyramingehalt von Käse läßt sich weder anhand der Sorte noch anhand des Aussehens oder Aromas abschätzen. Daher sollte man Käse generell meiden. Ausnahmen sind Schmelzkäse und Hüttenkäse, in denen sich das Amin nicht nachweisen läßt. Tyramin ist ein Nebenprodukt der Fermentation und Alterung. Besonders tyraminreich sind aus diesem Grunde reife Käse.

Fisch und Meeresfrüchte: Frischer oder vakuumverpackter, marinierter Fisch enthält nur wenig Tyramin. Sofern der Fisch sofort zubereitet oder nur kurzzeitig und kühl aufbewahrt wird, gibt es keine Probleme. Gefahren können erst durch längere Lagerung oder bestimmte Behandlungen (Räuchern, Marinieren, Einsalzen – besonders von Heringen) entstehen. Garnelenpaste ist ebenfalls reich an Tyramin.

Fleisch und Fleischprodukte: Frisches Fleisch ist ungefährlich, verarbeitetes nicht unbedingt. Würstchen, Salami, Pfeffersalami und Bologneser Wurst sind fermentiert und enthalten reichlich Tyramin. In Schinken, der auf dem Bauernhof haltbar gemacht wurde, findet sich das Amin hingegen nicht. Frische Hühnerleber ist ebenfalls tyraminfrei; Vorsicht ist bei älterer Leber geboten, die schon zu verderben begonnen hat. Fleischextrakte und sämtliche Eiweißergänzungsstoffe, ob flüssig oder in Pulverform, sollten gemieden werden.

Sauerkraut: Sauerkraut kann ziemlich viel Tyramin enthalten.

Suppen: Fertigsuppen sollte man generell vom Speisezettel streichen, da sie Eiweißextrakte enthalten können.

Hefe: Weder Bierhefe noch käufliche Hefeextrakte oder Vitaminpräparate auf Hefebasis sollten konsumiert werden. Unproblematisch ist Backhefe (im fertigen Gebäck).

Die genannten Nahrungsmittel können potentiell gefährlich werden und beispielsweise eine Blutdruckkrise (Anfall sehr hohen Blutdrucks) auslösen, wenn man viel davon zu sich nimmt oder die Speisen vor dem Genuß zu lange gelagert hat, so daß sie eventuell bereits von unerwünschten Mikroorganismen befallen sind. In der folgenden Übersicht sind Lebensmittel aufgeführt, die zwar etwas Tyramin enthalten, aber in kleinen Mengen auch von Patienten vertragen werden, die mit MAO-Hemmern behandelt werden:

Avocados: Vorsicht bei überreifen Früchten!

Schokolade: Abgesehen von sehr großen Mengen ist Schokolade ungefährlich.

Milchprodukte: Sahne (Rahm), saure Sahne, Hüttenkäse, Schmelzkäse, Joghurt und Milch sind risikoarm, sofern sie nicht zu lange oder unter unhygienischen Bedingungen aufbewahrt werden. Meiden Sie Produkte, deren Verfallsdatum kurz bevorsteht.

Nüsse: Bis auf Erdnüsse (in großen Mengen) sind Nüsse ungefährlich.

Himbeeren: Himbeeren sind tyraminhaltig und sollten nur in kleinen Portionen genossen werden.

Spinat: Die meisten Sorten enthalten kein Tyramin. Eine Ausnahme ist Neuseeländischer Spinat (ein Eiskrautgewächs, das in warmen Regionen und in den Tropen angebaut wird und dessen Triebspitzen und Blätter man wie Spinat zubereiten kann).

In jedem eiweißhaltigen Lebensmittel können sich durch einen Abbau der Proteine, infolge unsachgemäßer Behandlung oder Lagerung, biogene Amine bilden. Hühner- und Rinderleber, Leberpastete und gut abgehangenes (das heißt teilweise zersetztes) Wild sind besonders aminreich. Wenn Sie MAO-Hemmer einnehmen müssen, sollten Sie darauf achten, nur frische Speisen zu konsumieren, in gut geführten Läden einzukaufen und die Produkte sachgemäß zu lagern. So bleibt das Risiko einer Blutdruckkrise gering. Die gefährlichsten Nahrungsmittel sind für Sie zweifellos reife Käse und Zusätze auf Hefebasis.

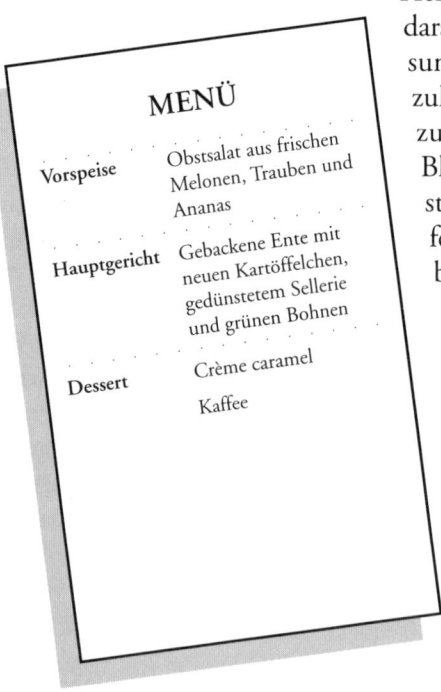

MENÜ

Vorspeise — Obstsalat aus frischen Melonen, Trauben und Ananas

Hauptgericht — Gebackene Ente mit neuen Kartöffelchen, gedünstetem Sellerie und grünen Bohnen

Dessert — Crème caramel

Kaffee

Zu Beginn dieses Kapitels wurde eine an biogenen Aminen besonders reiche Speisenfolge vorgestellt. Wenn Sie jetzt noch einmal einen Blick darauf werfen, sehen Sie sofort, warum das Menü einigen Gästen nicht gut bekommen konnte. Als Alternative bieten wir Ihnen hier drei Gänge, die im allgemeinen wesentlich besser vertragen werden.

KAPITEL 5
Salicylate

MENÜ

Vorspeise	Rohes Gemüse mit Salsa-Dip
Hauptgericht	Tagliatelle verde mit Tomatensoße und Oregano
	Kofta-Bällchen mit Curry, Estragon-Joghurt-Soße
	Ratatouille mit großen Bohnen
	Beilage: Endivien- und Chicoréesalat
	Champagner
Dessert	Tropischer Obstsalat (Ananas, Mango und Melone)
	Portwein (Special Reserve)

Diese Speisenfolge enthält besonders viel Salicylat, einen Inhaltsstoff von Nahrungsmitteln ohne Nährwert, den manche Menschen schlecht vertragen. Dies ist nicht sonderlich überraschend, denn Salicylat übt eine ausgeprägte Wirkung auf einige Schlüsselenzyme in unserem Körper aus. Trotzdem – oder gerade deswegen – nehmen viele Leute täglich eine Menge an Salicylat zu sich, der den Gehalt des angegebenen Menüs weit übersteigt, und zwar in Form einer Tablette Aspirin. Der chemische Name des Aspirins ist Acetylsalicylsäure. Millionen Menschen bekämpfen mit relativ hohen täglichen Dosen dieses Wirkstoffs die geringfügigeren Leiden und Schmerzen des Alltags. Aspirin senkt zudem das Thrombose- und Infarktrisiko, insbesondere bei Patienten, die mit den genannten Krankheiten bereits Bekanntschaft schließen mußten. Die Wirkung des Aspirins beruht auf einer Hemmung der Blutgerinnung. Zu diesem Zweck werden üblicherweise Dosen von 50 mg verschrieben; zur Schmerzbehandlung dagegen nimmt man bis zu 4 g täglich ein.

Das Wirkungsspektrum des Aspirins ist breiter als das aller anderen Nahrungsmittelzusätze und reicht vom Tod bei einmaliger Einnahme einer

Packung Aspirintabletten bis zum lebensrettenden Effekt bei Einnahme regelmäßiger kleiner Dosen auf Anordnung des Arztes. Zwischen diesen beiden Extremen treten zahlreiche Reaktionen auf, unterschiedlich abgestuft in Abhängigkeit von der eingenommenen Menge und der individuellen Empfindlichkeit. Ein paar Tabletten zuviel können innere Blutungen oder leichte Vergiftungserscheinungen hervorrufen, manche Leute reagieren auch auf kleine Dosen überempfindlich. Die meisten Menschen haben jedoch kaum unter Nebenwirkungen zu leiden und schätzen die schmerzlindernde Wirkung der Acetylsalicylsäure.

Einige wenige Menschen reagieren auf Salicylat hochsensibel und müssen den Stoff daher in einer speziellen Diät nach Möglichkeit meiden. Einen geeigneten Diätplan aufzustellen, ist ohne die Hilfe eines ausgebildeten Ernährungsberaters nahezu unmöglich, denn sehr viele pflanzliche Nahrungsmittel enthalten Salicylat. Bestimmte, wenige Lebensmittel sind frei von Salicylat, und in etlichen weiteren Speisen finden sich nur geringste Mengen. So kann man sich *nahezu* salicylatfrei ernähren. In diesem Kapitel sollen zunächst die unerwünschten Wirkungen des Salicylats beschrieben werden, anschließend wollen wir Schlußfolgerungen für eine zweckdienliche Diät ziehen. Zuletzt wollen wir untersuchen, welche Vorteile eine mäßige, aber regelmäßige Einnahme von Salicylat tatsächlich bringen kann.

Fallstudie: **Roger, der Sportler**

Der 36 Jahre alte Roger war ein Spitzensportler, Weltmeister und Olympiasieger in seiner Disziplin. Er litt unter Colitis, einer Darmentzündung, die seine Leistungsfähigkeit beeinträchtigte. An manchen Tagen, so berichtete Roger, war er teilnahmslos und müde, oft quälten ihn heftige Kopfschmerzen, und das Training kostete ihn dann größte Mühe und Überwindung. Er war niedergeschlagen, schätzte seine Lebensqualität als schlecht ein und fühlte sich nicht in der Lage, mit seiner Situation fertigzuwerden.

Als Roger seine Eßgewohnheiten darlegte, stellte sich bald heraus, daß sein Speiseplan recht beschränkt war. Er aß häufig Obst und Gemüse und reichlich Nudeln mit viel Soße. Eine Stunde nach manchen Mahlzeiten wurde er auffällig müde. Nie bemerkte er jedoch eine allergische Reaktion oder akute Überempfindlichkeit auf bestimmte Lebensmittel. Roger wurde aufgefordert, seine Mahlzeiten zwei Wochen lang exakt zu protokollieren und sich einem Bluttest zu unterziehen. Er stimmte zu. Die Analysen

> zeigten, daß der Sportler relativ viel Salicylat zu sich nahm, an manchen Tagen bis zu 500 mg (eine Dosis, mit der man Kopfschmerzen bekämpfen kann), und daß die weißen Blutzellen auf diesen Stoff reagierten.
> Roger wurde auf eine salicylatarme Diät gesetzt. Nudelgerichte, Tomatensoße, weiße Bohnen und Gemüsecurries mußte er fortan meiden. Die lästigen Symptome, auch die Darmentzündung, gingen zurück; bereits nach einem Monat störten sie sein Leben und sein Training nicht mehr. Sobald er sich besser fühlte, stiegen auch Rogers sportliche Leistungen.

Was ist Salicylat, und wie wirkt es?

Die Salze der Salicylsäure heißen Salicylate (→ Glossar). Zu hohe, lebensbedrohliche Dosen dieses Stoffes können wir nur in Form von Medikamenten zu uns nehmen, die Acetylsalicylsäure enthalten (wie Aspirin).

Tödlich wirken rund 20 g Salicylat, auf einmal eingenommen. Dies entspricht 40 Aspirintabletten, wie sie gegen Kopfschmerzen verschrieben werden (500 mg). Einem Kind können bereits 4 g Aspirin gefährlich werden (8 Tabletten), daher sollte man den häuslichen Aspirinvorrat gut vor dem Zugriff von Kindern schützen. Auch in manchen Zahnungshilfsmitteln für Säuglinge – Gelen, die Wintergrünöl, Methylsalicylat, enthalten – findet sich so viel Salicylat, daß bereits Fälle von Vergiftungen kleiner Kinder nach der „Einnahme" einer ganzen Tube solchen Gels bekannt wurden.

Eine Überdosis Aspirin ist leider oft ein Weg zum Freitod. Unter anderem deshalb ist die Salicylatvergiftung toxikologisch gut untersucht. Aus der Behandlung von Selbstmordpatienten weiß man viel über die Effekte, die Salicylat auf den menschlichen Körper ausüben kann. Darunter sind zu nennen:

- Hyperventilation (rasche und tiefe Atmung), die zur respiratorischen Alkalose (→ Glossar) führt;
- Senkung der Bicarbonatkonzentration im Blut, dadurch Störung des Natrium-Kalium-Gleichgewichts;
- Entwässerung und Hypokaliämie (→ Glossar) bis zum Koma;
- Schädigung lebenswichtiger Organe, insbesondere der Leber und der Nieren, im extremen Fall bis zum Tod.

Die Salicylatvergiftung wird einerseits durch eine Störung des Säure-Base-Gleichgewichts des Körpers, andererseits durch eine Beeinflussung der oxidativen Phosphorylierung, eines Schlüsselprozesses im Leben der Zellen, hervorgerufen. Blut und Gewebe werden übersäuert, und wichtige Elemente wie Natrium und Kalium können nicht mehr richtig wirken. Gleichzeitig kann der Organismus keine energiereichen Phosphate mehr herstellen, mit deren Hilfe er sich seine Hauptenergiequelle, die Glucose, nutzbar macht.

Wie bei jedem anderen Gift auch führen geringere Dosen Salicylat zu schwächeren Wirkungen, von denen sich der Körper gegebenenfalls erholen kann. Einige empfindliche Menschen leiden jedoch schon bei der Einnahme geringster Mengen unter unangenehmen Symptomen wie Urticaria (Nesselsucht, → Glossar), Schwellungen von Lippen und Zunge, Atemnot sowie allgemeineren Erscheinungen wie Abgeschlagenheit, Magenverstimmung und Darmfunktionsstörungen. Die Reaktionen treten bei manchen Leuten sofort (zum Beispiel nach Einnahme kleiner Dosen Aspirin) in Form von Asthma, verstopfter Nase oder Juckreiz auf. Obwohl die Symptome dem Effekt des Histamins ähneln, liegt keine Allergie vor. Besonders gefährlich ist die unsichtbare Wirkung des Aspirins auf die Darmwand, die sich als leichte Verdauungsstörung, aber auch als katastrophale innere Blutung äußern kann.

Abgesehen von diesem Nachteilen, unter denen nur relativ wenige Menschen leiden, kann die Einnahme von Aspirin enormen Nutzen bringen. Die meisten Leute vertragen den Wirkstoff ohne Probleme. 1 g Aspirin, aller 4 Stunden eingenommen, kann in viererlei Hinsicht wirken: schmerzlindernd, fiebersenkend, entzündungshemmend und atmungsanregend. Ärzte verschreiben Aspirin im Rahmen verschiedener Therapien, zum Beispiel zur Steuerung des Blutzuckers (Glucose), zur Förderung der Ausscheidung von Harnsäure (der Chemikalie, die Gicht verursacht) und zur Hemmung der Blutgerinnung. Darüber hinaus vermindert Acetylsalicylsäure das Risiko von Langzeitschäden nach Infarkten und Schlaganfällen.

Jeder Arzt weiß, daß Aspirin bei manchen Patienten innere Blutungen, besonders des Magens, hervorrufen kann, und daß man den Wirkstoff nicht verschreiben sollte, wenn in der Vergangenheit Magengeschwüre aufgetreten sind. Zwei Drittel aller Konsumenten von Aspirintabletten verlieren (teils unbemerkt) kleine Mengen Blut durch die Darmwand, hauptsächlich, wie man annimmt, wenn ein Vitamin-C-Mangel vorliegt. Forschungsarbeiten aus den 1960er Jahren erwiesen, daß die Einnahme jeder Aspirintablette den Verlust eines Milliliters Blut nach sich zieht. Dies entspricht einem Teelöffel voll (5 ml), wenn man 8 Tabletten (4 g) über 2 Tage verteilt zu sich nimmt, wie es zur Bekämpfung einer Erkältung üblich ist.

Salicylate in Nahrungsmitteln

In den 1970er Jahren stellten Ärzte fest, daß die Symptome einer mysteriösen „Krankheit X" den Nebenwirkungen von Aspirin ähnelten. Die Folgerung lag nahe: Als Verursacher von „X" kam Salicylat aus einer anderen Quelle, nämlich der Nahrung, in Frage. So nahmen ausführliche Untersuchungen des Salicylatgehalts von Lebensmitteln ihren Anfang, und die sorgfältige Arbeit von Anne Swain, Stephen Dutton und Stewart Truswell von der Abteilung für menschliche Ernährung an der Universität Sydney förderte einige überraschende Resultate zutage.

Manche Mahlzeiten – beispielsweise die Speisenfolge, die zu Beginn dieses Kapitels abgedruckt ist – enthalten genug Salicylat, um bei entsprechend empfindlichen Leuten eine Vergiftung zu bewirken. Wie Tabelle 5.1 zeigt, sind besonders Kräuter und Gewürze reich an Salicylat; die höchsten Gehalte findet man in Dill, Muskatblüte, Oregano, Rosmarin, Thymian und Estragon sowie in Anissamen, Cumin, Currypulver, Paprikapulver und Gelbwurz. Obwohl beispielsweise Currypulver und Paprika erstaunlich große Mengen Salicylat enthalten (ein gehäufter Teelöffel Curry rund 15 mg!), steuern sie relativ wenig zum Gesamtgehalt der Speise bei, da man in der Regel nur winzige Mengen zugibt, um den gewünschten Geschmack zu erzielen.

Tabelle 5.1 Kräuter und Gewürze.

Kräuter	Salicylat*	Gewürze	Salicylat*
Lorbeerblätter	2,52	Kardamom	7,7
Basilikum	3,4	Kümmel	2,82
Koriander (frisch)	0,02	Cayennepfeffer	17,6
Dill	94,4	Chili	1,3
Muskatblüte	32,2	Zimt	15,2
Minze	9,4	Gewürznelken	5,74
Oregano	66	Cumin	45
Rosmarin	68	Curry	218
Salbei	21,7	Senfsaat	26
Estragon	34,8	Paprika	203
Thymian	183	schwarzer Pfeffer	6,2
Knoblauch (frische Zehe)	0,10	Gelbwurz	76,4

* Milligramm in 100 g Pulver oder getrocknetem Kraut, Ausnahmen sind angegeben

Noch höher sind die Salicylatkonzentrationen in manchen Früchten, die in Tabelle 5.2 zusammengestellt sind. Dies ist lediglich eine kleine Auswahl; ausführlichere Angaben finden Sie im Anhang 2 (Tabelle A2.2). Pflanzen produzieren Salicylat, das sich in den oberen Schichten von Gemüse und Früchten anreichert. Während der Reifung des Obstes nimmt der Gehalt ab; grüne Äpfel wie Granny Smith sind reich an Salicylat, der Gelbe Köstliche (Golden Delicious) dagegen enthält weniger. Bei Kartoffeln und Birnen tritt Salicylat nur in der Schale auf. Auch exotischere Speisen wie Honig und Produkte auf Hefebasis (Brotaufstriche, Brühwürfel) sind salicylatreich, was auch auf schwarzen Tee, weniger auf Kaffee und Fruchtsäfte zutrifft. Alkoholische Getränke – ob Bier oder Wein – enthalten im allgemeinen ebenfalls Salicylat, insbesondere Champagner und Südweine wie zum Beispiel Port; Spirituosen wie Whisky und Rum sind salicylatarm, und in Gin oder Wodka kommt die Chemikalie überhaupt nicht vor.

Die Konzentration des von Natur aus in den Lebensmitteln enthaltenen Salicylats kann im Laufe der Verarbeitung dramatisch anwachsen. Frische Tomaten und Tomatensaft enthalten 0,13 mg je 100 g, Tomatensuppe 0,54 mg und Tomatenketchup bis zu 2,48 mg. Salicylat ist hitzebeständig, weshalb es sich während der Verarbeitung anreichert. So kommt es zu den extrem hohen Konzentrationen in Brotaufstrichen und Soßenpulvern.

Mit Hilfe der Angaben in Tabelle 5.2 kann man berechnen, wieviel Salicylat man mit einer bestimmten Mahlzeit ungefähr aufnimmt. Dabei wurden typische Portionsgrößen zugrunde gelegt, wie sie auch Jill Davies und John Dickerson in ihrem Buch *Nutrient Content of Food Portions* verwendet haben. Man kann leicht nachvollziehen, daß die zu Beginn dieses Kapitels angegebene Speisenfolge viel Salicylat enthält.

Salicylat, das wir mit der Nahrung aufnehmen, wird vom Magen schnell resorbiert, verteilt sich im ganzen Körper und kann in den Gelenken, der Rückenmarksflüssigkeit sowie im Speichel nachgewiesen werden. Der Organismus verfügt über bestimmte Mechanismen, um die Chemikalie wieder loszuwerden: Ein Teil wird im Gewebe abgebaut, und die unschädlichen Bruchstücke werden über die Niere in den Urin ausgeschieden; der größere Teil jedoch verläßt den Körper unverändert.

Als einer der ersten Ärzte vermutete Dr. Ben Feingold in einer salicylatreichen Ernährung eine Ursache für Verhaltensstörungen bei Kindern. Feingold berechnete, daß bei einem obst- und gemüsereichen Speisezettel täglich mehrere hundert Milligramm des Stoffes aufgenommen werden können. L. K. Salzman berichtete im *Medical Journal of Australia*, das Verhalten hyperaktiver Kinder

Tabelle 5.2 Der Salicylatgehalt verschiedener Lebensmittel.*

Lebensmittel	Salicylatgehalt (mg in 100 g)	Eine typische Portion	Salicylatgehalt dieser Portion (mg)
Obst			
Trauben	0,94	ein Zweig (140 g)	1,32
Johannisbeeren	5,80	2 Handvoll (35 g)	2,03
Rosinen	6,62	2 Handvoll (30 g)	2,32
Grapefruit	0,68	6 Scheiben (120 g)	0,82
Orange	2,39	1 Stück (245 g)	5,86
Ananas	2,10	1 Scheibe (125 g)	2,63
Himbeeren	5,14	15 Stück (70 g)	3,60
Erdbeeren	1,6	1 Portion (100 g)	1,60
Wassermelonen	0,48	1 Scheibe (320 g)	2,46
Gemüse			
große Bohnen (Saubohnen)	0,73	1 Portion (75 g)	0,55
grüne Bohnen	0,11	1 Portion (105 g)	0,12
Brokkoli	0,65	1 Portion (95 g)	0,62
Pastinaken	0,45	1 Portion (110 g)	0,50
Spinat	0,58	1 Portion (130 g)	0,75
Zucchini	1,04	1 Portion (140 g)	1,46
Salate			
Chicorée	1,02	1 Portion (45 g)	0,46
grüne Oliven (Konserve)	1,29	9 Stück (35 g)	0,45
rote Paprikaschoten	1,20	1 Portion (45 g)	0,54
Nüsse			
Mandeln	3,00	20 Kerne (20 g)	0,60
Erdnüsse	1,12	32 Kerne (30 g)	0,34
Getränke			
– schwarzer Tee			
English Breakfast	5,57	1 Tasse	5,57
Darjeeling	4,24	1 Tasse	4,24
– Kaffee			
frische Bohnen	0,45	1 Tasse	0,45
Maxwell House	0,84	1 Tasse	0,84
Nescafé	0,59	1 Tasse	0,55

* Eine umfangreichere Übersicht finden Sie in Anhang 2, Tabelle A2.2.

Tabelle 5.3 Salicylatfreie Lebensmittel.

Obst	Banane, Birne (geschält)
Gemüse	Limabohnen, Sojabohnen, Weißkraut, Sellerie, Linsen, Kartoffeln (geschält), Kohlrüben/Steckrüben
Getreide	Reis, Hafer, Weizen
Milchprodukte	Cheddar-Käse, Hüttenkäse, Milch, Sahne, Joghurt, Eier
Salat	grüner Salat
Fleisch, Fisch	Rind, Hühnchen, Lachs, Thunfisch
anderes	Sojasoße, Kakao, Zucker, Gin

habe sich gebessert, nachdem sie auf eine salicylatarme Diät umgestellt worden waren. Die Kinder waren daraufhin ruhiger, weniger impulsiv und erregbar, Schlafstörungen und Bettnässen nahmen ab. Da nur geringste Mengen Salicylat ins Gehirn gelangen, sind die beschriebenen Effekte einer salicylatarmen Ernährung wohl eher darauf zurückzuführen, daß die Konzentration bestimmter anderer durch Salicylat in den Zellen freigesetzter Stoffe ebenfalls zurückging. Nicht das Salicylat selbst, sondern diese weit aktiveren Verbindungen verursachen wahrscheinlich die Verhaltensstörungen.

Salicylat kann man meiden. Swain und ihre Kollegen stellten fest, daß es sogar vollkommen salicylatfreie Lebensmittel gibt. Eine salicylatfreie Diät kann durchaus abwechslungsreich sein, denn sie darf Fleisch, Gemüse, Getreideprodukte, Obst und Milchprodukte enthalten (siehe Tabelle 5.3).

Allergische Reaktionen wie Asthma, Schnupfen und Nesselsucht gehen selten auf die ernährungsbedingte Aufnahme von Salicylat, sondern in der Regel auf die Einnahme salicylathaltiger Medikamente wie Aspirin zurück. Der Nachweis kann durch Messung der Konzentration der Abbauprodukte nach Gabe steigender Dosen Aspirin geführt werden. Gelegentlich reagieren Patienten jedoch auch auf natürlich vorkommende Salicylate mit Nesselsucht. Hier hilft eine entsprechende Diät.

Natürliche Salicylate in der Medizin

Schon seit langem werden Salicylate medizinisch angewendet. Der Ebers-Papyrus (1500 v. Chr.), das älteste bekannte medizinische Nachschlagewerk, erwähnt 700 im alten Ägypten übliche Heilmittel. Darunter findet sich auch eine Rezeptur zur Behandlung von Entzündungen: Zerdrückte Zwiebel und Honig, eingeweicht in Bier. Wie Tabelle A2.2 im Anhang 2 zeigt, enthalten alle drei Zutaten, insbesondere der Honig, Salicylat. Vielleicht enthielt die Zubereitung eine ausreichende Menge von dieser Chemikalie, um tatsächlich entzündungshemmend zu wirken. Allerdings müßten Sie rund 1 kg des salicylatreichsten Honigs anrühren, um die in einer Aspirintablette zur Gefäßprophylaxe vorhandene Menge (50 mg) des Wirkstoffs zu erhalten. Welchen Nutzen die angegebene Therapie auch hatte, er ist höchstwahrscheinlich nicht auf Salicylat zurückzuführen.

Zur Behandlung infizierter Wunden und fiebriger Zustände empfiehlt der Papyrus einen Extrakt aus Weidenrinde, und das ist höchst sinnvoll: In diesem Naturprodukt ist reichlich Salicylat enthalten. 1000 Jahre später griff Hippokrates (470–377 v. Chr.), der auf der griechischen Insel Kos geborene, berühmteste Arzt der Antike, auf diesen Hinweis zurück. Hippokrates sammelte sämtliches bis zu seiner Zeit angehäufte medizinische Wissen und schrieb, so heißt es, 70 Bücher. Der Arzt riet einen Aufguß von Weidenrinde zur Linderung des Geburtsschmerzes. Weiden- und auch Pappelrinde enthalten Salicin, einen Salicylatabkömmling der Glucose. Salicin ist zwar nicht gleich Aspirin, aber sowohl in der chemischen Struktur als auch in der Wirkung ähneln beide Chemikalien einander stark.

Im Jahre 77 n. Chr. verfaßte der bedeutende römische Arzt und Pharmakologe Dioskorides (40–90 n. Chr.) sein einflußreiches Werk *De materia medica*, ein Verzeichnis von über tausend einfachen Wirkstoffen und Therapien. Viele dieser Anweisungen waren sehr hilfreich, und über 1500 Jahre lang richteten sich Ärzte nach diesem Buch. Zur Fiebersenkung empfahl Dioskorides Koriander, ein salicylathaltiges Kraut. Auch er war auf dem richtigen Weg, denn Salicylat kann durchaus die Körpertemperatur senken; einen Effekt kann der Patient jedoch erst nach Einnahme großer Mengen der Droge verspürt haben, wie Tabelle 5.1 beweist.

Im 17. und 18. Jh. gewann die sogenannte Signaturenlehre an Popularität, die unter anderem besagte, daß die Natur überall dort, wo eine Krankheit auftritt, ein geeignetes Heilmittel bereithält. Im feuchten Klima der Britischen Inseln traten Rheumatismus und rheumatisches Fieber häufig auf. Es mußte also, so nahm man an, in den allerfeuchtesten Regionen etwas geben, das diese Leiden erleichtern konnte. Eine Pflanze, die in Feuchtgebieten hervorragend gedeiht, ist die Trauerweide. Man findet sie besonders häufig in Sümpfen und an Flußufern. Reverend Edmund Stone, ein englischer Pfarrer, der im 18. Jh. in den Cotswolds lebte, entschloß sich, die Rinde der Trauerweide näher zu untersuchen. Die Rinde war bitter; Stone schloß daraus auf die Anwesenheit einer ungewöhnlichen Substanz. Der Pfarrer trocknete und pulverisierte die Rinde und gab Fiebernden aller 4 Stunden einen Aufguß von ungefähr 1 g dieses Pulvers zu trinken. Das Befinden der Patienten besserte sich rasch. 1763 teilte Stone seine Entdeckung der Royal Society in dem Brief mit, der in dem untenstehenden Kasten abgedruckt ist. Stone hatte das Salicin des Hippokrates wiedergefunden, es aber geschickter angewendet. Bald begannen die Ärzte, Weidenrinde zu verschreiben; andere fragten sich, ob man die enthaltene Wirksubstanz nicht isolieren könne.

Reverend Stone an die Royal Society, 1763

Sehr geehrter Herr,

meiner Erfahrung zufolge wirkt die Rinde eines englischen Baums als kräftiges Adstringens, sie ist auch sehr hilfreich bei der Behandlung von Wechselfieber. ... Der Baum gedeiht in feuchten Gebieten, wo auch Wechselfieber häufig auftritt. Der allgemeine Grundsatz, daß viele Krankheiten ihr natürliches Heilmittel mit sich bringen, schien daher so naheliegend zu sein, daß ich nicht umhin konnte, eine Anwendung zu versuchen.

Ich entschloß mich zu einer Reihe von Experimenten und sammelte dazu rund ein Pfund Weidenrinde, die ich in einem Sack trocknete und ... zu einem Pulver zerstieß, das ich anschließend siebte. Etwa 20 Grain dieses Pulvers verabreichte ich aller vier Stunden zwischen den Anfällen. ... Die Anfälle ließen sofort nach, verschwanden jedoch nicht völlig. ... Nach einigen Tagen erhöhte ich die Dosis auf zwei Scruples, und bald darauf kam es zur völligen Genesung des Patienten.

Mit gleichem Erfolg gab ich das Heilmittel anderen Kranken, und ich fand, daß die Wirkung sich noch steigerte, wenn alle vier Stunden eine Drachme eingenommen wurde.

Fünf Jahre lang ... habe ich diese Therapie wiederholt und erfolgreich angewendet. Insgesamt habe ich fünfzig Personen behandelt, und stets schlug das Mittel an, ausgenommen einige wenige Herbst- und Quartalsfieber, die den betreffenden Patienten bereits lange und schwer zugesetzt hatten. ...

Einige Begriffe in diesem Brief müssen sicherlich erklärt werden. Was Stone als Wechselfieber bezeichnete, nennen wir heute Rheumatismus. Die

Mengen sind angegeben in Grain (etwa 60 mg), Scruples (20 Grain, also etwa 1,2 g) und Drachmen (60 Grain, etwa 4 g). Den genauen Salicylatgehalt von Stones Weidenrinde kennen wir nicht; nehmen wir einmal an, es seien 10 Gewichtsprozent gewesen, so hätte eine Dosis von einer Drachme nicht viel weniger Wirkstoff enthalten als eine heute verkaufte normale Aspirintablette (500 mg).

In den 1820er Jahren gelang dem italienischen Chemiker Raffaele Piria die Isolation des Salicins und die Darstellung der Salicylsäure selbst. Einige Jahre später entdeckte Pagenstecher, ein schweizerischer Chemiker, daß sich Salicin auch aus dem Spierstrauch (*Spiraea ulmaria*) extrahieren läßt. Warum produzieren Pflanzen Salicylat? Raymond White vom Institut für landwirtschaftlich anbaubare Kulturen in Rothamsted, Hertfordshire (England), bemerkte 1979, daß eine Injektion von Salicylsäure in Tabakpflanzen eine Ansteckung mit dem Tabakmosaikvirus verhindert. Später wurde gezeigt, daß sich die Konzentration von Salicylat in den Blättern rasch verfünffacht, wenn eine Pflanze infiziert ist, selbst wenn sich das Virus noch nicht nachweisen läßt. Das Salicylat löst, so nimmt man an, die Bildung eines bestimmten Proteins aus, mit Hilfe dessen die Pflanze den Angreifer zurückschlagen kann. Ähnliches beobachtete man auch bei Gurken. Möglicherweise handelt es sich um einen allgemeinen Verteidigungsmechanismus, über den viele Pflanzenarten verfügen. Wintergrünöl, eine beliebte Einreibung bei Muskelschmerzen, enthält Methylsalicylat. Wintergrün stammt von der Familie der Pyrolaceae ab, welche Methylsalicylat wahrscheinlich zur Insektenabwehr verwenden.

Aspirin – eine Erfolgsgeschichte

Um 1850 stellte der französische Chemiker Charles Frederic Gerhardt erstmals Acetylsalicylsäure her. Versuche, die Substanz als Schmerzmittel einzusetzen, verliefen sehr erfolgversprechend, aber die Nebenwirkungen, ein unangenehmer Geschmack und Brennen im Mund, verhinderten ihren sofortigen Einsatz. 1893 wünschte sich Felix Hoffmann, ein deutscher Chemiker, eine weniger unangenehme Form der Salicylsäure herstellen zu können, um die Arthritis seines Vaters zu behandeln. Gemeinsam mit seinem Kollegen Heinrich Dreser löste er das Problem. Es stellte sich heraus, daß die von Gerhardt beobachteten Nebenwirkungen auf Verunreinigungen zurückzuführen waren, und Hoffmann und Dreser entwickelten ein Reinigungsverfahren, das ein sauberes, weißes, nicht aggressives Pulver lieferte. Dieses ließ sich zu Tabletten pressen, die problemlos einzunehmen waren und trotzdem die Wirkung der Salicylsäure zeigten. Die beiden Chemiker hatten eines der populärsten jemals hergestellten Markenprodukte entwickelt, das noch dazu so ungefährlich ist, daß man es frei verkaufen kann. Der Markenname Aspirin, der von der Firma Bayer vergeben wurde, wurde mittlerweile zum Synonym für den Wirkstoff Acetylsalicylsäure selbst. Er leitet sich von dem Pflanzennamen *Spiraea* ab, dem ein „A" für den Acetylrest vorangestellt wurde. Noch ein Jahrhundert nach seiner Geburtsstunde erfreut sich das Aspirin unverminderter Beliebtheit: Jährlich werden weltweit 25 000 Tonnen hergestellt und in Form von 100 Milliarden Tabletten konsumiert.

Acetylsalicylsäure wird unter zahlreichen Handelsnamen verkauft. Hilfe nach einer durchzechten Nacht bringt zum Beispiel Alka Seltzer, das zusätzlich Zitronensäure und Natriumbicarbonat enthält. Durch Reaktion des Bicarbonats mit der Acetylsalicylsäure entsteht deren Natriumsalz, welches wasserlöslich ist, schneller wirkt und den Magen schont. Außerdem reagiert das Bicarbonat mit der Zitronensäure zu Kohlendioxid, und die Zitronensäure gibt dem Getränk ein angenehm fruchtiges Aroma.

Die wasserlöslichen Formen der Acetylsalicylsäure sind dessen Calcium- und Natriumsalze. Manche Leute finden, die klare Flüssigkeit sei leichter einzunehmen als eine Tablette. Ist das Getränk jedoch einmal im Magen angelangt, sorgt das saure Milieu sofort für die Rückbildung der unlöslichen Verbindung, die nun allerdings in sehr feinen Kristallen ausfällt, welche die Darmschleimhaut weniger angreifen als die großen Partikel einer Tablette.

Acetylsalicylsäure wird auch in Kombination mit Coffein verabreicht. Die beiden Substanzen wirken synergistisch (eine verstärkt den Effekt der anderen). Andere Zugaben sind Antacida (Aluminiumhydroxid und Magnesiumhydroxid) zur Herabsetzung der Irritation des Magens; darüber hinaus werden spezielle Langzeitformulierungen angeboten. In welcher Form Sie Aspirin auch immer einnehmen – im Körper entsteht stets Salicylsäure.

Aspirin macht Ärzte arbeitslos

Aspirin lindert Schmerzen, bekämpft Entzündungen, senkt Fieber und hemmt die Blutgerinnung. All dies geschieht durch Beeinflussung der Ausschüttung bestimmter körpereigener Substanzen, der Prostaglandine (→ Glossar), die der Organismus im Falle von Verletzungen produziert. Um auf Nummer Sicher zu gehen, stellt der Körper generell zu viele Prostaglandine her – wir spüren das Resultat in Form von Schmerzen, erhöhter Temperatur und entzündeten Wunden. Da sich mit Aspirin in der Tat viele verschiedene Symptome behandeln lassen, genießt der Wirkstoff allgemein den Ruf eines Allheilmittels. Ein paar Aspirin, und man fühlt sich besser – ob man nun unter Asthma oder Arthritis, Halsschmerzen oder Gelenkentzündungen, Kopfschmerz oder Kater, gezerrten Muskeln oder Regelschmerzen leidet.

Aspirin werden auch andere Vorzüge nachgesagt. Bei seniler Demenz zum Beispiel halte es den Blutfluß zum Gehirn aufrecht. Vielleicht kann der Wirkstoff auch freie Radikale (→ Glossar) zerstören, diese äußerst aktiven natürlichen Chemikalien, die im Körper entstehen und die man für die Mitverursacher von Krebs hält. In einem Artikel in der US-amerikanischen Zeitschrift *Annals of Internal Medicine* 1994 kann man lesen, daß von 48 000 über 8 Jahre beobachteten Männern diejenigen, die jahrelang Aspirin eingenommen hatten, wesentlich seltener an Dickdarm- und Mastdarmkrebs erkrankten. Weiterhin kann man mit Hilfe von Aspirin dem grauen Star vorbeugen, denn die Substanz wirkt den Proteinen entgegen, die die Augenlinse trüben. Man konnte auch zeigen, daß Aspirin die Intensität von Entzugserscheinungen (vor allem Krämpfen) in alkoholabhängigen Mäusen herabsetzt; für den Menschen werden ähnliche Effekte vermutet.

In den 1950er Jahren begannen sich Hinweise zu häufen, daß Aspirin vor Herzattacken schützt. Zunächst tat man diese Hypothese ab, aber mit der Zeit etablierte sich der Wirkstoff als Bestandteil der allgemein anerkannten Therapie herzkranker Patienten. Lange stiftete es in der Fachwelt Verwirrung, daß die Franzosen weltweit eine der niedrigsten Infarktraten aufweisen, obwohl sie gleichzeitig außergewöhnlich viel tierisches Fett konsumieren. Dieses französische Paradoxon schien der überlieferten Weisheit zu widersprechen, daß tierische Fette, die überwiegend gesättigte Fettsäuren enthalten, herzschädigend und ungesund sind. In zahlreichen Ländern riet man Patienten, Butter, Sahne und Schmalz durch pflanzliche Fette, insbesondere solche mit einfach ungesättigten Fettsäuren wie Olivenöl, zu ersetzen. Doch die Herzen der Franzosen waren im Hinblick auf die Ernährungsweise erstaunlich gesund, und man ging allmählich davon aus, daß dafür ein anderer Inhaltsstoff der Nahrung verantwortlich sein müsse.

Im Rahmen seiner Forschungsarbeiten über den Zusammenhang zwischen Herzkrankheiten und der Ernährung untersuchte Professor S. Renaud, der Direktor von INSERM, Bion (Frankreich), zwei Großstädte mit vergleichbarer Bevölkerung: Toulouse, das Regionalzentrum von Südfrankreich, und Belfast in Nordirland. Die Einwohner von Belfast starben viermal häufiger an

Herzerkrankungen als die Bewohner von Toulouse. Auf der Suche nach einer Erklärung stieß man auf Wein, besonders Rotwein. Diese Theorie wurde 1992 von einer Gruppe vom Kaiser Medical Center in Oakland (Kalifornien) vorgelegt und verhalf dem Weinhandel in Nordamerika zu einem erfreulichen Aufschwung.

Doch Renaud vermutete noch eine andere Ursache: Die Toulouser aßen wesentlich mehr rohes Obst und Gemüse als ihre Zeitgenossen in Belfast, und ihre Nahrung war bei weitem reicher an Salicylat.

1994 veröffentlichte des *British Medical Journal* die Ergebnisse von rund 300 klinischen Versuchen auf der ganzen Welt an 140 000 Patienten, die einen Herzinfarkt oder einen Schlaganfall erlitten hatten, unter Angina pectoris litten oder wegen blockierter Herzkranzgefäße chirurgisch behandelt worden waren. Ein internationales Spezialistenteam aus 28 Ländern, darunter Australien, Argentinien, Brasilien, Kanada, China, Frankreich, Deutschland, Indien, Italien, Japan, Thailand, Großbritannien und die USA, analysierte die Resultate und fand, daß die regelmäßige Einnahme von Aspirin die Infarkthäufigkeit bei Hochrisikopatienten um ein Viertel senkt. Es stellte sich außerdem heraus, daß die Wirkung der Substanz nicht vom Geschlecht, Alter, Blutdruck oder Blutzuckerspiegel abhängt. Dadurch wurde die ältere Ansicht widerlegt, Aspirin zeige keine Wirkung bei Frauen, älteren Menschen, Diabetikern und Patienten mit Bluthochdruck.

Aspirin wirkt auf Enzyme, die Vorläuferverbindungen der Prostaglandine synthetisieren. Prostaglandine sind Hormone, welche zum Beispiel entzündliche Prozesse, die Verdauung, die Nierentätigkeit und die Blutgerinnung regulieren. Letzteres erklärt, warum sich durch Einnahme von Aspirin das Infarkt- und Schlaganfallrisiko senken läßt. Die Prostaglandine bewirken, daß die Blutplättchen zusammenklumpen und einen Pfropfen bilden. Bei der Reparatur beschädigter Blutgefäße legen sich die Plättchen sofort als Schicht über das Loch und lagern sich darüber zu einem Klumpen zusammen, der die Wunde verschließt. Ein Teil eines solchen Pfropfens kann mit dem Blutstrom hinweggespült werden und lebenswichtige Arterien verstopfen. Befinden sich diese im Gehirn, kommt es zum Schlaganfall; befinden sie sich im Herzen, kommt es zum Infarkt. Aspirin setzt die Konzentration der Prostaglandine im Körper herab, wodurch die Wahrscheinlichkeit der Bildung von Blutpfropfen geringer wird.

Prostaglandine machen den Körper auch auf Schädigungen aufmerksam. So entstehen unangenehme Symptome wie Entzündungen, Fieber und Schmerzen.

Die körpereigene Herstellung der Prostaglandine erfolgt durch eine Reihe chemischer Reaktionen. Zunächst setzt eine beschädigte Zellmembran Arachidonsäure frei. In Anwesenheit eines Enzyms reagiert diese Säure mit Sauerstoff zu Vorläuferverbindungen der Prostaglandine, die Entzündungen auslösen. Aspirin blockiert das Enzym und unterbricht so die Kette der Ereignisse, so daß der Schaden ausheilen kann, ohne daß wir die störenden Symptome verspüren.

Die Körpertemperatur wird in einem Teil des Gehirns, dem Hypothalamus (→ Glossar), geregelt, und für die Steuerung dieses Prozesses sind ebenfalls Prostaglandine verantwortlich. Daher wirkt Aspirin auch fiebersenkend. Zwar kann der Anstieg der Körpertemperatur Teil der Strategie des Organismus sein, einen Angriff von Bakterien oder Viren abzuwehren; steigt sie jedoch zu weit an, können Organe geschädigt werden.

Aspirin blickt mittlerweile auf eine langjährige Geschichte zurück. Trotzdem ist es nicht vollkommen ungefährlich. Würde der Wirkstoff heute entdeckt, ließe man ihn niemals zum allgemeinen Gebrauch zu, denn er verursacht bei einem nicht geringen Prozentsatz der Patienten Magenblutungen. Daher ist jeder gut beraten, der vor einer regelmäßigen Einnahme von Aspirin seinen Arzt befragt. Kleinen Kindern kann der Wirkstoff sogar noch gefährlicher werden, wenn er zur Behandlung von Viruserkrankungen wie Grippe oder Windpocken verabreicht wird: In sehr seltenen Fällen entwickelt sich das sogenannte Reye-Syndrom mit Verwirrtheit, irrationalem Verhalten, Delirium, Krämpfen und Koma. In etwa der Hälfte der Fälle, wenn Leber und Hirn schwer geschädigt werden, verläuft die Krankheit tödlich; eine frühzeitige Behandlung kann die Sterberate auf rund 10 % senken. Aus diesem Grund sollte Kindern unter 12 Jahren kein Aspirin verschrieben werden.

Abgesehen von diesem Nachteilen ist und bleibt Aspirin bemerkenswert – es ist viel mehr als

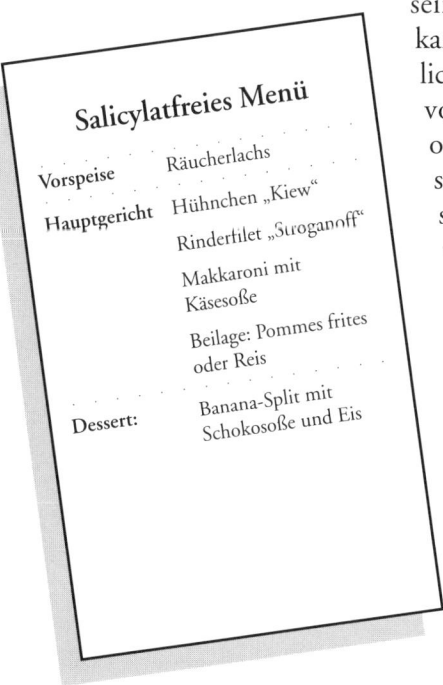

Salicylatfreies Menü

Vorspeise   Räucherlachs
Hauptgericht   Hühnchen „Kiew"
Rinderfilet „Stroganoff"
Makkaroni mit Käsesoße
Beilage: Pommes frites oder Reis
Dessert: Banana-Split mit Schokosoße und Eis

einfach irgendeine Schmerztablette. Es schützt vor Herzinfarkt, Thrombose, grauem Star und seniler Demenz, auch im Rahmen der Krebstherapie plant man, auf die Acetylsalicylsäure zurückzugreifen. Wenn Aspirin Ihnen keine Magenschmerzen verursacht und Sie gleichzeitig zu einer Risikogruppe für Herzinfarkte gehören, sollten Sie Ihren Arzt fragen, ob sich die tägliche Einnahme einer niedrigen Dosis Aspirin nicht lohnen könnte.

Was sollten Sie aber tun, wenn Sie vermuten oder wissen, daß Sie Aspirin nicht vertragen? Dann gehören Sie zu den wenigen Unglücklichen, die mit einer salicylatarmen Diät besser leben. Der obige Speiseplan kommt Ihren Bedürfnissen entgegen.

KAPITEL 6
Coffein

Kaffeekarte

Gebäck
- Feines Gebäck mit Schokostückchen
- Mokka-Schokoladen-Kuchen
- Wiener Torte
- Doppelte Schokoladenmuffins
- Lukullus-Kuchen

Getränke
- Schwarzer Tee (Earl Grey oder Assam)
- Kaffee
- Espresso
- Heiße Schokolade
- Cola (Coca-Cola, Pepsi-Cola)

Läuft Ihnen beim Lesen dieser Kaffeekarte das Wasser im Munde zusammen? Speisen und Getränke dieser Art machen Sie sicherlich hellwach und tatendurstig. Kein Wunder: Die lebensweckende Wirkung des buchstäblichen Genußmittels Coffein wird seit Jahrtausenden geschätzt.

Die ersten schriftlichen Aufzeichnungen zum Coffeinkonsum sind chinesischer Herkunft und datieren von etwa 2700 v. Chr. Zunächst wurde nur (schwarzer) Tee erwähnt; Kaffee wurde erst seit dem 6. Jh. n. Chr. angebaut, und zwar ursprünglich in Äthiopien, später auch in der Türkei, wo Pflanze und Getränk den Namen *kahveh* erhielten. Auch in anderen Teilen der Welt entdeckte man zwischenzeitlich Gewächse, aus denen sich coffeinhaltige Getränke herstellen lassen: den Yaupon-Baum („Appalachentee") im nördlichen Nordamerika, Guarana, Yoco und Matestrauch im südlichen Nordamerika, die Kakaopflanze in Mittel- und Südamerika. In Afrika kaut man Kola-Nüsse.

Viele verschiedene Bäume, Sträucher, Blütenpflanzen und sogar Kakteen produzieren Coffein – insgesamt über einhundert Spezies. Den Grund kennt man nicht. Eine Theorie lautet, der Wirkstoff schütze die Pflanze vor dem

Angriff von Schadinsekten. Das mag sein, überzeugt aber nicht restlos, denn sowohl Kaffee- als auch Teepflanzer müssen immer wieder zu Insektiziden greifen. Nur drei Gewächse enthalten so große Mengen Coffein, daß sich eine kommerzielle Kultivierung lohnt: (schwarzer) Tee, Kaffee und Kakao. Der Coffeingehalt von Kaffeebohnen beträgt 0,8–1,8 Gew.-%, von frischen Blättern der Teepflanze 0,7–2,1 Gew.-% und von Kakaobohnen 1–2 Gew.-%.

Die genannten Nutzpflanzen wurden um der wohltuenden Wirkung der Aufgüsse ihrer Früchte Willen angebaut. Heutzutage konsumiert die Menschheit große Mengen Coffein – die Hälfte der Weltbevölkerung trinkt regelmäßig Tee, ein weiteres Drittel bevorzugt Kaffee, und ungezählte Heerscharen greifen zu Cola.

Schätzungsweise werden heute weltweit über 120 000 Tonnen Coffein jährlich verbraucht. Das entspricht ungefähr 60 mg pro Person und Tag. Spitzenreiter sind die kaffeeliebenden Skandinavier mit über 400 mg täglich; die Briten, traditionelle Teetrinker, kommen auf rund 300 mg, während die Nordamerikaner, die lange als große Kaffee- und Colakonsumenten galten, nur überraschend magere 200 mg täglich aufnehmen. Junge Leute bekommen ihre tägliche Dosis Coffein am wahrscheinlichsten in Form von Cola, die meisten Erwachsenen jedoch in Form von Kaffee oder (schwarzem) Tee. Tee wird vor allem in seinen Anbauländern getrunken, Indien, Sri Lanka und besonders China. Kaffee dagegen wird überwiegend als Exportgut angebaut, allen voran in Brasilien, Kolumbien, Indonesien und Kenia. Das Volumen des internationalen Handels mit Kaffeebohnen übersteigt jährlich 7 Milliarden Dollar. Damit gehört Kaffee zu den meistgehandelten Waren.

Coffein ist in unzähligen Wirkstoffkombinationen enthalten, so in Schmerzmitteln, Muntermachern und Diäthilfsmitteln, aber auch in Diuretika und Asthmamitteln. Mit dem schmerzstillenden Wirkstoff Paracetamol wirkt Coffein synergistisch. In Deutschland verkauft wird zum Beispiel das Kombinationspräparat Thomapyrin. In einer solchen Mischung läßt sich der Anteil des eigentlichen Schmerzmittels, verglichen mit der Verabreichung reinen Paracetamols, um 40 % herabsetzen, um dieselbe Wirkung zu erzielen. Auch andere Schmerztabletten enthalten zum Teil erhebliche Mengen Coffein (Titralgan, Vivimed m. Coffein, Grippostad usw.).

Coffein hat keinen Nährwert. Auf verschiedene Menschen kann die Substanz unterschiedlich wirken. Manche Leute leiden sogar unter Entzugserscheinungen, wenn sie mehrere Tage hindurch ohne coffeinhaltige Getränke auskommen müssen. Ist Coffein aber ungefährlich? Die US-amerikanische Zulassungsbehörde für Arzneimittel FDA meinte 1980, schwangeren Frauen zur Einschränkung des Coffeinkonsums raten zu müssen, nachdem man festgestellt hatte, daß ein Teil des Wirkstoffs durch die Plazentaschranke (→ Glossar) in den fetalen Kreislauf gelangt. Angeborene Schäden von Nachkommen, die auf eine Coffeineinnahme der Mutter zurückzuführen sind, konnte man im Tierversuch tatsächlich nachweisen – allerdings nur bei viel höheren Dosen, als sie ein Mensch normalerweise zu sich nimmt.

Die meisten Leute brauchen sich über angebliche Gefahren des Coffeins jedoch keine Sorgen zu machen. Die empfohlene maximale tägliche Aufnahme beträgt zwar 250 mg, es gibt aber keinerlei wissenschaftlichen Beweis dafür, daß uns 300 mg irgendeinen Schaden zufügen können. Diese Menge ist zum Beispiel bereits in vier Tassen starkem Kaffee, sechs Dosen Cola, acht Tassen Tee oder zwölf Tafeln Schokolade enthalten. Viele harmlose Rituale zur Streßbewältigung haben mit Coffein zu tun – sei es die Tasse Kaffee oder Tee in der Pause, das erfrischende Glas Cola zwischendurch oder die kleine Belohnung in Form eines Stückchens Schokolade.

Wieviel Coffein nehmen wir nun mit den erwähnten Getränken auf? Dies hängt von vielerlei Details ab, nicht zuletzt von der Kaffeesorte. *Coffea robusta*, die vor allem in Westafrika und Indonesien angebaute Art, enthält etwas mehr Coffein als *Coffea arabica*, die in Ostafrika, im karibischen Raum, Mittel- und Südamerika wächst. Entscheidend ist auch, ob wir Instantkaffee oder gemahlenen Kaffee trinken und, im letzteren Fall, ob wir das Pulver in den Kaffeefilter geben oder einfach mit kochendem Wasser aufbrühen. Natürlich ist auch die Menge des Pulvers oder der Teeblätter, anders ausgedrückt, die Stärke des fertigen Getränks, von Bedeutung. Der Coffeingehalt von Cola hängt von der Marke ab. Tabelle 6.1 zeigt, wieviel Coffein in einer Portion verschiedener Getränke enthalten ist.

Kaffee

Für das wunderbare Aroma frischen Kaffees sind über 2000 verschiedene Chemikalien verantwortlich, von denen etliche noch nicht identifiziert sind. Populär ist Kaffee jedoch in erster Linie nicht aufgrund seines Aromas oder Geschmacks, sondern seines Coffeingehalts.

In einer Tasse Instantkaffee, der im Verlaufe der vergangenen 50 Jahre am populärsten gewordenen Form der Coffeinaufnahme, finden sich 60 mg des Wirkstoffs. Bereits 1930 hatten Mitarbeiter des Brasilianischen Kaffeeinstituts herausgefunden, daß man das schwarze Getränk zu einem löslichen Pulver

Tabelle 6.1 Coffeingehalt verschiedener Getränke.

Herkunft	Coffeingehalt einer typischen Portion* (mg)	Coffeingehalt im Mittel (mg)
Instantkaffee	40–100	60
Bohnenkaffee	60–120	80
Entcoffeinierter Kaffee	2–8	5
Tee	30–55	40
Cola	35–60	40
Trinkschokolade (Kakao)	2–7	5 (10**)
Tafelschokolade	20	20 (40**)

* Die exakten Mengen richten sich noch der Portionsgröße (Tasse, 150 ml, oder Kaffeebecher, 200 ml). Die Angaben für Cola beziehen sich auf eine Dose (0,33 l), für Schokolade auf eine Tafel (100 g).

** Kakao enthält auch Theobromin, das in seiner Wirkung dem Coffein ähnelt. Die Menge an Theobromin entspricht ungefähr der Menge an Coffein; auf diese Weise ergibt sich der in Klammern angegebene doppelte Wert.

reduzieren kann. Der erste Hersteller von löslichem Kaffee war 1938 das schweizerische Unternehmen Nestlé, dessen Produkt Nescafé heißt. Größere Bedeutung gewann das Pulver im Zweiten Weltkrieg als Bestandteil der Ausrüstung der amerikanischen Truppen; danach fand es schnell seinen Weg in unseren Alltag.

Um Coffein ranken sich viele Legenden. Es wird verantwortlich gemacht für schlaflose Nächte, Verdauungsbeschwerden und Mundgeruch, und als ob das nicht genug wäre, wird ihm auch noch eine Erhöhung des Cholesterinspiegels und damit des Infarktrisikos angelastet. 175 Teilnehmer eines internationalen Coffein-Workshops 1993 in Griechenland kamen jedoch zu dem Schluß, daß Magenverstimmungen, Schlaflosigkeit und Herzinfarkte in den allermeisten Fällen nichts mit Coffein zu tun haben. Trotzdem leiden manche Menschen unter Coffein, wie die folgenden Fallbeispiele zeigen.

> Fallstudien: **Kaffeeträume**
>
> Die Geschwindigkeit, in der Coffein entgiftet und aus dem Organismus entfernt wird, kann sich von Person zu Person um den Faktor zehn unterscheiden. Dem einen bereitet es keine Schwierigkeiten, nach einem anregenden Nachmittagskaffee vor Mitternacht einzuschlafen, während der andere bis zum Morgengrauen keinen Schlaf findet. Wer letztere Erfahrung einmal gemacht hat, gewöhnt sich bald daran, nur früh am Tag Coffein zu sich zu nehmen.
>
> In seinem unterhaltsamen Buch *Buzz* (dt. *Der alltägliche Kick*), das vor allem von Alkohol, Coffein und ihren Wirkungen handelt, erzählt Stephen Braun seltsame Geschichten von Leuten, bei denen Kaffee nicht Schlaflosigkeit bewirkte, sondern genau das Gegenteil: Je mehr sie tranken, umso schneller schliefen sie ein.
>
> Ein 35 Jahre alter Büroangestellter zum Beispiel konsumierte täglich 10 Tassen Kaffee und zwei Liter Cola, zusammen mehr als 800 mg Coffein. Ungeachtet dessen schlief er jede Nacht zwölf Stunden lang und nickte sogar regelmäßig beim Fernsehen ein. Eine 52 Jahre alte Sekretärin schaffte es trotz etlicher Tassen Kaffee kaum, am Nachmittag wach zu bleiben. Sieben Tassen Kaffee und mehrere Coffeintabletten täglich halfen einem 45jährigen Mann nicht, wenigstens zu den Mahlzeiten wachzubleiben.
>
> Allen drei Patienten wurde geraten, Coffein zu meiden, und in allen Fällen verschwanden die Symptome. Coffein hatte hier also nicht anregend gewirkt, wie es normalerweise der Fall ist, sondern beruhigend.

Entcoffeinierter Kaffee wurde bereits zu Beginn des 20. Jahrhunderts erstmals hergestellt, und zwar von der deutschen Firma Kaffee HAG. Zunächst hielt sich die Nachfrage jedoch stark in Grenzen, bis in den 1970er und 1980er Jahren ein Zusammenhang zwischen Coffein und mehreren Erkrankungen vermutet wurde. Die Kunden griffen zu entcoffeiniertem Kaffee, weil sie ihn für weniger gefährlich hielten; wie wir allerdings sehen werden, war gerade in diesen Fällen wahrscheinlich sogar das Gegenteil richtig. Nachdem sich die Befürchtungen als unbegründet erwiesen hatten, gingen die Verkaufszahlen von entcoffeiniertem Kaffee wieder zurück, in den USA beispielsweise von maximal 17 % zu Beginn der 1980er Jahre auf etwa 12 % heute. Vor der Skandalwelle kauften nur 5 % der Kunden das entcoffeinierte Produkt. Die Entfernung des Coffeins ist nach wie vor sehr teuer. Aus diesem Grund richtet sich das Interesse unter anderem auf Forschungsergebnisse der US-amerikanischen Biotechnologiefirma Integrated Coffee Technologies, in der 1997 die erste genetisch modifizierte Kaffeepflanze geschaffen wurde, deren Bohnen kein Coffein enthalten. Nutznießer dieser Entwicklung sind alle, die das Aroma des Kaffes schätzen, das Coffein jedoch nicht gut vertragen können.

Die Entwickler der neuen Sorte sind John Stiles und seine Mitarbeiter an der University of Hawaii in Manoa. Sie identifizierten als erste das Gen, das die Coffeinproduktion bewirkt, und blockierten seine Funktion. In den aus Gewebekulturen angezogenen Pflanzen fanden sich nur 3 % des normalen Coffeingehalts.

Tee

Der erste namentlich bekannte Teeliebhaber der Geschichte war der chinesische Kaiser Shen Nung (2737 v. Chr.). Der Brauch des Teetrinkens hat die Jahrtausende überdauert, und dem Tee wird nicht nur eine anregende, sondern auch eine gesundheitsfördernde Wirkung zugeschrieben. Wie wir sehen werden, könnte dies durchaus seine Berechtigung haben.

Noel Coward schrieb: „Wäre es nicht schrecklich, in einem Land zu leben, wo man keinen Tee kennt?" Natürlich bezog er sich dabei auf einen Brauch, der zum festen Bestandteil britischer Lebensart wurde, den Fünf-Uhr-Tee. Innerhalb der ehemaligen Grenzen des British Empire wird, wie nicht überraschend, noch immer viel Tee getrunken – in Großbritannien, Australien, Neuseeland, Kanada und Irland ebenso wie in den früheren Kolonien Indien, Kenia, Pakistan und Ceylon, wo der Tee angebaut wird. Wer sich ausdrücklich von der britischen Krone lossagte, wie die Vereinigten Staaten, lehnte auch den Tee ab. 1773 zerstörte eine Gruppe Protestierender in Boston eine Schiffsladung Tee, eine Aktion, die als Boston Tea Party in die Geschichte einging. An die Stelle des verhaßten, „britischen" Tees trat der Kaffee.

Aus den Blättern der Teepflanze, *Camellia sinensis*, stellt man zwei grundlegende Formen von Tee her, grünen und schwarzen. Will man grünen Tee erhalten, dämpft man die Blätter am Tag der Ernte, um die Farbe zu bewahren. Für schwarzen Tee läßt man die Blätter welken, anschließend rollt man sie zusammen und zerkleinert sie, um die Oxidationsprozesse zu starten. Eine besondere Art des Schwarztees, der Oolong, wird vor allem in Südchina getrunken; hier wird die Oxidation durch Erhitzen der Blätter unmittelbar nach dem Aufrollen verhindert.

Alle Teesorten enthalten Coffein und darüber hinaus eine Vielzahl anderer Moleküle, darunter Polyphenole, deren häufigste Vertreter die Flavonole (Handelsname: Catechine) sind. In schwarzem Tee liegen die Flavonole in oxidierten Formen, den Theaflavinen und Thearubinigenen, vor. Daneben finden sich im schwarzen Tee auch unoxidierte Polyphenole mit oxidationshemmenden Eigenschaften. Man vermutet, daß diese Substanzen Zellen gegen Schädigungen durch freie Radikale (→ Glossar) schützen können. Abgesehen davon, daß solche Antioxidantien in allen Teesorten reichlich vorhanden sind, ist ihre Konzentration in grünem Tee fünfmal so hoch wie in schwarzem.

Insbesondere ein bestimmtes Polyphenol, das Epigallocatechin-3-gallat (Abkürzung: EGCG), hemmt das Enzym Urokinase, das eine Schlüsselrolle für das Wachstum von Tumorzellen spielt. Die vorteilhafte Wirkung von grünem Tee im allgemeinen und EGCG im besonderen wurden 1997 von Jerzy Jankun und seinen Mitarbeitern von der Universität Toledo (Ohio, USA) in der Zeitschrift *Nature* beschrieben. Die Flavonole verhindern, daß sich im Körper N-Nitrosoverbindungen bilden, welche als äußerst aktive Krebsverursacher gelten. Janelle Landau und Chung Yang von der Rutgers University (New Jersey, USA) berichten, daß Tee und besonders grüner Tee die Tumorbildung in Mäusestämmen verhindert, die speziell auf eine hohe Lungenkrebsanfälligkeit hin gezüchtet wurden. Versuche an diesen Mäusen zeigten außerdem, daß Tee auch das Risiko von Magen-, Darm- und Mastdarmkrebs erheblich herabsetzt.

Wen überrascht es angesichts dieser Resultate, daß Extrakte von Grüntee plötzlich allen erdenklichen Produkten zugesetzt werden? Ob Tee in Reinigungslotionen, Feuchtigkeitscremes, Kaugummi oder sogar Zahnpasta überhaupt einen Effekt hat, ist fraglich. Substanzen, deren Wirksamkeit *in vitro* (im Laborexperiment) nachgewiesen wurde, müssen nicht zwangsläufig in lebenden Organismen, *in vivo*, die gleiche Wirkung entfalten – ja, dies ist sogar nur äußerst selten der Fall. Abgesehen von den Laborversuchen deuten jedoch auch epidemiologische Studien (→ Glossar) auf einen gewissen Nutzen regelmäßigen Teekonsums hin. Daß Tee das Infarkt- und Schlaganfallrisiko senkt, wie es in den Niederlanden Michael Hertog herausfand, läßt sich möglicherweise durch den Gehalt an Oxidationshemmern erklären. Eine japanische Studie wies nach, daß Konsumenten von grünem Tee einen niedrigeren Cholesterinspiegel (→ Glossar) aufweisen als Vergleichspersonen. Eine ähnliche Untersuchung in Wales ergab dagegen keinerlei Zusammenhang zwischen Tee und Gesundheit. Die Ursache könnte darin liegen, daß man in Wales den Tee mit Milch trinkt, wodurch die oxidationshemmenden Eigenschaften des Getränks verlorengehen.

Epidemiologische Studien bejahen zum Teil die gesundheitsfördernde Wirkung von Tee, zum Teil läßt sich jedoch keinerlei Korrelation feststellen. Eine Untersuchung ergab beispielsweise einen vorbeugenden Effekt von Tee gegen Blasenkrebs, wogegen 18 andere Studien dieses Resultat nicht bestätigten. Zwei Forschergruppen berichten, Teetrinker litten weniger häufig unter Magenkrebs, fünf andere Gruppen behaupten, diese Personengruppe sei im Gegenteil sogar anfälliger für diesen Tumor, und 14 weitere Studien finden überhaupt keinen signifikanten Zusammenhang.

Ob Tee die Bildung und das Wachstum bösartiger Geschwülste in irgendeiner Weise beeinflußt, wird also, wie man sieht, noch immer kontrovers diskutiert. Die vergleichsweise geringe Häufigkeit von Krebs und anderen Krankheiten in China wurde nichtsdestoweniger auf den Konsum von durchschnittlich sechs Tassen Grüntee täglich zurückgeführt, worin ungefähr 900 mg EGCG enthalten sind. Wir trinken Tee jedoch in erster Linie nicht wegen der Polyphenole, sondern wegen des Coffeins. Chemisch sind die Substanzen nicht verwandt, sie beeinflussen einander auch in ihrer Wirkung nicht. Wenn Tee also Bestandteile enthält, die unserer Gesundheit nützen, soll es uns recht sein.

Cola

Nicht nur im Herkunftsland der Cola, den Vereinigten Staaten, sind Getränke aus Sprudelwasser mit Frucht- oder Colaaroma äußerst beliebt. In den USA werden davon pro Person durchschnittlich 3,5 Liter wöchentlich konsumiert, verglichen mit 2,5 Liter Kaffee. Über 80 % der alkoholfreien Sprudelgetränke enthalten Coffein, in erster Linie natürlich Cola. Coca-Cola, Pepsi-Cola und Dr. Pepper sind Marken, die in den 1880er Jahren in den USA entstanden und von dort aus einen weltweiten Siegeszug antraten.

Die meisten Inhaltsstoffe der Cola standen irgendwann im Kreuzfeuer der Kritik. Schauen Sie auf das Etikett einer Colaflasche oder -dose: Offenbar trinken Sie nichts anderes als eine Lösung von (synthetischen) Chemikalien in Sprudelwasser. Als „natürlich" oder gar „gesund" kann man tatsächlich nicht viele Ingredienzien bezeichnen. Cola besteht vor allem aus Zucker oder einem künstlichen Süßstoff, Phosphorsäure, Coffein und einer Aromamischung, deren Zusammensetzung geheim sein soll. Trotzdem – oder eher gerade deswegen – war die Coca-Cola von Anfang an sehr erfolgreich, und in jeder Woche werden auf der ganzen Welt Milliarden Dosen davon verkauft.

Die Geschichte der Coca-Cola begann im Juni 1887 in Atlanta (Georgia), als der Apotheker Dr. John Pemberton im *Atlanta Journal* mit folgender Anzeige für ein neues Getränk warb:

Delikat! Erfrischend! Anregend! Belebend!

Das neue, populäre Sprudelgetränk vereint die Eigenschaften der wunderbaren Coca-Pflanze und der berühmten Cola-Nuß.

Nach diesen Zutatenlieferanten benannte Pemberton sein Produkt Coca-Cola: Die Coca-Pflanze lieferte ein bißchen Cocain, die Cola-Nuß Coffein. Keiner der genannten Naturstoffe findet sich in einer heutigen Cola, auf die Cocain-Komponente verzichtete man sogar schon sehr bald. Der Zeitpunkt der Markteinführung war günstig: Soeben hatte Atlanta ein Alkoholverbot erlassen. So erstaunt es wohl nicht, daß sich Pembertons Cola gut verkaufte – auch dann noch, als Atlanta etwas später im selben Jahr die Prohibition wieder aufhob.

Pembertons Rezept wurde im Laufe der Jahre zum absoluten Bestseller unter den alkoholfreien Getränken. Die exakte Zusammensetzung hielt der Erfinder zunächst geheim. Nur die wichtigsten Zutaten (Zucker, Karamel, Coffein, Phosphorsäure, Zitronensaft und Vanilleextrakt) waren allgemein bekannt. Für den Säuregehalt, der dem Gebräu die erfrischende Note verleiht, war ursprünglich Zitronensäure aus Zitrusfrüchten, später die billigere Phosphorsäure verantwortlich. In dem Bestreben, sein Rezept unverwechselbar zu machen, experimentierte Pemberton mit geringen Mengen anderer Aromastoffe. Über hundert Jahre lang blieb das Rezept in den Archiven von Coca-Cola verschlossen, bis es zufällig in einem von Pembertons Notizbüchern entdeckt wurde. Heute kennen wir das Geheimnis der Zusammensetzung, es handelt sich um eine bestimmte Mischung der Öle von Limone, Orange, Muskat, Zimt, Neroli und Koriander.

Manche Leute behaupten, Cola der verschiedenen Marken mit verbundenen Augen auseinanderhalten zu können. In solchen Blindversuchen wird meist Pepsi-Cola der angenehmste Geschmack bescheinigt, während die Verkaufszahlen bei weitem zugunsten des Hauptkonkurrenten Coca-Cola sprechen. Wem es allerdings nur um den Coffeingehalt geht, für den ist Cola in jedem Fall ein vergleichsweise teures Getränk. Eine Dose enthält rund 45 mg des Wirkstoffs, je nach Marke weniger (Pepsi-Cola: 41 mg) oder mehr (Coca-Cola: 48 mg). In einigen Ländern ist der Coffeingehalt von Cola gesetzlich beschränkt, beispielsweise in Australien, wo maximal 55 mg in 375 ml zugelassen werden. Wie man sieht, ist es nicht besonders schwierig, die maximal empfohlene Tagesdosis Coffein (250 mg) allein durch den Genuß von Cola zu überschreiten.

Schokolade

Kakaopulver wird aus den Bohnen des Kakaobaums gewonnen. Diese Bohnen enthalten sehr viel weniger Coffein als die Kaffeefrüchte, dafür aber erhebliche Mengen (etwa das Siebenfache) einer dem Coffein verwandten Chemikalie, Theobromin. In einer Tafel Schokolade (100 g) können sich bis zu 500 mg Theobromin befinden. Die Wirkung dieser Substanz ähnelt der des Coffeins, ist aber weniger intensiv. Wie Tee enthält auch Kakao etliche andere Substanzen, die unseren Stoffwechsel beeinflussen können, darunter das in Kapitel 5 besprochene biogene Amin Phenylethylamin. Möglicherweise ist dieses Amin für eine Gier auf Schokolade („Schokoholismus") verantwortlich, von der besonders Frauen berichten, denen es schwerfällt, der zartschmelzenden Versuchung speziell in den Tagen vor der Monatsblutung zu widerstehen. Zwar können einige Inhaltsstoffe der Schokolade körpereigene Hormone nachahmen, aber von einer Sucht im eigentlichen Sinne kann man wohl nicht sprechen.

Handelsübliche Schokolade enthält im Schnitt 8 % Eiweiß (Protein), 60 % Kohlenhydrate und 30 % Fett (was an der Obergrenze des Wünschenswerten liegt). Eine 100-g-Tafel liefert neben 520 Kilokalorien auch etliche essentielle Mineralstoffe (Kalium, Calcium, Eisen, Kupfer, Zink) sowie die Vitamine A, B_1, B_2, Niacin und E. Deshalb ist Schokolade eine hervorragende Notration, beispielsweise für Soldaten und Forscher. Allerdings ist der süße Stoff kein „vollkommenes" Nahrungsmittel, denn ihm fehlen unter anderem die Vitamine C und D.

Als Entdecker der Schokolade gelten die Mayas, Angehörige einer mexikanischen Kultur, deren Blütezeit von 250 bis 900 n. Chr. dauerte. Die Mayas tranken die Schokolade, die allein der herrschenden Oberschicht vorbehalten war. Als die Spanier gegen Ende des 15. Jh. Jahrhunderts in Mexiko landeten, dominierten dort die Azteken, deren Wirtschaft teilweise auf Kakaobohnen beruhte. Auch die aztekischen Edlen behielten die Schokolade für sich selbst. Sie sahen sie als Aphrodisiakum an und verboten den Frauen ihren Genuß. Der Ruf der triebsteigernden Wirkung begleitete die Kakaobohne auf ihrer Reise nach Europa und verbreitete sich schnell. Noch Casanova, der berühmte Liebhaber des 18. Jh., schürte den Volksglauben, indem er Schokolade als sein Lieblingsgetränk bezeichnete.

Der Kakaobaum, *Theobroma cacao* (*theobroma* bedeutet „Götterspeise"), gedeiht am besten im warmen, feuchten Klima innerhalb von 20 Breitengraden um den Äquator. Die wichtigsten Anbauländer sind Brasilien und Mexiko für den nordamerikanischen Markt sowie Westafrika für den Bedarf in Europa. Weltweit werden jährlich 2 Millionen Tonnen Kakaobohnen geerntet.

Nach der Ernte der Kakaofrüchte werden die Bohnen herausgelöst und in die Sonne gelegt, wo sie fermentieren. Sie werden dabei braun, und ein Teil ihres Zuckers wandelt sich zunächst in Alkohol und dann in Essigsäure (wir kennen sie als Speiseessig) um. Die Essigsäure zersetzt das Pflanzenmaterial und setzt andere Aromastoffe frei. Auch Phenylethylamin wird während des Fermentationsprozesses gebildet. Man röstet die Bohnen anschließend, um die Essigsäure größtenteils zu entfernen und die Bildung der Aromastoffe zu fördern. Dann mahlt man sie, wobei das Kakaofett schmilzt.

Wenn wir heutzutage von Schokolade sprechen, denken wir an ein Stück von einer Tafel. Ursprünglich, 250 Jahre lang auch in Europa, war Schokolade jedoch ein Getränk: Der Name leitet sich vom aztekischen *xocalatl*, „bitteres Wasser", her. Man mischte den schaumigen Trunk aus Kakao, Maismehl und Zimt. Um dem europäischen Geschmack näherzukommen, süßte man später mit Zucker und gab Vanille hinzu. Konditoren aus Bristol in England, die Quäker J. S. Fry & Sons, boten 1847 erstmals eine feste Schokolade als Süßigkeit zum Essen an. Zu ihrer Herstellung preßten sie die Kakaobutter aus geschmolzener Schokolade und gaben sie zu weiterer Schokoladenschmelze hinzu. So erhielten sie eine einfache Schokolade mit ziemlich intensivem Geschmack, die Kochschokolade. Viel populärer wurde die Milchschokolade, die der schweizerische Chemiker Henri Nestlé 1876 als erster herstellte. Er gab Kondensmilch zur Schokoladenmasse, wodurch der Geschmack leichter und die Farbe heller wurde. Andere Quäkerfamilien – die Cadburys, die Rowntrees und die Hersheys – erschienen später auf der Bühne des Schokoladengeschäfts und bauten riesige Imperien auf, in Großbritannien ebenso wie in den USA.

Ungeachtet aller Legenden ist Schokolade kein Aphrodisiakum, aber drei seiner Inhaltsstoffe beeinflussen das Hirn zweifellos: Coffein und Theobromin wirken ähnlich und in der oben beschriebenen Weise, während Phenylethylamin wahrscheinlich den Glucosespiegel des Blutes ansteigen läßt und die

Ausschüttung von Dopamin auslöst, wie es im vorangegangenen Kapitel besprochen wurde.

Von den alltäglichen Coffeinlieferanten ist Schokolade der am wenigsten ergiebige. Wenn Sie vermuten, auf Coffein empfindlich zu reagieren, sollten Sie demnach zunächst auf Kaffee, Cola und Tee verzichten, bevor Sie sich das gelegentliche Vergnügen eines Stückchens Schokolade versagen.

Wie wirkt Coffein?

Reines Coffein, ein weißes Pulver, wurde erstmals 1820 von dem deutschen Chemiker Friedlieb Runge isoliert. 1897 gelang die Aufklärung der Molekülstruktur. Prinzipiell läßt sich die Substanz im Labor herstellen, aber zur Abdeckung des Marktes reicht der bei der Entcoffeinierung von Kaffee anfallende Wirkstoff vollkommen aus.

Chemisch ist Coffein 1,3,7-Trimethylxanthin. Dies bedeutet, daß an die Kohlenstoffatome 1, 3 und 7 eines Xanthingrundkörpers jeweils Methylgruppen geknüpft sind. Ebenfalls in der Natur, und zwar häufig gemeinsam mit Coffein, vorkommende verwandte Moleküle tragen nur zwei Methylreste, und zwar an den Atomen 1 und 3, 1 und 7 oder 3 und 7. Es handelt sich dabei um Theophyllin, Paraxanthin und Theobromin, die in ihrer Wirkung auf den menschlichen Organismus dem Coffein ähneln (Theophyllin ist etwas wirksamer, Theobromin etwas weniger aktiv).

Wie wirkt Coffein? Allgemein wird die Ansicht vertreten, die Chemikalie vertreibe Müdigkeit und helfe beim Ausnüchtern. Forschungsarbeiten zeigen jedoch, daß die Effekte weitaus subtiler sind.

Der Coffeinstoffwechsel findet in der Leber statt. Um 90 % der aufgenommenen Menge der Substanz abzubauen, benötigt dieses Organ ungefähr 12 Stunden. Was wir davon merken, hängt zum einen vom Körpergewicht und zum anderen von der Häufigkeit des Genusses coffeinhaltiger Getränke ab. Die ersten Tassen Kaffee lassen Pulsfrequenz und Blutdruck drastisch ansteigen. Konsumiert man Cola, Kaffee und Tee dagegen regelmäßig, reagiert der Körper weit weniger heftig. Nichtsdestoweniger ist Coffein ein Stimulans, was in der Werbung üblicherweise betont wird: Kaffee weckt auf, Cola erfrischt, und Tee kann gar wiederbeleben.

Kaffee ruft jedoch auch andere Effekte hervor. Versuchspersonen, denen man 250 oder 500 mg Coffein verabreicht hatte, zitterten die Hände – ein Symptom, das eine Stunde nach der Aufnahme des Wirkstoffs am auffälligsten war und etwa 2 Stunden lang anhielt. Die Intensität war von Person zu Person stark verschieden, und diese Variabilität der Wirkung von Coffein beschäftigte viele Forscher lange.

Um zu prüfen, ob Coffein Angstneurosen auslösen kann, wurde Freiwilligen über längere Zeit hinweg täglich 1000 mg Coffein gegeben. Wie sich zeigte, bewirken diese Mengen tatsächlich Symptome, die oft mit Angst in Zusammenhang gebracht werden, wie Nervosität, Schlaflosigkeit, Störungen der Sinneswahrnehmung, Reizbarkeit und Zittern.

Athleten verwenden Coffein zur Leistungssteigerung, allerdings um einen hohen Preis, wie Sylvia Gerasch erfahren mußte. Die Europameisterin im 100-m-Brustschwimmen wurde im Januar 1994 positiv auf Coffein getestet, woraufhin ihr der Titel aberkannt und eine zweijährige Wettkampfsperre verhängt wurde. Die 16 mg Coffein pro Liter, die in Geraschs Blut gefunden wurden, lagen weit über dem durch die Sportverbände gesetzten Grenzwert von 12 mg. Gerasch mußte vor dem Start rund 750 mg Coffein zu sich genommen haben, was sich mit ungefähr sechs Tassen starken Kaffees erreichen läßt.

Forschungsarbeiten am Christ Church College in Canterbury (England) zeigten, daß eine Einnahme von 350 mg Coffein vor einem 1500-Meter-Lauf einen Zeitgewinn von etwa 4 Sekunden bewirken kann. Das klingt nicht viel, kann aber ausreichen, um den Sieg zu sichern. Radrennfahrer nehmen vor und während dem Wettkampf coffeinhaltige Getränke zu sich, manche greifen sogar zu Zäpfchen, die den Wirkstoff langsamer freisetzen. Coffein fördert die Umwandlung von Körperfett in Energie und erschließt damit eine Energiequelle neben den gespeicherten Kohlenhydraten. Möglicherweise beeinflußt Coffein die Enzyme, die den Glycogenspeicher (→ Glossar) steuern. Wie dies allerdings erfolgt, ist noch nicht vollkommen geklärt. Bei Wettkämpfen in Ausdauersportarten ist die zusätzliche Energiereserve sicher willkommen. Anscheinend bewirkt Coffein auch eine verstärkte Ausschüttung von Calcium in Hirngewebe und Muskeln. Mit Hilfe solcher Theorien läßt sich letztlich erklären, warum die Substanz allgemein als Muntermacher gilt.

Coffein ist nicht nur ein Lebenswecker, sondern hat auch medizinischen Nutzen: in Schmerzmitteln, Asthmamedikamenten und Diäthilfsmitteln. Letzteres ist allerdings in etlichen Ländern verboten, in den USA beispielsweise seit 1991. Die Chemikalie hilft beim Abnehmen, weil sie einerseits als mildes Diuretikum und Abführmittel wirkt und andererseits den Stoffwechsel anregt, so daß bei körperlicher Betätigung mehr Fett verbrannt wird. Grundlage dieses Wirkungsspektrums ist ein Eingriff der Substanz in den Adenosinhaushalt: Coffein regt die Urinabsonderung an, indem es Adenosinrezeptoren in den

Nieren blockiert. Dies führt zur lokalen Erweiterung der Blutgefäße, so daß die Nieren wesentlich mehr Blut filtern können. Auch die Adenosinrezeptoren im Dickdarm werden blockiert, wodurch die Darmbewegung intensiviert wird.

Adenosin (→ Glossar) beruhigt, stillt Schmerzen und setzt die Aktivität des Gehirns herab. Es ist in allen Gewebearten vorhanden und hemmt die Neurotransmitter (→ Glossar), weshalb wir ermüden, wenn Adenosin im Gehirn ausgeschüttet wird. Die Adenosinproduktion wird von neuronalen Signalen ausgelöst, und die Substanz besetzt Rezeptoren, die in die Membranen der Neuronen (und andere Gewebe) eingebettet sind. Dadurch wird die Signalweiterleitung durch die Neuronen eingeschränkt. Wenn wir ruhen oder schlafen, sinkt der Adenosinspiegel ab, und die Aktivität der Neuronen kann sich wieder aufbauen.

Adenosin reguliert auch den Blutdruck, den Schlag des Herzens und die Hirntätigkeit. Daher beeinflußt Coffein den Blutdruck und kann außerdem das Herzminutenvolumen um immerhin 50 % steigern. (Das Herzminutenvolumen ist das Produkt aus Schlagvolumen und Pulsfrequenz; Coffein verändert beide Größen.) Dazu muß man allerdings 10 mg Wirkstoff pro kg Körpergewicht aufnehmen, das bedeutet, 12 Tassen starken Kaffees hintereinander trinken. In derart hohen Dosen beschleunigt Coffein den Herzschlag, erhöht den Blutdruck, erzeugt Angstgefühle und reduziert den Blutstrom zum Gehirn. Wie stark diese Effekte sind, hängt indessen von der persönlichen Konstitution und vom Ausmaß der Gewöhnung an coffeinhaltige Getränke ab. In einigen Fällen machen sich die Symptome auch erst mit einer Verzögerung von mehr als einer Stunde bemerkbar. Coffein erleichtert darüber hinaus die Muskelkontraktion und die Atmung. Sein enger Verwandter Theophyllin wird in Dosen von 250 mg (für Erwachsene) therapeutisch bei Bronchialasthma (→ Glossar) angewendet, um die Atemwege zu entkrampfen.

Coffeinmoleküle binden zwar an Adenosinrezeptoren, lösen jedoch keine Reaktion aus – das heißt, die Botschaft, daß der Organismus seine Tätigkeit verlangsamen soll, wird nicht weitergegeben. Überall im Körper, wo Adenosin einen beruhigenden Einfluß ausüben soll, kann Coffein dem entgegenwirken. Bis jetzt wurden drei verschiedene Typen von Adenosinrezeptoren identifiziert, wobei man noch nicht mit Sicherheit weiß, ob Coffein sie alle blockiert. Hier könnte aber der Schlüssel zur Lösung des Rätsels der individuell stark verschiedenen Reaktionen auf Coffein liegen: Verschiedene Personen verfügen vielleicht über unterschiedlich viele Adenosinrezeptoren, die noch dazu unterschiedlich verteilt sein können.

Lydia Conlay und ihre Mitarbeiter vom MIT in Cambridge (Massachusetts) veröffentlichten 1997 in der Zeitschrift *Nature* Ergebnisse von Untersuchungen, denen zufolge der Adenosinspiegel im Blutplasma von Ratten proportional zur aufgenommenen Menge Coffein bis zu einer bestimmten Grenze ansteigt. Über diese hinaus blieb der Adenosinspiegel auch bei weiterer Erhöhung der Coffeindosis konstant. Die Ratten konnten beliebig oft eine 0,1-prozentige Lösung des Wirkstoffs trinken, und sie nahmen auf diese Weise ungefähr 40 mg Coffein täglich zu sich. Umgerechnet auf den Menschen entspricht dies etwa 4500 mg. Dabei stieg der Adenosinspiegel sprunghaft auf das Zehnfache des normalen Wertes an. Nachdem die Coffeinzufuhr unterbrochen worden war, fiel der Adenosinspiegel dagegen auf ungefähr ein Drittel des Normalwertes ab. Kaffeetrinker, so schreiben die Autoren, genießen täglich im Schnitt sechs Tassen des anregenden Getränks. Die darin enthaltenen 500 mg Coffein reichen aus, um den Adenosinspiegel merklich anzuheben. Starke Kaffeetrinker können durchaus die doppelte Menge (etwa 1000 mg) konsumieren. Hören sie dann plötzlichen auf, Kaffee zu trinken, dann fällt auch der Adenosinspiegel schlagartig ab. Symptome wie Bronchospasmen, Blutdruckschwankungen, Herzrhythmusstörungen und erhöhte Anfallsbereitschaft können die Folge sein.

Coffein selbst wirkt nicht anregend. Sein Einfluß beschränkt sich auf die Hemmung der Wirksamkeit des Adenosins. Zweifellos besteht die maximale Wirkung darin, sämtliche Adenosinrezeptoren zu blockieren, woraufhin die Neurotransmitter des Körpers an die Grenze ihrer Leistungsfähigkeit geraten. Aus diesem Grund kann man Coffein nicht ohne weiteres überdosieren. Ein plötzlicher Todesfall nach Injektion von 3200 mg Wirkstoff wurde allerdings bekannt. Bei oraler Einnahme liegt die tödliche Dosis schätzungsweise bei 5 g.

Im allgemeinen besetzen die Coffeinmoleküle ungefähr die Hälfte der Adenosinrezeptoren und beeinträchtigen damit die Steuerung einiger wichtiger Funktionen. Mehr geschieht nicht – und dazu reichen bereits kleine Mengen Coffein, etwa eine Tasse Kaffee, aus. Höhere Dosen verstärken die Effekte in der Regel nicht mehr. Folglich kann man sich leicht vorstellen, daß klinische Versuche zur Wirkung von Coffein nicht einfach vorzunehmen sind. Schon die geringste Coffeinaufnahme, dem Arzt nicht bekannt und von der Versuchsperson übersehen, kann die Ergebnisse beeinflussen.

In den 1970er Jahren wurde viel über eine angebliche Steigerung des Risikos koronarer Herzerkrankungen infolge Coffeingenusses gesprochen. Eine epidemiologische Studie schien diese Befürchtungen zu bestätigen: Im Boston Collaborative Surveillance Program von 1972 wurde bekanntgegeben, daß Personen, die mehr als sechs Tassen Kaffee täglich trinken, doppelt so häufig unter Herzattacken leiden wie die allgemeine Bevölkerung. Gestützt wurde dieses Resultat durch eine weitere Studie an 12 000 Personen, die auch Geschlecht, Alter, Blutdruck, Körpergewicht, Rauchgewohnheiten und andere potentielle Risikofaktoren berücksichtigte. Beide Untersuchungen wurden von neueren Studien jedoch nicht bestätigt. In Schottland zum Beispiel ist die Rate der Herzkrankheiten sowohl bei Frauen als auch bei Männern besonders hoch. Eine Forschergruppe befragte über 10 000 Personen beiderlei Geschlechts im mittleren Lebensalter und konnte keinen Zusammenhang zwischen Kaffeekonsum und Herzleiden feststellen.

Die Resultate epidemiologischer Studien (→ Glossar) hängen in starkem Maße von der Qualität der gesammelten Daten und den verwendeten Analysenverfahren ab. Man muß sorgfältig ausschließen, daß die Ergebnisse durch unsichtbare Einflüsse verändert werden, was nicht einfach zu erreichen ist, wenn man die Versuchspersonen nicht streng überwachen kann. In der Methodik der Datensammlung Unerfahrene können leicht ein unbemerktes Grundrauschen in die Datenmenge bringen oder signifikante Details übersehen. In einigen der frühen Studien zum Zusammenhang zwischen Kaffee und Herzkrankheiten scheint dies der Fall gewesen zu sein. Die ursprünglichen Ergebnisse, die auf die gesuchte Verknüpfung hinwiesen, ließen sich häufig in späteren, ausführlicheren Analysen nicht mehr nachvollziehen. Leider waren die falschen Folgerungen jedoch bereits an die Öffentlichkeit gedrungen, und so kam es zu unnötigen Sorgen und Veränderungen der Trinkgewohnheiten ohne tatsächlichen Nutzen. Die Alarmglocken schellten zum Beispiel, nachdem in den frühen 1980er Jahren in der angesehenen Zeitschrift *New England Journal of Medicine* ein Bericht erschienen war, der einen statistischen Zusammenhang zwischen dem Genuß von über fünf Tassen Kaffee täglich und der Entwicklung von Bauchspeicheldrüsenkrebs feststellte. Diese Krankheit ist unheilbar und führt rasch zum Tode. Die Nachricht machte weltweit Schlagzeilen, und die Kaffeemärkte brachen zusammen. In darauffolgenden Studien fand man zunächst keinen derartigen Zusammenhang, bis sich schließlich herausstellte, daß die Forscher in der Originalarbeit wahrscheinlich ein entscheidendes Detail übersehen hatten: den entcoffeinierten Kaffee. Spuren des Lösungsmittel, das zur Entcoffeinierung verwendet worden war, fanden sich im Produkt wieder, und dieses Lösungsmittel war im Tierversuch nachweislich krebserregend.

Daß Coffein physiologische Effekte hat, steht außer Zweifel. So überrascht es nicht, daß man den Wirkstoff im Laufe der Zeit als Faktor bei der Auslösung verschiedener häufiger Erkrankungen betrachtete. Eine Studie behauptete 1973, der Konsum von 400 mg Coffein (fünf Tassen Kaffee) täglich verdopple das Thromboserisiko. 1990 wurde nach der Befragung von 45 000 Männern kein solcher Zusammenhang nachgewiesen. Je mehr Daten gesammelt und analysiert wurden, desto mehr Horrormeldungen über die Wirkungen von Coffein erwiesen sich schlicht als Artefakte mangelbehafteter Studien.

Wie wird Coffein im Körper abgebaut?

Coffein verteilt sich im gesamten Blutkreislauf und diffundiert durch die Zellmembranen, bis es von Enzymen in der Leber durch Abspaltung von Methylgruppen zum Xanthin abgebaut wird. Aus Xanthin kann der Körper neue Zellbestandteile herstellen; ist dies nicht notwendig, wird die Substanz in Harnsäure umgewandelt und mit dem Urin ausgeschieden. In der Leber können sämtliche Methylreste des Coffeins abgespalten werden. Häufig verläuft diese Reaktion jedoch nicht vollständig, und es entsteht Paraxanthin, das seinerseits wirksamer ist als Coffein. Daher beträgt die Halbwertszeit von Coffein im Körper mehrere Stunden: Die Wirkung einer Tasse Kaffee kann eine beträchtliche Zeitlang anhalten. (Unter der Halbwertszeit versteht man die Zeit, die der Körper braucht, um eine unerwünschte Chemikalie zur Hälfte abzubauen. Nachdem eine weitere Halbwertszeit vergangen ist, verbleibt nur noch ein Viertel der ursprünglichen Menge, dann ein Achtel und so weiter.)

Wird Paraxanthin erneut von den Enzymen in der Leber abgefangen, so wird eine zweite Methylgruppe entfernt, wodurch die Wirksamkeit schließlich verlorengeht. Diese Prozesse verlaufen generell langsam, aber bei manchen Leuten ist die Geschwindigkeit so gering, daß es zu Unverträglichkeitserscheinungen kommt. Kurioserweise beschleunigt Nicotin den Coffeinabbau durch Einwirkung auf die beteiligten Enzyme, weshalb der Effekt einer Tasse Kaffee bei Rauchern viel schneller schwindet.

Verschiedene ernstzunehmende Studien weisen auf Entzugserscheinungen beim plötzlichen Meiden von Coffein hin: Kopfschmerzen, Depressionen, Abgeschlagenheit, Angstzustände, Muskelverspannungen, Nervosität, Übelkeit und sogar Erbrechen werden als Symptome genannt. Bereits 1943 beobachtete man Kopfschmerzen bei Personen, die das Kaffeetrinken schlagartig eingestellt hatten (und zwar keineswegs nur dann, wenn die aufgenommenen Coffeinmengen sehr hoch gewesen waren). Sie begannen nach 2–3 Tagen

Enthaltsamkeit und hielten ungefähr eine Woche lang an. Verglichen mit den Entzugserscheinungen, die andere Drogen hervorrufen, sind diese Symptome harmlos, obwohl einige Betroffene behaupten, eine Art „kalten Entzug" erlebt zu haben. Manche Menschen scheinen tatsächlich eine Coffeinsucht zu entwickeln. In den USA gibt es bereits eine einschlägige Selbsthilfegruppe (Caffeine Anonymous).

Alles in allem sollte man Coffein sicherlich positiv sehen. Im Vergleich zu Alkohol und Nicotin, den anderen legalen „Volksdrogen", wirkt Coffein geradezu gutartig. Zigaretten und Alkohol verschulden jährlich den Tod hunderttausender Menschen. Coffein bringt niemanden um.

Um coffeinfrei zu leben, muß man keine besondere Diät einhalten. Es genügt, Speisen und Getränke zu meiden, wie sie zu Beginn dieses Kapitels auf der Kaffeekarte genannt wurden.

KAPITEL 7

Schwefeldioxid und Sulfite

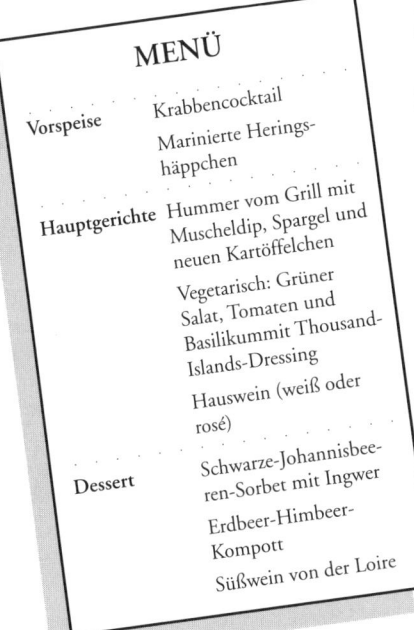

MENÜ

Vorspeise Krabbencocktail
Marinierte Heringshäppchen

Hauptgerichte Hummer vom Grill mit Muscheldip, Spargel und neuen Kartöffelchen

Vegetarisch: Grüner Salat, Tomaten und Basilikummit Thousand-Islands-Dressing

Hauswein (weiß oder rosé)

Dessert Schwarze-Johannisbeeren-Sorbet mit Ingwer
Erdbeer-Himbeer-Kompott
Süßwein von der Loire

Einer von zehn Gästen, die zu diesem Menü eingeladen werden, leidet mit großer Wahrscheinlichkeit danach unter den unangenehmen Begleiterscheinungen einer zu hohen Dosis Schwefeldioxid – Schwierigkeiten beim Atmen, vielleicht sogar einem Asthmaanfall. Die meisten Betroffenen wissen um die Probleme, die manche Nahrungsmittel für sie mit sich bringen können; andere sind sich ihrer Überempfindlichkeit dagegen nicht bewußt. Sie verspüren einige Stunden lang eine gewisse Enge in der Brust, als ob eine Erkältung im Anzug wäre, und dann vergessen sie den Vorfall.

Manche Menschen reagieren auf Schwefeldioxid extrem empfindlich. Asthmatikern können bereits 1–5 ppm (parts per million, Millionstel) in der Atemluft zum Verhängnis werden. Auch Gesunden erschwert ein Gehalt von etwa 6 ppm das Luftholen merklich, und solche Konzentrationen sind in Industriegebieten durchaus keine Seltenheit. Die besondere Sensibilität von Asthmapatienten (→ Glossar) liegt darin begründet, daß Schwefeldioxid die Atemwege zusammenzieht. Das oben angeführte Menü enthält pro Portion sicherlich 100 mg von dieser Substanz, die jedem Asthmakranken schwer zu schaffen machen dürften.

Wie die folgende Fallstudie zeigt, begegnet uns Schwefeldioxid nicht nur in Speisen und Getränken. Die Luft in Industriegebieten enthält beträchtliche Konzentrationen des Gases, insbesondere als Folge der Verbrennung von Kohle und Heizöl. Eine der wichtigsten Quellen ist jedoch die Zulieferindustrie: Schwefeldioxid schützt geschälte Kartoffeln vor Verfärbungen und weiche Früchte vor Druckstellen. Zu diesen Zwecken verwendet man die Chemikalie als wäßrige Lösung. In vielen Ländern existieren gesetzliche Vorgaben zum Gehalt von Nahrungsmitteln an Schwefeldioxid, wobei die erlaubten Konzentrationen vom jeweiligen Lebensmittel abhängen. Winzer und Weinhersteller kommen ohne die Verbindung nicht aus, und in anderen Zweigen der Nahrungsmittelverarbeitung setzt man ebenfalls auf das billige, wirksame Konservierungsmittel.

Empfehlungen für eine maximale ungefährliche Tagesdosis Schwefeldioxid gibt es nicht, weil die Chemikalie in der Regel recht harmlos ist – zumindest in den Konzentrationen, die uns im Alltag begegnen, und für gesunde Menschen. Eine Überdosis in einer Speise oder einem Getränk erkennt man leicht am unangenehmen Geruch. Einigen wenigen Unglücklichen kann Schwefeldioxid jedoch ernsthaft gefährlich werden, sogar den Tod bringen, und zwar auch in so geringer Konzentration, daß man die Verbindung weder riechen noch schmecken kann.

Fallstudie: Ein Balkon in Südspanien

Jean war eine 42 Jahre alte Geschäftsfrau und Inhaberin einer sehr erfolgreichen Firma in Gwent (Wales), die von fleißigen, zuverlässigen Managern geleitet wurde. Da die Geschäfte sehr gut liefen, entschlossen sich Jean und ihr Gatte, den kalten walisischen Wintern zu entfliehen, und kauften eine Ferienwohnung in Südspanien. Im November brachen sie in den Süden auf, um alles für ihren Urlaub vorzubereiten.

Jean hatte viel Spaß daran, die Wohnung einzurichten und zu dekorieren. Zum Schluß wollte sie noch den Balkon von einem unansehnlichen schwarzen Schimmelbelag befreien. Im örtlichen Haushaltswarenladen kaufte sie ein Reinigungsmittel einer bekannten Marke und begann mit ihrer Arbeit. An diesem Tag war es unangenehm heiß, und die Arbeit außerhalb der klimatisierten Wohnung war alles andere als ein Vergnügen, doch Jean hielt durch. Nach zwei Stunden verspürte sie plötzlich eine Enge in Hals und Brust, und trotzdem ließ sie sich nicht aufhalten ... bis sie zusammenbrach. Erst am darauffolgenden Tag erwachte sie auf der Intensivstation des nächstgelegenen Krankenhauses. Man vermutete dort zunächst einen Herzanfall, aber keine der in den folgenden Tagen vorgenommenen Untersuchungen lieferte einen Hinweis auf eine Erkrankung. Nach kurzer Zeit fühlte Jean sich wieder vollkommen wohl.

Jean kehrte nach Wales zurück. Nach einigem Nachdenken kam sie zu der Ansicht, Übergewicht und mangelnde körperliche Betätigung hätten in Verbindung mit dem schwülheißen Wetter ihren Zusammenbruch verursacht. Sie entschloß sich, ihre Lebensweise zu ändern. Um abzunehmen, entspannte sie nun nicht mehr bei Gin-Tonic, sondern bei Weißwein und frischem Obst. Auch das Kaffeetrinken gab sie auf. Eine Woche nach ihrer Ankunft in der Heimat brach Jean erneut zusammen und wurde auf eine Intensivstation eingeliefert. Wieder fand man kein Anzeichen für einen Herzinfarkt, und 24 Stunden später ging es der Patientin gut.

Nach einem dritten Anfall, der sich einen Monat später ereignete, suchte Jean ein Allergiezentrum auf, denn sie war nun davon überzeugt, plötzlich auf einen Inhaltsstoff ihrer Nahrung allergisch geworden zu sein. Sie war sehr überrascht, als man dort nach ihrem Konsum von Weißwein und Fruchtsäften fragte. Die Veränderung ihrer Eßgewohnheiten hatte dazu geführt, daß sie deutlich mehr Schwefeldioxid und Sulfite aufnahm als zuvor. Im Laufe des Gesprächs fiel ihr auch der intensiv schweflige Geruch ein, den das Reinigungsmittel, mit dem sie in Spanien ihren Balkon behandelt hatte, verströmt hatte. Die Ursache war gefunden.

Man gab Jean den Rat, wieder zu Gin-Tonic zu greifen und Fruchtsäfte sowie bestimmte Speisen zukünftig zu meiden. Von diesem Zeitpunkt an litt sie nicht mehr unter den beschriebenen Symptomen; das Problem war gelöst.

Schwefeldioxid, Sulfite und Konservierungsmittel

Normalerweise enthält unsere Atemluft ungefähr 3 µg Schwefeldioxid (SO_2) pro Kubikmeter, das entspricht etwa einem Milliardstel (ppb). Seit dem Anbruch der industriellen Revolution stieg der SO_2-Gehalt der Erdatmosphäre drastisch an. Nach Empfehlung der Weltgesundheitsorganisation WHO soll der SO_2-Gehalt generell nicht größer sein als 60 µg pro Kubikmeter (20 ppb). Allerdings überrascht es wenig, daß dieser Wert an nahezu einem Drittel der über den Erdball verteilten Meßstellen überschritten wird. Auf dem Land mißt man im allgemeinen 20 ppb, in städtischen Gebieten das Doppelte, in stark industrialisierten Regionen bis zum Dreifachen.

Möglicherweise ist SO_2 mitschuldig an der epidemieartigen Ausbreitung von Asthma in den entwickelten Industriestaaten. Bewiesen ist dies jedoch nicht, wie man in einem Bericht des von Anne Tattersfield geleiteten Beratergremiums des britischen Gesundheitsministeriums zum Thema der medizinischen Aspekte der Luftverschmutzung nachlesen kann. In der früheren DDR beispielsweise trat Asthma unter Kindern trotz der erheblich höheren Luftverschmutzung mit SO_2 nicht häufiger auf als in der Bundesrepublik.

Schwefeldioxid entsteht bei der Verbrennung kleiner Tropfen flüssigen Schwefels in trockener Luft. Dabei wird viel Abwärme frei, die man nutzbar macht, indem man das heiße Gas durch sogenannte Wärmetauscher leitet, in denen Wasser aufgeheizt wird. Der Rohstoff fällt bei der notwendigen Entschwefelung von Erdöl und Erdgas an. Größtenteils verwendet man Schwefeldioxid zur Herstellung von Schwefelsäure. Ein geringer Teil wird speziellen Zwecken zugeführt, etwa der Zelluloseherstellung oder der Produktion von Agrarchemikalien. Bei –10 °C läßt sich das Gas leicht verflüssigen, in Druckgefäßen transportieren und in flüssiger Form verwenden. Sogar als Lösungsmittel kann man diese Flüssigkeit einsetzen.

In der Nahrungsmittelindustrie benutzt man normalerweise Lösungen von SO_2 in Wasser, die gefahrlos zu handhaben sind. In einem Liter Wasser lösen sich bei 20 °C immerhin fast 40 Liter Gas, wobei die handelsübliche 9- bis 10 %ige Lösung (schweflige Säure) entsteht. Noch besser handhabbar sind die festen Sulfite und Metabisulfite, die weit verbreitet zur Konservierung von Lebensmitteln verwendet werden. Einige Eigenschaften machen Schwefeldioxid sehr beliebt: Es wirkt konservierend, oxidationshemmend, bakterizid und bleichend (zum Beispiel für Mehl), stabilisiert Vitamin C und verhindert Verfärbungen (unter anderem von Kartoffelprodukten). Deshalb ist es nicht überraschend, daß die Substanz vielfältige Anwendungen findet.

Verfärbungen werden von einem Enzym, der Polyphenoloxidase (PPO) oder Phenolase, ausgelöst. Dieses Enzym oxidiert Nahrungsmittelbestandteile, beispielsweise Polyphenole, über mehrere Zwischenprodukte zu braun gefärbten Melaninen. Schwefeldioxid- und sulfithaltige Lösungen verhindern dies, und zwar in zweifacher Hinsicht: Sie desaktivieren die Phenolase und unterdrücken die Melaninbildung. (Andere Substanzen, zum Beispiel Vitamin C, unterbinden die Verfärbung durch spezielle Gegenreaktionen zur Oxidation.)

Schwefeldioxid, Sulfite und Konservierungsmittel

Tabelle 7.1 Sulfite, die als Lebensmittelzusätze verwendet werden.

Schwefelhaltiger Zusatzstoff	E-Nummer	Andere Bezeichnungen
Schwefeldioxid	E 220	
Natriumsulfit	E 221	
Natriumhydrogensulfit	E 222	Natriumbisulfit
Natriummetabisulfit	E 223	Dinatriumdisulfit, Dinatriumpyrosulfit
Kaliummetabisulfit	E 224	Dikaliumdisulfit, Dikaliumpyrosulfit
Calciumsulfit	E 226	
Calciumhydrogensulfit	E 227	Calciumbisulfit

Schwefeldioxid wird weltweit in großem Maßstab als Konservierungsmittel verwendet. In Europa trägt es die Nummer E 220. Ähnliche Nummern kennzeichnen die Sulfite (siehe Tabelle 7.1). Auf welchen Zusatzstoff man in einem gegebenen Fall zurückgreift, hängt von der Art des Nahrungsmittels ab. In gesetzlichen Vorschriften und bei der Analyse werden sie jedoch alle als „Sulfit" bezeichnet. Früher hielt man mit Sulfiten Obst und Gemüse auf Salatbüffets frisch. Nachdem Unverträglichkeiten bekannt wurden, hat man diesen Zusatz beispielsweise in den USA verboten. Für einige Lebensmittel gibt es aber keine Alternative: Maraschino-Kirschen, Trockenfrüchte, Bier, Wein und Kartoffeln werden nach wie vor mit Sulfit behandelt. Die zum Haltbarmachen benötigte Menge ist unterschiedlich. In getrockneten Kokoskernen dürfen bis zu 500 ppm (Millionstel) vorhanden sein, in Trockenobst dagegen bis zu 2000 ppm. In einem sehr speziellen Fall, dem aus Papayas extrahierten und zu technischen Zwecken verwendeten getrockneten Enzym Papain, findet man sogar bis zu 30 000 ppm.

Unter den Forschungsgruppen, die sich mit der Wirkung von Schwefeldioxid auf Nahrungsmittel beschäftigen, ist die von Bronek Wedzicha an der University of Leeds geleitete weltführend. Wedzicha, unter anderem Autor des Bandes *Chemistry of Sulfur Dioxide in Foods*, ist der Meinung, SO_2 sei das vielseitigste und zugleich eines der ungefährlichsten Konservierungsmittel. Dem Forscher zufolge kann SO_2 in verschiedener Weise mit Bestandteilen unserer Nahrung reagieren, wobei jedoch keine bedenklichen Stoffe entstehen, wie Tierversuche zeigten.

Schwefeldioxid wirkt nicht nur als Oxidationshemmer, sondern reagiert auch bereitwillig mit anderen Molekülen – besonders effektiv bei pH-Werten zwischen 3 und 6, wie sie in den meisten Speisen herrschen. Reaktionspartner sind zum Beispiel Proteine, ungesättigte Fettsäuren und organische Basen. SO_2 reagiert auch mit Thiamin (Vitamin B_1), wodurch das Vitamin inaktiviert wird. Da Fleisch eine unserer wichtigsten Thiaminquellen ist, ist der Zusatz von Sulfiten zu Fleischprodukten nicht erlaubt. Ausgenommen sind zum Beispiel manche Wurstspezialitäten.

Aus Ketonen und Aldehyden (→ Glossar), häufigen natürlichen Aromastoffen, entstehen durch Reaktion mit SO_2 schwerflüchtige, geruchlose Produkte. Im Verlauf der Gärung bildet sich insbesondere Acetaldehyd, der anstelle einer weiteren Oxidation ebenfalls mit SO_2 reagieren kann. Dieser Prozeß ist umkehrbar; das bedeutet, in einem späteren Stadium wird der Acetaldehyd wieder freigesetzt und findet sich daher in vielen Getränken, die aus vergorenen Trauben hergestellt sind.

Was ist im Wein?

In den USA warnen die Etiketten von Weinflaschen vor dem Sulfitgehalt des Inhalts. Die „Schwefelung" von Wein ist jedoch schon seit der Antike, mindestens seit den Tagen des Römischen Reichs, allgemein üblich. Damals verbrannte man einfach natürlich vorkommenden Schwefel neben Fässern mit Traubensaft, welcher die Dämpfe absorbierte. Dieser Prozeß war sehr wirksam, denn Schwefeldioxid ist, wie bereits bemerkt, gleichzeitig Konservierungsmittel und Oxidationshemmer. Der beim Zerquetschen der Trauben austretende Most ist sehr anfällig auf Oxidation und enzymatische Verfärbungen, die von säurebildenden Bakterien, wilden Hefen und Schimmelkulturen verursacht werden. Schwefeldioxid verhindert diese Vorgänge und ist außerdem in der Lage, Enzyme in Bakterien und Hefen zu hemmen, woraufhin diese nicht mehr fähig sind, den im Saft enthaltenen Zucker zu vergären. Die vom Winzer zugesetzte Reinzuchthefe kann dann ungehindert wirken. Kulturhefen vertragen hohe Konzentrationen Schwefeldioxid – einige Arten produzieren sogar selbst mehr SO_2 aus Sulfat, als im Traubensaft natürlich vorhanden ist.

Im Mittelalter waren deutsche Weinbauern gesetzlich verpflichtet, ihre Bottiche mit Schwefelgasen auszuräuchern, bevor sie Wein hineinfüllten. Mit Hilfe geschwefelter Dochte sterilisierten im 18. Jh. die Winzer der besten Weingüter von Bordeaux die Fässer. Alternativ konnten dem Traubensaft auch feste Sulfite zugesetzt werden. Heute verwendet man in den Kellereien Sulfitlösungen, 6 %ige wäßrige Lösungen von Schwefeldioxid oder sogar flüssiges SO_2. Im kleinen Maßstab, zum Beispiel zur Weinbereitung im Haushalt, empfiehlt sich Natriummetabisulfit in Tablettenform. Heutzutage wird weltweit kaum noch ein Wein getrunken, an dessen Herstellung Sulfit nicht in irgendeiner Form beteiligt war. Wird darauf verzichtet, entstehen selten hochwertige Getränke; um wilde Hefen und Bakterien abzutöten, muß man den Most dann meist pasteurisieren. Sulfitfreie Weine gibt es jedenfalls nicht, denn die Abkömmlinge des SO_2 entstehen während der Gärung auch auf natürliche Weise durch enzymatische Umwandlung von Sulfaten.

Geschwefelt wird in zwei Stadien der Weinbereitung – zuerst nach dem Keltern, um den Most zu stabilisieren, und danach während der Lagerung, um eine unerwünschte Weitergärung zu verhindern. Kurz vor der endgültigen Abfüllung in Flaschen kann nochmals mit Sulfit behandelt werden, wodurch die Menge des Konservierungsstoffes bis auf 350 mg pro Flasche ansteigen kann. Die richtige Sulfitkonzentration legt der Winzer anhand eigener Erfahrungswerte fest. Sie sollte unmittelbar nach dem Gärprozeß bei ungefähr 50–100 ppm liegen, während der Lagerung bei 50 bis 70 ppm. Das Konservierungsmittel ist außerdem umso wirksamer, je säurehaltiger der Wein ist.

Der größte Teil des zugegebenen Schwefeldioxids reagiert im Laufe der Zeit mit anderen Bestandteilen des Weins. Junge Weißweine können jedoch noch merkliche Mengen des Gases enthalten. Für die meisten Leute ist dies kein Problem: Der Körper verfügt über Enzyme, die Sulfit in Sulfat umwandeln; Sulfat ist im Organismus ohnehin reichlich vorhanden und kann überdies mit dem Urin ausgeschieden werden.

Aufgrund seines üblen Geschmacks und Geruchs schon in geringsten Konzentrationen muß Schwefeldioxid stets mit Vorsicht zugegeben werden. Manche Weinverkoster lehnen das Konservierungsmittel zudem ab. Weine mit zu hohem Schwefelgehalt, bedingt durch lokale Tradition und Kundenvorlieben, findet man am ehesten in Deutschland und Frankreich (süße Loire- und Bordeauxweine). In reinem Wasser riechen viele Leute SO_2 schon in Konzentrationen von 11 ppm; Wein enthält jedoch intensive Aromastoffe, die den schlechten Geruch überdecken, so daß noch Konzentrationen von 100 ppm in Rotwein und sogar 200 ppm in Weißwein unbemerkt bleiben können. Maskierend wirkt dabei die lockere Bindung von Schwefeldioxid an ungefähr 50 andere Naturstoffe, denn wir können nur freies SO_2 am Geruch erkennen. Gesetzliche Regelungen der Sulfitkonzentration in Wein erfassen sowohl freies als auch gebundenes SO_2, wobei ersteres vor allem in Rotwein schwer zu messen ist.

Noch 1910 waren bis zu 500 ppm Sulfit im Wein erlaubt. Bis zu den 1990er Jahren wurde der Maximalwert auf 200 ppm abgesenkt. Eine Ausnahme sind

Süßweine, denn hier soll die Vergärung des verbliebenen Zuckers unterbunden werden. Diese Veränderungen gehen vorwiegend auf das Konto von Interessenvertretern der Asthmatiker, insbesondere in den USA und Australien. In beiden Ländern muß auf dem Etikett vor dem zugesetzten Sulfit (USA) oder Schwefeldioxid (Australien) gewarnt werden. Bis 1993 senkte Australien die zulässige Höchstgrenze des Sulfitgehalts von jeglichem Wein auf 300 ppm, und es gibt bereits Bestrebungen, diesen Wert noch weiter nach unten zu verschieben.

Die gesetzlichen Obergrenzen des Gesamtgehalts an Schwefeldioxid liegen in Europa bei 160 ppm in trockenen Rotweinen, 210 ppm in trockenen Weiß- und Roséweinen sowie süßen Rotweinen und bei 260 ppm in süßen Weiß- und Roséweinen. (Zum Vergleich sind in Bier und Cider, einem Apfelgetränk, nur 70 ppm erlaubt.) Bestimmte Weine (süßer weißer Bordeaux und Loire, Jurnaçon, Beerenauslese, Trockenbeerenauslese, Ausbruch) dürfen diese Grenze überschreiten und enthalten bis zu 400 ppm. Wahrscheinlich ist das Auftauchen einschlägiger Hinweise auf den Etiketten europäischer Weine nur eine Frage der Zeit, wobei die Tradition des Jahrgangsweines vom Winzer diesem Trend entgegenwirken dürfte. In jedem Fall sollten Asthmatiker und Menschen, die von ihrer Überempfindlichkeit auf Sulfite wissen, auf Bier und Wein verzichten, wie die untenstehende Fallstudie zeigt. Den Appetit auf alkoholische Getränke stillt man in diesem Fall am besten mit Spirituosen wie Gin oder Wodka, gemischt mit Fruchtsäften.

> Fallstudie: **Ein Glas Wein war eins zuviel**
>
> 1987 beschrieben Ärzte des Tufts Hospital in Boston (USA) den tragischen Fall eines 33 Jahre alten Mannes, der an wenigen Schlucken Wein starb. Er hatte bereits 9 Jahre lang an Asthma gelitten, als er 1982 nach dem Verzehr einer Packung getrockneter Aprikosen mit einem schweren Anfall in ein Krankenhaus eingeliefert wurde. Im Jahr darauf löste ein Salat in einem Restaurant eine ähnliche Attacke aus, Schwindelgefühl und Übelkeit kamen noch hinzu.
>
> Ein drittes derartiges Ereignis 1985 wurde dem Mann zum Verhängnis. Er öffnete eine Flasche trockenen Weißwein und brach, nachdem er wenige Schluck zu sich genommen hatte, unmittelbar mit einem schweren Asthmaanfall zusammen. Alle Wiederbelebungsversuche scheiterten. Die Analyse des Weins ergab einen Sulfitgehalt von 92 ppm (92 mg/L). Im sauren

> Milieu des Weins lag die Verbindung wahrscheinlich ohnehin als Schwefeldioxid vor, aber selbst dann, wenn das Getränk das weniger gut bemerkbare Sulfit enthalten hätte, wäre durch Einwirkung der Magensäure SO_2 entstanden. In jedem Fall kam es zu einer Verengung der Luftwege und einer Absonderung großer Mengen vom Schleim, wie sich bei der Obduktion des Unglücklichen erwies.

Die Wirkung von Schwefeldioxid und Sulfiten auf den Organismus

Sulfite entstehen in unserem Körper auch auf natürliche Weise, nämlich im Zuge der Verstoffwechselung schwefelhaltiger Aminosäuren wie Cystein und Methionin. Allerdings ist der Organismus bestrebt, diese Substanzen so schnell wie möglich wieder loszuwerden, weshalb er die Sulfite zu Sulfat oxidiert, das leicht ausgeschieden werden kann. Von den dazu notwendigen Enzymen besitzen die meistens Menschen eine ausreichende Menge, um mit Sulfiten als Konservierungsmittel problemlos fertigzuwerden.

Wenn der Arzt testen will, ob eine Überempfindlichkeit auf Sulfit vorliegt, verabreicht er dem Patienten in einem sogenannten Doppelblindversuch (→ Glossar) eine wäßrige Lösung von Kaliummetabisulfit oder ein Placebo. Nachdem der Proband den Mund mit der Lösung gespült hat, spuckt er sie wieder aus. Nun mißt der Mediziner die Lungenfunktion mit Hilfe der Ganzkörperplethysmographie, einer Methode, die unter anderem Veränderungen in der Weite der Luftwege registriert. Reagiert der Patient auf eine sulfithaltige Lösung mit Kontraktionen der Luftwege, besteht eine Überempfindlichkeit. Wie stark diese Sensibilität ausgeprägt ist, untersucht man durch kontrollierte Gabe verschieden konzentrierter Sulfitlösungen, beginnend bei einem Gehalt von 1 mg pro Liter bis hin zu 200 mg, einer Konzentration, die jedem Patienten Schwierigkeiten bereitet, der ohnehin unter Atemproblemen leidet.

In vielen wissenschaftlichen Artikeln wird behauptet, nur Asthmatiker und Allergiker seien von solchen Überreaktionen auf Sulfit betroffen. Dem ist aber nicht so – diese Aussage spiegelt lediglich die häufige Unzulänglichkeit der verwendeten Testmethoden wieder. (Ausführliche Erläuterungen zu diesem Thema finden sich in Fachbüchern, beispielsweise *Food Allergy* von Dean Metcalf und Mitarbeitern.) Die Ganzkörperplethysmographie ist jedoch ein äußerst empfindliches Verfahren, das auch von der pharmazeutischen Industrie angewendet wird, um an Freiwilligen die Effekte bestimmter Medikamente zu untersuchen. Die Provokation eines Asthmaanfalls durch Verabreichung von Sulfit ist unter anderem Teil der Testprozeduren für neue Asthmamittel.

Ob ein Asthmaanfall ausgelöst wird, hängt von der Stabilität der Zellen ab, die biogene Amine wie Histamin enthalten. Diese Zellen können ihren Inhalt unter bestimmten Bedingungen, zum Beispiel nach Einwirkung von Chemikalien, in einem Degranulation genannten Prozeß abgeben. Nicht nur das Einatmen von Chemikalien, sondern auch Wärme, Kälte, körperliche Anstrengung und Rauchen können die Degranulation veranlassen. Der pharmakologische Hintergrund dieser Reaktion läßt sich mit Hilfe von Atropin demonstrieren, einem Wirkstoff, der die auf Acetylcholin empfindlichen Nervengruppen blockiert und die Wirkung von SO_2 in den Luftwegen unterbindet.

Eine Überempfindlichkeit auf Sulfit kann auch die Ursache des sogenannten Reizdarmsyndroms sein. Die einfachen Zucker, aus denen wir unsere Energie gewinnen, produziert der Körper teilweise durch bakterielle Gärung im Verdauungstrakt. Auf diese Weise können immerhin 25 % der gesamten aus Kohlenhydraten gewonnenen Energie entstehen. Mikroorganismen wie Bakterien spalten langkettige Zuckermoleküle enzymatisch in einfachere Bausteine auf, von denen einige zur Aufrechterhaltung der Darmbewegung erforderlich sind. Störungen dieser Vorgänge können sich als „Reizdarm" oder Gärungsdyspepsie, verbunden mit Blähungen und vermehrter Darmbewegung, bemerkbar machen. Sulfite können solche Symptome hervorrufen, denn sie hemmen selektiv bestimmte Gärungsenzyme. Durch zu große Mengen Sulfit wird die natürliche Darmflora dezimiert, während sulfitresistente Arten gedeihen. Auf Sulfit empfindliche Patienten, die gleichzeitig unter Verdauungsstörungen leiden, bemerken häufig eine Besserung, wenn sie eine sulfitarme Diät einhalten.

Die Sensibilität gegenüber Sulfit kann auf einen Mangel an dem Enzym Sulfitoxidase zurückgehen, welches für die Umwandlung der Sulfite in inaktives Sulfat verantwortlich ist. Nehmen solche Menschen größere Mengen Sulfit auf einmal zu sich, reagieren sie mit Bauchschmerzen, Übelkeit und Erbrechen. Sulfit wirkt als Nervengift und verursacht daher auch Schwindelgefühl, Gleichgewichtsstörungen und sogar Bewußtseinstrübungen. Sehstörungen, Zittern und Niesen werden gleichfalls als Symptome genannt. Mit solchen Effekten reagieren unter Umständen auch Gesunde auf entsprechend hohe Dosen.

Die Wirkung von Schwefeldioxid und Sulfiten auf den Organismus 129

Wieviel Sulfit im Körper in das reizende Schwefeldioxid umgewandelt wird, hängt davon ab, wie sauer oder alkalisch das Milieu ist. Stark säurehaltige Speisen und Getränke wie Weißwein und Salatmarinaden sorgen ebenso wie die Salzsäure in unserem Magen dafür, daß sämtliches Sulfit als SO_2 vorliegt. Im Magen kann bereits aus 5 mg Sulfit hinreichend viel Schwefeldioxid entstehen, um einen Asthmaanfall auszulösen. Ein durchschnittliches europäisches Drei-Gänge-Menü enthält ungefähr 50–100 mg Sulfit, wobei der Gehalt der eingangs angegebenen Speisenfolge an der oberen Grenze liegen dürfte.

Wenn Sie auf Sulfit empfindlich reagieren, verspüren Sie nach dem Genuß entsprechender Speisen ein Engegefühl in der Brust. Sie sollten dann frisches Obst und Gemüse nicht nur abspülen, sondern am besten eine Weile unter Wasser halten. In verarbeiteten, in Dosen konservierten oder gefrorenen Lebensmitteln können sich geringe Mengen Sulfit verbergen, ohne daß sie auf dem Etikett vermerkt werden müssen. Weine und Biere dagegen können mehr Sulfit enthalten. Man sollte die Flaschen stets eine Weile vor dem Genuß des Inhalts öffnen, damit wenigstens ein Teil des gelösten Schwefeldioxids entweichen kann. Der Sulfitgehalt wird dadurch natürlich nicht beeinflußt.

Im Anschluß finden Sie eine Zusammenstellung häufig geschwefelter Speisen. Aufgrund ihrer großen Vielfalt ist es, wie Sie sehen, nicht einfach, die tägliche Sulfitaufnahme unter Kontrolle zu behalten.

Pikantes:	Meerrettich, saure Zwiebeln, Relish (pikante Soßen), Apfelessig
Fisch und Meeresfrüchte:	Muscheln, Krabben, Hummer, Stockfisch
Konserven:	Suppen, einige Obst- und Gemüsesorten
Gemüse:	alles verarbeitete Gemüse
Desserts:	Götterspeise, Gelee (alle mit Gelatine hergestellten Produkte), süße Soßen (vor allem Fertigsoßen), Joghurtprodukte
Konfekt:	Gebackenes mit Marmeladen und eingemachten Früchten
Trockenprodukte:	getrocknete Bananen und Aprikosen, Knabbereien, Suppen, getrocknete Kokoskerne, kandierte Fruchtschalen (Zitronat, Orangeat)
Anderes:	Marmelade aus schwarzen Johannisbeeren, Sojaeiweiß, Fischpasten, Füllungen von Früchtekuchen, Fruchtkonzentrate, Fruchtsäfte, glasierte (kandierte) Kirschen
Getränke:	Biere, Weine, Cider

Die Liste mag entmutigend wirken. Mit etwas Geschick können Sie sich jedoch sulfitfrei ernähren, selbst wenn Sie auswärts essen gehen. Gut beraten wären Sie zum Beispiel mit dem folgenden Menü:

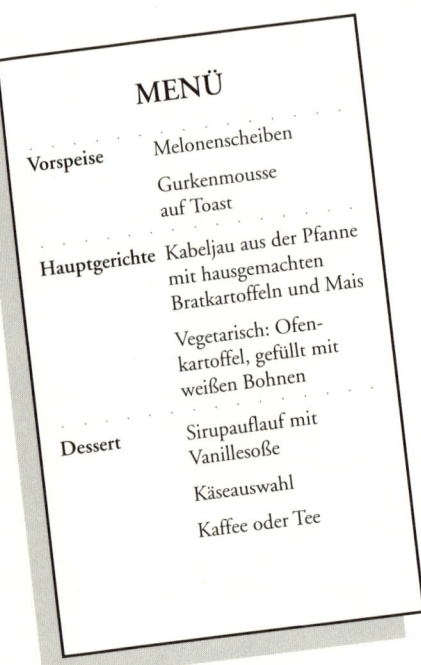

MENÜ

Vorspeise Melonenscheiben

Gurkenmousse auf Toast

Hauptgerichte Kabeljau aus der Pfanne mit hausgemachten Bratkartoffeln und Mais

Vegetarisch: Ofenkartoffel, gefüllt mit weißen Bohnen

Dessert Sirupauflauf mit Vanillesoße

Käseauswahl

Kaffee oder Tee

KAPITEL 8
Natürliche Toxine

Natürliche Toxine kommen in Lebensmitteln aller Art vor, allerdings in der Regel in winzigen Mengen, die uns nicht schaden können. Mandeln und Tapioka (eine Zubereitung der Maniokstärke) enthalten Cyanid, Kohl und Bananen Hydroxytryptamin, Muskat und Möhren Myristicin. Myristicin kann Halluzinationen hervorrufen – vorausgesetzt natürlich, man ißt genügend Möhren… Andererseits kennt die medizinische Literatur durchaus Fälle von Muskatmißbrauch, denn bereits ein Teelöffel gemahlener Muskat kann Wahnvorstellungen, Ängste und Herzklopfen bewirken.

Die in Nahrungsmitteln enthaltenen natürlichen Toxine lassen sich grob in zwei Klassen unterteilen. Eine Sorte entsteht bei der Zersetzung der Speise durch Mikroorganismen wie Viren, Bakterien, Pilze und Hefen; die andere Sorte ist ein untrennbarer Bestandteil der Nahrung selbst. In unserer Kost findet sich rund eine halbe Million verschiedener Naturstoffe – bereits eine Tasse Kaffee enthält ungefähr 2000 Verbindungen. Nur einige wenige dieser Inhaltsstoffe wurden bislang identifiziert, und von noch wenigeren ist mit Sicherheit bekannt, daß sie ungefährlich sind. Wir erleiden keinen offensichtlichen Schaden, wenn wir sie zu uns nehmen; das ist alles, was wir wissen. Laborversuche an Ratten und Mäusen zeigten, daß manche Nahrungsbestandteile krebserregend wirken können, aber nur in vergleichsweise großen Mengen, wie sie in unseren Speisen bei weitem nicht enthalten sind. Mit den extrem niedrigen Konzentrationen, die wir üblicherweise aufnehmen, wird das Entgiftungssystem des Körpers spielend fertig. Auch vollkommen harmlos anmutende Lebensmittel können Toxine enthalten, wie das folgende Beispiel zeigt.

Tollhonig

Honig gilt als heilkräftig und gesund. Enthält er jedoch die Verbindung Grayanotoxin, kann er tödlich wirken. Derart gefährlicher Honig („Tollhonig") stammt von Bienen, die ihren Nektar auf Rhododendronblüten gesammelt haben, weshalb man die Krankheit auch als Rhododendronvergiftung bezeichnet. Bekannt war sie schon im Römischen Reich, und in der Türkei tritt sie relativ häufig auf. Insgesamt sind diese Vergiftungsfälle jedoch glücklicherweise eine Seltenheit.

Das Gift Grayanotoxin greift die Rezeptoren (→ Glossar) der Muskeln, insbesondere des Herzmuskels, an. Außerdem stimuliert es die Nerven, die so in einen Zustand unablässiger Aktivität versetzt werden. Das Toxin bindet an eine spezifische Position des Rezeptors, die für das Funktionieren der sogenannten Natriumpumpe verantwortlich ist. Diese Pumpe erzeugt die Potentialdifferenz, auf der die Signalweiterleitung durch die Nervenfasern beruht.

Der andauernde Erregungszustand, in den betroffene Zellen versetzt werden, führt zu einer Absenkung des Blutdrucks, zur Verlangsamung des Herzschlags, zu Speichelfluß, Kribbeln auf der Haut und gelegentlich Krämpfen. In den seltensten Fällen verläuft die Erkrankung tödlich, aber die Symptome müssen behandelt werden, bis sie nach etwa 24 Stunden von selbst abklingen. Bereits wenige Minuten nach dem Genuß des Honigs kann das charakteristische Schwindelgefühl einsetzen, es folgen Schwäche, Schweißausbrüche, Übelkeit und Erbrechen, später dann die ernsteren Symptome wie Zittern und Atemlosigkeit infolge des niedrigen Blutdrucks, Abfall der Herzfrequenz und Herzrhythmusstörungen.

Bienen können das Toxin aus Blüten von Rhododendron, Azalee und Kalmie (einer lorbeerähnlichen Pflanze) aufnehmen und in den Honig abgeben. In Gegenden, wo die genannten Pflanzen häufig vorkommen, sollte man einheimischen Honig meiden. Besonders betroffen sind die Türkei sowie die amerikanische Westküste zwischen British Columbia und Kalifornien.

Toxine, die von Mikroorganismen erzeugt werden

Mikroorganismen (Bakterien, Pilze, Protozoen) verursachen mindestens 90 % aller Lebensmittelvergiftungen. Die Symptome zeigen sich manchmal 12 Stunden, manchmal erst 10 Tage nach dem Genuß der kontaminierten Speisen. In den USA beispielsweise sterben jährlich 9000 Menschen an solchen Vergiftungen, die Hälfte dieser Fälle wird dem Verzehr von Fleisch und Geflügel zugeschrieben. Die amerikanischen Gesundheitsbehörden messen den Bakterien *Escherichia coli, Salmonella, Listeria monocytogenes* und *Campylobacter jejuni* aufgrund der Schwere der Symptome und der Häufigkeit der Organismen die größte Bedeutung bei. Eine durch kontaminiertes Speiseeis ausgelöste Massenvergiftung mit Salmonellen betraf 1994 in den USA 224 000 Menschen.

Der folgenden Zusammenstellung können Sie die Mikroorganismen entnehmen, die am häufigsten Vergiftungen verursachen, sowie die in der Regel kontaminierten Speisen:

Fleisch:	*Escherichia coli, Salmonella, Staphylococcus aureus*
Schweinefleisch, Schinken:	*Salmonella*
Geflügel:	*Salmonella, Staphylococcus aureus, Campylobacter jejuni*
Eier:	*Salmonella, Staphylococcus aureus*
Käse:	*Escherichia coli, Salmonella*
Fisch und Schalentiere:	*Salmonella, Clostridium botulinum, Vibrio cholerae*

Seit Reisen um die Welt zum Alltag gehören und Speisen aus verschiedenen Länder ihren Weg in Supermärkte und Delikatessenläden gefunden haben, stieg die Gefahr, ungewohnten Gefahren ausgesetzt zu werden, drastisch an. Nahrungsmittelvergiftungen verlaufen vergleichsweise selten ernst oder gar tödlich, die Betroffenen leiden jedoch an den akuten, oft sehr schwächenden Symptomen.

Lebende Organismen produzieren in Nahrungsmitteln entweder Ektotoxine oder Endotoxine. Unter ersteren versteht man Proteine, die von Bakterien freigesetzt werden; diese Eiweiße machen die Mikroorganismen so gefährlich und virulent. Unter geeigneten Bedingungen teilen und vermehren sich Bakterien unglaublich schnell – mit ebensolcher Geschwindigkeit steigt auch die Menge der ausgeschiedenen Ektotoxine. Bakterien, die kein Ektotoxin herstellen, sind für uns in der Regel weniger gefahrenträchtig, wir verdauen sie mitsamt allen möglicherweise enthaltenen Endotoxinen. Diese Endotoxine sind kompliziert aufgebaute Moleküle, Bestandteile der Zellwände der Organismen. Auch

Endotoxine können sehr giftig wirken. Gefährlicher sind die Ektotoxine, die glücklicherweise seltener vorkommen. Endotoxine dagegen sind häufiger, und die Symptome treten akut auf; ernste oder langanhaltende Schädigungen sind jedoch nicht zu erwarten.

Ektotoxine

Ektotoxine wirken spezifisch: Sie binden an Rezeptoren und blockieren wichtige Stoffwechselwege. Der Körper kann sich gegen solche Gifte wehren, indem er sie mit Hilfe von Proteolyseenzymen, die für die Verdauung von Eiweißstoffen verantwortlich sind, aufspaltet. In Abhängigkeit von der Art des Bakteriums und des von ihm ausgeschiedenen Toxins kennt man verschiedene Wirkungsmechanismen: Enterotoxine greifen den Darm an, Neurotoxine schädigen das Nervensystem, Leukozidine lösen weiße Blutkörperchen auf und Hämolysine zerstören rote Blutzellen. Andere Toxine, wie die Cytotoxine von *Staphylococcus* und *Streptococcus*, schädigen Zellen mehrerer Typen.

Die gefährlichsten Ektotoxine werden nur von jeweils einem bestimmten Mikroorganismus produziert. Dazu gehört zum Beispiel das Botulinumtoxin, eines der tödlichsten Gifte überhaupt, das von *Clostridium botulinum* hergestellt wird. Bereits weniger als ein Milliardstel Gramm dieser Verbindung wirkt tödlich! Erste Aufzeichnungen über Botulismus datieren von 1818; allerdings wurde die Erkrankung nicht mit dem Giftstoff in Zusammenhang gebracht, bis weitere Fälle nach dem Verzehr von rohem Fisch auftraten. In Japan und Alaska ißt man Fisch traditionell zum Teil roh oder nur kurz gegart, weshalb dort hin und wieder Vergiftungen vorkommen. In den USA und auch Europa ist der Botulismus extrem selten und läßt sich in aller Regel auf den Genuß kontaminierter Konserven zurückführen. Vier Todesfälle wurden 1978 in Großbritannien nach dem Verzehr von Lachskonserven registriert. Nicht immer reicht eine Aufbewahrung bei Kühlschranktemperaturen aus, um die Entstehung von Ektotoxinen zu verhindern; *Clostridium botulinum* ist sogar noch bei −5 °C aktiv.

Mit ektotoxinproduzierenden Bakterien besonders häufig verseucht ist Fisch. Die Kontamination kann von Personen, Gerätschaften und den äußeren Bedingungen während der Verarbeitung hervorgerufen oder erleichtert werden. *Staphylococcus aureus*, ein weitverbreitetes Bakterium, zum Beispiel wird in der Regel vom Menschen übertragen, begünstigt von zu hohen Lagertemperaturen und zu kurzer Garung. Die Mikrobe befällt nicht nur Fisch, sondern auch andere Nahrungsmittel, die von Personen verarbeitet werden; sie lebt manchmal in der Nase und oft in Abszessen, auf infizierten Hautbereichen und in Wunden. Manche Bakterien können sogar in Tiefkühlkost überdauern, darunter *Listeria* in Krabben und Shrimps.

In Tabelle 8.1 wurden häufig in Fisch vorkommende Toxine zusammengestellt. Die Wirkungsweise dieser Gifte ist vielfältig. Man faßt die Symptome als „Mytilismus" (Muschelvergiftung, *shellfish poisoning*) zusammen, dessen verschiedenartige Ausprägung im folgenden erläutert werden soll.

Paralytische Muschelvergiftung: Sie wird durch den Verzehr von Schalentieren verursacht, die mit marinen Algen (Dinoflagellaten) kontaminiert sind. Diese Organismen leben in 15–17 °C warmem Wasser bei Breitengraden über 30° nördlicher oder südlicher Breite in Dauerformen am Meeresboden. Bei günstigen Umweltbedingungen steigen die Algen an die Wasseroberfläche, wo sie sich rasch vermehren („rote Flut"). Solche Algenblüten können im Sommer bis zu 3 Wochen andauern; dann gewinnen andere Arten die Oberhand. Drei Algenarten bringt man mit der paralytischen Muschelvergiftung in Zusammenhang: *Gonyaulax catenella* (an der Pazifikküste von Nordamerika und Japan), *Gonyaulax tamarensis* (an der amerikanischen Ostküste und an europäischen Meeresstränden) und, seit den frühen 1970er Jahren, *Pyrodinium balhamense* (südamerikanische und südostasiatische Küsten).

Einer der dramatischsten Fälle ereignete sich 1987 in Guatemala. 187 Personen erkrankten nach dem Verzehr einheimischer Muscheln, 26 von ihnen starben. In Großbritannien registrierte man seit 1827 zehn Vergiftungsfälle, ebenfalls infolge des Genusses kontaminierter Muscheln, wobei insgesamt 116 Personen erkrankten und 14 nicht überlebten. Der letzte derartige Fall wurde 1968 von Muscheln ausgelöst, die von der nordenglischen Küste stammten. Daraufhin leitete das britische Ministerium für Landwirtschaft, Fischereiwesen und Nahrungsmittel ein großangelegtes Programm zur Analyse der Küstengewässer sowie der Schalen- und Krustentiere während der Risikozeiträume ein. In Krabben, die vor der Nordostküste gefangen worden waren, fand man 1990 das Fünfzigfache des erlaubten Toxinspiegels.

Charakteristische Merkmale der paralytischen Muschelvergiftung sind Taubheitsgefühle am Mund und in den Fingerspitzen, gefolgt von Störungen der Muskelkoordination. Atemnot und Lähmungen (Paralysen) können in schweren Fälle zum Tod führen. Verantwortlich dafür ist hauptsächlich Saxitoxin, ein Giftstoff, der die Natriumkanäle der Zellmembranen blockiert,

Tabelle 8.1 Natürliche Toxine in Fisch.

Toxin	Verursachte Krankheit	Verantwortliche Mikroorganismen	Klinische Vergiftungssymptome
Saxitoxine	paralytische Muschelvergiftung (PSP)	*Gonyaulax tamarensis* *Gonyaulax catanella* *Pyrodinium balhamense*	Kribbeln an Mund und Gliedmaßen, Benommenheit, Lähmungen, Atemnot, Tod
Brevetoxine	neurotoxische Muschelvergiftung (NSP)	*Ptychodiscus brevis*	Parästhesie (Fehlempfindungen auf der Haut, „Ameisenkribbeln"), Bauchschmerzen, abnorme Temperaturempfindung, vorübergehende Erblindung, Lähmung, Tod
Domo-Säure	amnestische Muschelvergiftung (ASP)	*Nitzschia pungens*	Übelkeit, Erbrechen, Orientierungsverlust, Gedächtnisverlust, Organversagen, Tod
Okada-Säure, Dinophysis-Toxine Yessotoxin Pektentoxine	gastrointestinale Muschelvergiftung (DSP)	*Prorocentrum lima* *Dinophysis forti* *Dinophysis acuminata* *Dinophysis norvegica*	Übelkeit, Erbrechen, Durchfall, Bauchschmerzen
Ciguatoxin Maltotoxin	Ciguatera	*Gambierdiscus toxicus* *Prorocentrum concavum* *Prorocentrum mexicana*	Erbrechen, Durchfall, Benommenheit, abnorme Temperaturempfindung, vorübergehende Erblindung, Lähmung, Tod
Tetrodotoxin	Kugelfischvergiftung	*Vibrio* spp. *Pseudomonas* spp. *Alteromonas* spp. *Shewanella* spp. *Steromonas* spp.	Parästhesie (Fehlempfindungen auf der Haut, „Ameisenkribbeln"), Schluckbeschwerden, Blutdruckabfall, Pulsverlangsamung, Atemnot, aufsteigende Lähmung*, Tod
Tetramin	Wellhornschneckenvergiftung		verschwommenes Sehen, Zuckungen, Schwäche, Lähmung, Kollaps
Histamin	Scombroidvergiftung	*Morganella morganii* *Hafnia alvei* *Klebsiella pneumoniae* *Proteus* spp. *Vibrio* spp.	Erbrechen, Durchfall, Brennen im Mund, rote Flecken, Blutdruckabfall, Schwellungen, Entzündungen

* Aufsteigende Lähmungen beginnen in den Gliedmaßen und schreiten zum Stamm fort; bei absteigenden Lähmungen verhält es sich umgekehrt.

was zu Lähmungserscheinungen führt. Mindestens 18 weitere Verbindungen sind beteiligt, darunter natürliche Algengifte wie das von *Gonyaulax tamarensis* var. *excavata* produzierte Neosaxitoxin und deren Stoffwechselprodukte. Alle diese Substanzen sind hitzebeständig und werden auch durch normales Kochen nicht zerstört. Saxitoxin ist eines der wirksamsten bekannten Gifte, das sogar in der Chemiewaffenkonvention auftaucht. Früher wurde die Substanz zu militärischen Zwecken gelagert; alle Unterzeichnerstaaten der Konvention mußten ihre Vorräte jedoch zerstören und durften nur geringe Mengen zu Forschungszwecken zurückbehalten.

Neurotoxische Muschelvergiftung: Dieses Syndrom wird von Toxinen der Alge *Ptychodiscus brevis* verursacht. Ausbrüche der Erkrankung, besonders in Nordamerika, werden mit dem Verzehr von Austern, Muscheln und anderen zweischaligen Weichtieren in Verbindung gebracht. *Ptychodiscus brevis* verursacht auch die berühmten roten Fluten in Florida: Schwimmer reagieren mit Augenreizungen und Husten auf die Toxine, die von den Algen in die Brandung freigesetzt werden. Es handelt sich dabei um die Nervengifte Brevetoxin B und C. Der genaue Wirkmechanismus dieser Polyetherverbindungen ist noch unklar. Auf alle Fälle binden die Substanzen an Nervenzellen, wodurch es zu Magen-Darm-Störungen, Taubheitsgefühlen im Mund, Muskelschmerzen und Schwindel kommt.

Amnestische Muschelvergiftung: Dieses Syndrom wurde erstmals 1987 in Kanada beschrieben, als 107 Personen nach dem Genuß von Zuchtmuscheln erkrankten. Beobachtet wurden Erbrechen, Durchfall, Krämpfe des Oberbauchs und ein Verlust des Kurzzeitgedächtnisses, der in einigen Fällen permanent wurde. Drei Betroffene starben. Als Verursacher identifizierte man die Domosäure, ein starkes Neurotoxin, abgesondert von der marinen Diatomee *Nitzschia pungens*, einem Bewohner der Küstengewässer des atlantischen, pazifischen und indischen Ozeans.

Gastrointestinale Muschelvergiftung: Dieses Syndrom erregt in Japan seit längerer Zeit öffentliches Interesse, denn innerhalb der letzten 25 Jahre traten dort hunderte derartige Vergiftungsfälle auf. Da sich mittlerweile der Lebensraum der verursachenden Algenarten, *Dinophysis* und *Prorocentrum*, verschob, ist die Erkrankung jetzt weltweit verbreitet. Ausbrüche registrierte man in den Niederlanden, in Frankreich und Italien, wo sich 150 Menschen an kontaminierten Muscheln vergifteten. In Großbritannien waren Personen bislang nicht betroffen, aber man fand die entsprechenden Toxine in Herzmuscheln im Bereich von Flußmündungen.

Das Syndrom wird vor allem von Okadasäure und den Dinophysistoxinen 1-3 hervorgerufen, die ursprünglich in Miesmuscheln vorkommen. Eine Rolle spielen auch Yessotoxin und die Pecentotoxine aus Kammuscheln (*Patinopecten yessoensis*). Durch dreistündiges Kochen kann man die Giftstoffe zerstören; die Methode der Wahl besteht jedoch darin, Muschelbänke regelmäßig auf Kontaminationen zu überprüfen und die Ernte zu unterbrechen, wenn Grenzwerte überschritten werden. Am häufigsten betroffen sind Miesmuscheln, Kammuscheln und Venusmuscheln. Die Symptome können maximal 3 Tage lang anhalten und bestehen in Durchfall, Erbrechen und Bauchschmerzen.

Ciguatera: Dieses Krankheitsbild wurde bereits 1555 in Westindien erstmals beschrieben. 1606 litt die Besatzung des spanischen Erkundungsschiffes de Quiros im Pazifik an den typischen gastrointestinalen und neurologischen Symptomen. Der Name Ciguatera leitet sich von *cigua* ab – so bezeichnen die Bewohner der karibischen Inseln die Schnecke *Turbo pica*.

Ciguatera ist die am häufigsten auftretende Lebensmittelvergiftung, deren Verursacher ein natürliches Toxin ist. Das Syndrom ist auch das wichtigste mit Fisch verknüpfte epidemiologische Problem: Weltweit zählt man jährlich 50 000 Fälle, 20 000 davon im karibischen Raum. Auch in Europa ist die Vergiftung nicht unbekannt. Erst 1990 erkrankten in Großbritannien 3 Personen nach dem Genuß selbst zubereiteten, aus dem Oman importierten Schnapperfischs (*Lutianus campechinus*). Besonders gefährdet sind jedoch der pazifische, karibische und indische Raum, und kontaminiert sind vor allem räuberisch lebende Riffbewohner wie Schnapper, Chirurg, Zackenbarsch, Barracuda, Grashecht, die Barschgattungen *Epinephelus* und *Mycteroperca* sowie über 400 andere Arten.

An der Ciguatera sind verschiedene Toxine beteiligt. Daher können die Symptome recht unterschiedlich ausfallen, und ihre Intensität hängt auch von der aufgenommenen Giftmenge ab. Beschrieben wurden Übelkeit, Erbrechen, Bauchschmerzen, Schwindel, verschwommenes Sehen bis hin zur (in manchen Fällen vorübergehenden) Erblindung, manchmal gefolgt von Lähmungen bis zum Tod. Die Mortalitätsrate kann 20 % erreichen. Eine kuriose Erscheinung ist die Vertauschung des Wärme- und Kälteempfindens. Normalerweise treten die Symptome innerhalb weniger Stunden nach Verzehr des Fisches auf, gelegentlich schon nach 15 Minuten, in anderen Fällen erst nach einem Tag. Die neurologischen Störungen können monatelang anhalten. Gegen Ciguatoxin wirkt kein Antidot. Die Behandlung erfolgt unterstützend, und man sollte während der Genesung auf Alkohol, Fisch, Nüsse und Nußöle verzichten, weil diese Speisen die Effekte verschlimmern können.

Erst 1977 erkannte man, daß die Ciguateravergiftung von der Alge *Gambierdiscus toxicus* hervorgerufen wird. Zwei weitere Arten, *Prorocentrum concavum* und *Prorocentrum mexicana*, scheiden ähnliche Nervengifte aus. Ciguatoxine sind chemisch Polyether geringer Molekülmasse, die unter den körpereigenen Neurotransmittern (→ Glossar) Verwüstungen anrichten, indem sie an Nervenendigungen binden und die Freisetzung wichtiger Botenstoffe verhindern.

Kochen und andere Verarbeitungsmethoden zerstören die Ciguatoxine nicht. An einem kontaminierten Fisch kann man nichts Ungewöhnliches erkennen. Der einzig zweckdienliche Rat besteht darin, möglichst keine großen Exemplare der genannten Arten zu essen, um die Aufnahme größerer Giftmengen zu vermeiden. Kürzliche Entwicklungen auf dem Gebiet der Immunoassays, darunter auch ein Schnelltest mit Stäbchen, helfen bei der Überwachung gefährdeter Regionen und damit bei der Eindämmung der Krankheit.

Kugelfischvergiftung: Außerhalb Japans treten Vergiftungen mit Kugelfisch selten auf, aber allein aus diesem fernöstlichen Land wurden im Laufe des 20. Jahrhunderts 6000 Fälle gemeldet. Die Gefahr ist so groß, daß sich Kugelfischköche einer speziellen, zertifizierten Ausbildung unterziehen müssen, und trotzdem ist der Genuß des Fisches dem Kaiser verfassungsrechtlich verboten.

Die Symptome umfassen Taubheitsgefühle im Gesicht und in den Gliedmaßen, Schwindel, Schwäche, zunehmende Lähmung und schließlich Atemstillstand. Die Mortalitätsrate liegt bei nahezu 60 %. Die Störungen beginnen innerhalb von drei Stunden nach der Mahlzeit und verschwinden nach drei Tagen, vorausgesetzt, der Betroffene überlebt die ersten 24 Stunden.

Beteiligt sind die Toxine des Kugelfischs, Tetrodotoxin und sein Abkömmling Anhydrotetrodotoxin, die in der Haut und den Eingeweiden vorwiegend von Kugelfischen, Igelfischen und Sonnenfischen angereichert sind. Die Substanzen blockieren die schnellen Natriumkanäle in den Zellmembranen. Tetrodotoxin ist kochbeständig und kann auch von Bakterien erzeugt werden, beispielsweise von *Vibrio spp.*, *Shewanella spp.*, *Pseudomonas spp.* und *Steromonas spp.*

Wellhornschneckenvergiftung: In Großbritannien wurden seit 1970 sechs Fälle von Vergiftungen mit der roten Wellhornschnecke bekannt, vier davon in

Schottland und zwei in Nordengland. Jeder Erkrankung war ein Verzehr der Art *Neptunea antoqua* vorausgegangen, die an der Nordostküste Englands von Fischern gefangen wird, deren Ziel eigentlich die eßbare Wellhornschnecke *Buccinium undatum* ist. Das Erscheinungsbild der Arten ist ähnlich, aber die rote Wellhornschnecke ist größer und glatter als ihr eßbarer Doppelgänger, und sie ist orangegelb gefärbt. Die rote Wellhornschnecke sondert über die Speicheldrüsen das Stoffwechselprodukt Tetramin ab, eine curareähnliche Verbindung (→ Glossar), die giftig wirkt. Die Folge sind Störungen des Nervensystems wie verschwommenes Sehen, Muskelzuckungen, Schwäche, Lähmungen und Kreislaufzusammenbruch. Im allgemeinen klingen die Symptome nach 24 Stunden ab.

Scombroidvergiftungen: Diese Vergiftung wird durch die Freisetzung von Histamin verursacht, wie in Kapitel 4 ausführlich erläutert wird.

Endotoxine

Endotoxine sind chemisch sogenannte Lipopolysaccharide, das heißt, sie enthalten Fettbausteine (Lipo-) und Kohlenhydratbausteine (Saccharid-). Es handelt sich um Abbauprodukte der Zellwände insbesondere gramnegativer Bakterien (→ Glossar). In der Regel sind sie weniger wirksam als Ektotoxine, die Reaktion ist direkt proportional zur aufgenommenen Menge, und die Symptome sind weniger spezifisch, da keine Angriffe auf Rezeptoren oder spezielle Organe erfolgen. Häufig beobachtet werden Fieber, Gelenkschmerzen, Durchfall und Erbrechen. Wie die meisten Ektotoxine sind auch Endotoxine hitzebeständig. Durch das Abkochen kontaminierter Speisen werden zwar oft die Bakterien zerstört, aber deren Toxine bleiben bestehen und können akute Erkrankungen verursachen. Besonders gefährlich sind in dieser Hinsicht wieder aufgewärmte Speisen, denn dort konnten sich die Bakterien zwischenzeitlich vermehren. Bereits nach wenigen Stunden spürt man die Wirkung: starkes Erbrechen, Magenkrämpfe und Durchfall. Glücklicherweise klingen die Symptome meist innerhalb eines Tages von selbst ab.

Ernstere Folgen können sich jedoch ergeben, wenn Bakterien die Darmwand durchdringen und den Organismus überschwemmen. Ist der Körper durch Unterernährung oder Krankheiten geschwächt, lassen sich seine Abwehrkräfte leichter erschöpfen, und Mikroorganismen dringen in Gewebe ein. Dort vermehren sie sich und sterben schließlich ab, wobei Endotoxine in großen Mengen freigesetzt werden. Der Körper reagiert mit Fieber, Schockzuständen und Kreislaufzusammenbrüchen. Gelegentlich kann der Blutstrom unterbrochen werden, wodurch lebenswichtigen Organen nicht genug Energie zugeführt wird, was schließlich sogar zum Tod führen kann.

Endotoxinvergiftungen kann man weitgehend vermeiden, wenn man bei der Lagerung und Verarbeitung von Speisen auf Hygiene achtet. Mißachten Sie auch nur einen der folgenden Hinweise, bringen sie möglicherweise sich selbst, Ihre Familie oder Ihre Gäste in Gefahr. Viele Ratschläge gelten ganz besonders für das Gastronomiegewerbe.

Menschliche Faktoren
- Waschen Sie vor und regelmäßig während der Speisenzubereitung die Hände.
- Decken Sie Wunden ab.
- Niesen und husten Sie nicht auf Speisen. Bei Erkältungskrankheiten tragen Sie gegebenenfalls einen Mundschutz.
- Bedecken Sie Ihre Haare.
- Tragen Sie saubere Kleidung.

Arbeitsfläche
- Halten Sie die Arbeitsfläche sauber. Arbeiten Sie nur auf unbeschädigten Flächen.
- Stellen Sie verderbliche Lebensmittel in den Kühlschrank, wenn Sie sie nicht unmittelbar benötigen.
- Bewahren Sie ungekochte Speisen kühl und dunkel auf.
- Haus- und andere Tiere haben in der Küche nichts zu suchen.

Arbeitsgeräte
- Benutzen Sie nur Schneidbretter, die sich desinfizieren lassen.
- Desinfizieren Sie Messer vor dem Gebrauch.
- Desinfizieren Sie Messer, mit denen Sie rohe Speisen geschnitten haben, vor dem Schneiden gekochter Speisen.
- Halten Sie Ihre Arbeitsgeräte generell sauber, bewahren Sie sie in sauberen Behältern auf.

Nahrungsmittel
- Waschen Sie frisches Obst und Gemüse sorgfältig ab.
- Werfen Sie verunreinigte oder verdorbene Speisen weg.
- Verwenden Sie keine Nahrungsmittel aus beschädigten Konservendosen oder Verpakkungen.
- Werfen Sie Nahrungsmittel weg, die ungewöhnlich riechen.
- Bewahren Sie im Kühlschrank rohe Speisen nicht in der Nähe gekochter Speisen auf.

Kochen

- Die minimalen Gartemperaturen liegt für Rindfleisch bei 60 °C, für Schwein, Kalb und Lamm bei 77 °C, für Geflügel einschließlich Truthahn bei 82 °C.
- Bei großen Stücken oder ganzen Geflügelbraten verwenden Sie am besten ein Garthermometer.
- Tauen Sie Speisen vor dem Kochen vollständig auf, am besten in der Mikrowelle.
- Besondere Vorsicht ist bei Speisen angezeigt, die bei niedrigen Temperaturen langsam gegart werden.

Denken Sie stets daran, daß *jedes* Nahrungsmittel kontaminiert sein kann, und achten Sie daher immer auf sorgfältige Reinigung, korrekte Lagerung und vorschriftsmäßige Zubereitung. Nachlässigkeit bei der Befolgung dieser einfachen Regeln kann zu Lebensmittelvergiftungen führen – und die Zahl einschlägiger Fälle steigt ständig, auch in entwickelten Industrieländern.

Natürlich vorkommende Pflanzengifte

Im Tier- und Pflanzenreich gibt es sehr viele Chemikalien, die für den Menschen giftig sind. In der Regel kennt und erkennt man sie und kann sie daher meiden. Trotzdem lauern einige verborgene Gefahren, mit denen sich die folgenden Abschnitte beschäftigen werden.

Pilzgifte

Pilze als Nahrungsbestandteil erfreuen sich großer Beliebtheit. Nur die Furcht vor Vergiftungen läßt viele Kunden ausschließlich zu Zuchtchampignons (*Agaricus bisporus*) greifen. Dieses Verhalten wurde im Mittelalter von Mönchen gefördert, die viele eßbare, schmackhafte Pilze kannten, aber ebenso um die Gefährlichkeit mancher Arten wußten. Daher hielten sie die Landbevölkerung an, sicherheitshalber nur Champignons zu essen. Manche vermuten hinter diesem weisen Rat noch eine andere Absicht: So behielten die Mönche die besten Pilze für sich. Die Furcht vor ungewöhnlichen Pilzen aber blieb bis heute bestehen, obwohl die Mehrheit der Konsumenten jetzt besser über die verschiedenen eßbaren Exemplare aufgeklärt ist, nicht zuletzt auch durch einen Blick auf die in anderen Kulturkreisen verzehrten Arten.

Häufig auf dem Speisezettel stehen Austernpilze (*Pleurothus ostreatus*), Scheidlinge oder Strohpilze (besonders *Volvariella volvaceae*) aus Ostasien, Shiitake (*Lentinus edodes*) aus Japan sowie Trüffel (*Tuber melanosporum/*

magnatum) und Pfifferlinge (*Cantharellus cibarius*) aus Frankreich. Diese Arten kann man weltweit kaufen, oft sogar in Supermärkten. Der Wiesenchampignon (*Agaricus campestris*) ist zwar eßbar, eignet sich aber nicht zur kommerziellen Zucht. Die weltgrößten Pilzerzeuger sind, in dieser Reihenfolge, die USA, Frankreich, Taiwan und Großbritannien mit einer jährlichen Gesamtproduktion von einer Million Tonnen.

Die falschen Pilze zu essen, kann gefährlich sein. Zwar enthalten nur wenige Arten tödliche Gifte, aber viele andere können unangenehme akute Wirkungen hervorrufen. Die Schwere und damit der Ausgang einer Pilzvergiftung hängt vom Umfang des genossenen Gerichts ab. Nicht immer kann man die Giftstoffe identifizieren, und aus diesem Grund ordnet man die Substanzen nach ihrem physiologischen Effekt in vier Kategorien: Protoplasmagifte, die Zellen im ganzen Organismus töten, was zum Organversagen führt; Nervengifte, die neurologische Symptome hervorrufen wie Schweißausbrüche, Koma, Krämpfe, Halluzinationen, Nervosität, Depressionen und Darmkrämpfe; Gifte, die den Magen-Darm-Trakt reizen und Übelkeit, Erbrechen, Magenkrämpfe und Durchfälle auslösen sowie disulfiramähnliche Verbindungen, deren unangenehme Wirkung (Übelkeit, Erbrechen, Magenkrämpfe) nur eintritt, wenn innerhalb von 72 Stunden nach dem Pilzverzehr Alkohol genossen wird.

Protoplasmagifte: Einige Pilzarten der Gattung *Amanita* wie der Grüne Knollenblätterpilz (*A. phalloides*) und der Kegelhütige Knollenblätterpilz (*A. virosa*) produzieren sogenannte Amanitine, chemisch cyclische Octapeptide. Charakteristisch für Amanitinvergiftungen ist eine bis zu 2 Tage (im Durchschnitt 6–15 Stunden) andauernde, symptomlose Latenzzeit. Plötzlich setzen dann akute Bauchschmerzen ein, es kommt zu unstillbarem Erbrechen, wäßrigen Durchfällen, starkem Durst und zu Störungen der Urinproduktion. Überlebt der Patient diese erste Phase, erholt er sich kurzzeitig scheinbar, aber anschließend verliert er schnell an Kraft, leidet unter Erschöpfungszuständen und schmerzbedingter Unruhe. 50–90 % aller Fälle verlaufen – manchmal schon 48 Stunden nach Verzehr einer größeren Portion Pilze – tödlich infolge fortschreitender, irreversibler Schäden an Nieren, Leber und Skelettmuskulatur. Typischerweise dauert die Erkrankung 6–8 Tage bei Erwachsenen und 4–6 Tage bei Kindern an. Zwei oder drei Tage nach Ausbruch der Symptome werden Gelbsucht, Cyanose und Kältegefühle auf der Haut beobachtet. Der Patient fällt ins Koma, leidet gelegentlich auch unter Krämpfen und stirbt schließlich. (Betroffene, die all dies überleben, benötigen zur Genesung oft mehr als einen Monat, und selbst danach kann eine Vergrößerung der Leber zurückbleiben.) Die Autopsie zeigt oft Verfettungen und Nekrose von Leber und Nieren.

Einige Lorchelarten (*Gyromitra*), insbesondere die Frühjahrslorchel (*G. esculenta*) und die Riesenlorchel (*G. gigas*), enthalten das Protoplasmagift Gyromitrin, ein flüchtiges Hydrazinderivat. Die Symptome einer Gyromitrinvergiftung ähneln den eben erläuterten Effekten einer Amanitinvergiftung, sind aber weniger schwer. In der Regel werden die ersten Symptome 6–10 Stunden nach der Mahlzeit registriert: plötzliches Völlegefühl, starke Kopfschmerzen, Erbrechen, gelegentlich Durchfall. Das Toxin schädigt in erster Linie die Leber, aber auch die Blutzellen und das Zentralnervensystem. Mit 2–4 % ist die Mortalitätsrate vergleichsweise niedrig.

Vergiftungen mit ähnlicher Symptomatik wurden auch nach dem Verzehr der seltenen Runzelverpel (*Verpa bohemica*) beobachtet. Das auslösende Toxin ist, so vermutet man, dem Gyromitrin ähnlich, aber es wurde bisher nicht identifiziert. (*Anm. d. Übersetzerin:* In Pilzbüchern wird die Runzelverpel teilweise als eßbar bezeichnet!)

Eine dritte Gruppe der Protoplasmagifte ist in Pilzen der Gattung Schleierling (*Cortinarius*) enthalten, besonders im Orangefuchsigen Rauhkopf (*C. orellanus*) und ähnlichen Arten. Der Pilz enthält Orellanin. Während einer mit 3–14 Tagen bemerkenswert langen Latenzzeit machen sich keinerlei Symptome bemerkbar. Die ersten Anzeichen der Vergiftung sind brennender Durst und eine übermäßige Ausscheidung von Urin (Polyurie). Anschließen können sich Übelkeit, Kopf- und Muskelschmerzen, Schüttelfrost und Krämpfe bis hin zur Bewußtlosigkeit. Durch Nekrose der Nierenkanälchen und Leberversagen kann einige Wochen nach der Vergiftung der Tod eintreten. Beobachtet werden daneben eine Verfettung der Leber und entzündliche Veränderungen des Verdauungstrakts. Schon bei weniger schweren Fällen ist eine Genesungszeit von mehreren Monaten durchaus normal.

Nervengifte (Neurotoxine): Wie der Name andeutet, schädigen Nervengifte das Nervensystem. Nach der Symptomatik lassen sich die Toxine in drei verschiedene Gruppen einteilen, und die zugehörigen Erkrankungen sind nach den Verursachern benannt.

Muscarinvergiftung: Der Genuß von Rißpilzen und Trichterlingen (wie *Inocybe geophylla*, dem Seidigen Rißpilz, oder *Clitocybe dealbata*, dem Rinnigbereiften Trichterling) führt vor allem zu Schweißausbrüchen. Verantwortlich dafür sind hohe Konzentrationen (3–4 %) Muscarin. 15–30 Minuten nach der Mahlzeit kommt es außerdem zu starkem Speichel- und Tränenfluß. War die genossene Portion Pilze groß, so können danach Bauchschmerzen, Übelkeit, Erbrechen, verschwommenes Sehen und Atemnot auftreten. Die Symptome klingen in der Regel nach 2 Stunden ab, Todesfälle sind selten, wurden aber infolge von Herzversagen und Atemstillstand gelegentlich beobachtet.

Ibotensäure- und Muscimolvergiftung: Sowohl der Fliegenpilz (*Amanita muscaria*) als auch der Pantherpilz (*Amanita pantherina*) enthalten Ibotensäure und Muscimol. Beide Verbindungen lösen dieselben Symptome aus, Muscimol ist jedoch ungefähr fünfmal so wirksam wie Ibotensäure. Vergiftungserscheinungen machen sich in der Regel 1–2 Stunden nach der Mahlzeit bemerkbar. Manchmal beginnen sie mit leichtem Unwohlsein, stets jedoch folgen Schläfrigkeit und Verwirrtheit (einige Patienten schlafen in diesem Stadium ein). Die anschließende Periode ist dagegen von Hyperaktivität, Erregbarkeit, Wahnvorstellungen und Delirien gekennzeichnet. Dabei können Müdigkeits- und Aktivitätsphasen abwechseln auftreten. Meist verschwinden die Symptome innerhalb weniger Stunden. Der Verzehr großer Mengen Pilze kann zu Krämpfen, Koma und anderen neurologischen Störungen führen, die bis zu 12 Stunden anhalten. Erwachsene fallen diesen Vergiftungen selten zu Opfer, Kinder sind stärker gefährdet.

Psilocybinvergiftung: Zu den Gattungen *Psilocybe*, *Panaeolus*, *Copelandia*, *Gymnopilus*, *Conocybe* und *Pluteus* gehören sehr viele Arten. Gifte, die in diesen Pilzen enthalten sind, lösen Symptome aus, die einer Alkoholvergiftung ähneln (manchmal kommt es zu Halluzinationen). Einige Arten werden von amerikanischen Ureinwohnern ihrer psychotropen Effekte wegen bei religiösen Zeremonien absichtlich verzehrt; dies betrifft unter anderem die Kahlkopfarten *Psilocybe cubensis* und *Psilocybe mexicana* sowie das Samthäubchen *Conocybe cyanopus*. Die Toxine sind Psilocin und Psilocybin.

Die Symptome setzen sofort ein und halten etwa 2 Stunden lang an; ihr Erscheinungsbild ähnelt dem der Ibotensäurevergiftung, ist aber durch die Abwesenheit von Verwirrtheit und Koma eindeutig zuzuordnen. Erwachsene sterben sehr selten an derartigen Vergiftungen. Die schwersten bekannten Fälle von Psilocybinvergiftung betrafen kleine Kinder; große Mengen Pilze können dann zu Halluzinationen mit Fieber und Krämpfen, zum Koma und schließlich zum Tod führen. Alle genannten Arten sind klein, braun, ohne charakteristische Merkmale und nicht sehr fleischig. Daher ist die Gefahr einer Verwechslung mit den bekannten Speisepilzen durch unerfahrene Pilzsammler eher gering.

Psilocybinvergiftungen müssen mit Vorsicht behandelt werden. Ärzte bekommen wahrscheinlich nur Fälle zu sehen, in denen parallel zum Pilzverzehr andere psychotrope Substanzen (zum Beispiel die Designerdroge PCP, Engelsstaub) eingenommen wurden.

Magen- und darmreizende Toxine: Sehr viele Pilze enthalten Toxine, die Verdauungsstörungen wie Übelkeit, Erbrechen, Durchfall und Oberbauchkrämpfe bewirken. Zu nennen sind unter anderem der Riesenrötling (*Entoloma lividum*), der Tigerritterling (*Tricholoma pardinum*), der Leuchtende Ölbaumpilz (*Omphalotus olearius*), der Kahle Krempling (*Paxillus involutus*), der Speitäubling (*Russula emetica*) sowie die gelegentlich als eßbar bezeichneten Arten Anischampignon (*Agaricus arvensis*), Runzelverpel (*Verpa bohemica*) und Pfefferröhrling (*Boletus piperatus*). Die Symptome ähneln denen der tödlichen Protoplasmagifte, setzen aber sofort, ohne die für letztere charakteristische Latenzzeit, ein.

Einige der genannten Arten, insbesondere die ersten vier, können mehrere Tage lang anhaltende Brechdurchfälle verursachen. Zum Tod – infolge von Austrocknung und Störungen des Elektrolythaushalts – kommt es jedoch selten, betroffen sind dann vor allem geschwächte, sehr junge oder sehr alte Patienten. Flüssigkeitszufuhr und andere unterstützende Maßnahmen reichen zur Therapie in der Regel aus. Die Stoffwechselchemie der beteiligten Toxine ist bisher noch weitgehend ungeklärt, vermutet wird ein Zusammenhang mit dem Auftreten ungewöhnlicher Zucker und Aminosäuren in manchen Arten.

Disulfiramvergiftungen: Für die meisten Fälle von Disulfirampilzvergiftungen ist der Graue Tintling (*Coprinus atramentarius*) verantwortlich, wobei das Toxin auch in einigen anderen Arten nachgewiesen wurde. Kompliziert daran ist, daß die Pilze normalerweise eßbar sind – Probleme treten nur bei gleichzeitigem Alkoholgenuß auf. Die Pilze produzieren eine ungewöhnliche Aminosäure, Coprin, die unser Organismus in Cyclopropanhydrat umwandelt. Diese Verbindung greift in den Alkoholstoffwechsel ein. Die Aufnahme von Alkohol innerhalb von 72 Stunden nach Verzehr des Pilzgerichts verursacht Kopfschmerzen, Übelkeit, Erbrechen, rote Flecken und Kreislaufstörungen, die 2–3 Stunden lang anhalten. Den gleichen Effekt beobachtet man bei der Einnahme von Antabus (Disulfiram) im Rahmen eines Alkoholentzugs (siehe Kapitel 2).

Toxine aus Schimmelpilzen

Schimmelpilze gehören biologisch gesehen ebenso zu den Thallophyten wie die oben diskutierten Speisepilze. Zwar sind sie keine Nahrungsmittel im eigentlichen Sinne, können aber Lebensmittel befallen und werden mit diesen verzehrt. Daneben scheiden sie sogenannte Mycotoxine verschiedener Art aus. Zu den bekanntesten und für den Menschen wichtigsten Arten gehört *Claviceps cornutum*, dessen vor allem auf Roggen vorkommende Dauerform „Mutterkorn" (*Secale cornutum*) genannt wird. Mutterkorn enthält zahlreiche Alkaloide, die als Heilmittel (zum Beispiel für Migräne, → Glossar) Verwendung finden. Um die aktiven Substanzen zu gewinnen, infiziert man Roggen absichtlich mit dem Schimmelpilz. Die Dauerform bildet sich an den Enden der Körner. Verfüttert man das Getreide an Tiere, kann es zu akuten Vergiftungen kommen. Kontaminiertes Mehl kann auch dem Menschen gefährlich werden.

Im Mittelalter verzeichnete man in Regionen wie dem Balkangebiet, wo Roggenbrot zu den Grundnahrungsmitteln gehört, regelmäßig Fälle von Mutterkornvergiftung (Ergotismus), die damals St. Antoniusfeuer oder Kribbelkrankheit genannt wurde. Beide Namen gehen auf die primären Symptome – Brennen und Kribbeln in den Gliedmaßen aufgrund von Durchblutungsstörungen – zurück. Später, vor allem bei chronischer Vergiftung, kommt es zu Gewebsuntergang und Geschwürbildung, Muskelkrämpfen in den Gliedern. Häufig verstarben die Betroffenen. Eine Epidemie ereignete sich im August 1722 in Rußland, als Peter der Große seinen Kampf zur Vertreibung der Türken von russischem Boden begann. Seine Armeen sammelten sich in Astrachan an der Wolgamündung und ernährten sich unter anderem von infiziertem Roggenmehl. So viele Männer und Pferde gingen zugrunde, daß die Auseinandersetzung endete, ohne daß es zu einer Schlacht gekommen wäre.

Andere Schimmelarten produzieren andere Mycotoxine. 1959 kaufte ein Farmer Erdnußmehl als Hühnerfutter. Auf diesem Mehl wuchs der pulverförmige grüne Schimmel *Aspergillus flavus*. Alle Hühner erlitten eine schwere Vergiftung und starben. Dieses Ereignis zog intensive Forschungsarbeiten nach sich, in deren Ergebnis das Aflatoxin (→ Glossar) entdeckt wurde, ein Giftstoff, der nicht nur in *A. flavus* vorkommt.

Von Aflatoxin kennt man vier Typen: B_2, G_1, G_2 und B_1, den gefährlichsten. Kontaminationen finden sich vorwiegend in Getreide, Erdnüssen, Baumwollsaat, Baumnüssen wie Pekannüssen, Pistazien, Walnüssen und Paranüssen, Chilischoten, Trockenfrüchten und sogar Brot. Die Konzentrationen sind jedoch selten so hoch, daß die Entgiftungssysteme unseres Körpers überfordert wären. Gibt man Kühen aflatoxinhaltiges Futter, wird das Gift nicht nur mit dem Urin ausgeschieden, sondern es geht auch in die Milch über. Inzwischen ist die erlaubte Menge an Aflatoxin in für den menschlichen Verzehr bestimmter Milch gesetzlich vorgeschrieben; in der EU darf Tierfutter höchstens 20–50 µg Aflatoxin je kg enthalten. Überschreiten Lebensmittel wie beispielsweise Erdnüsse solche Grenzwerte, werden sie als für den Menschen ungeeignet betrachtet.

In den Industrieländern werden Aflatoxinvergiftungen selten beobachtet. Epidemien traten dagegen in Kenia und in der Türkei auf. 1974 waren zwei benachbarte Siedlungen in Nordwestindien betroffen, und von 397 Erkrankten starben 108. Auch viele Hunde gingen zugrunde. Fieber, Gelbsucht, Schwellungen in den Beinen, Schmerzen und schließlich Leberversagen wurden auf den Verzehr kontaminierten Getreides zurückgeführt. Die Überlebenden wurden 10 Jahre nach diesem Ereignis behördlich untersucht, wobei sich keinerlei Langzeit- oder Spätfolgen feststellen ließen. Zirrhosefälle bei indischen Kindern werden der Aufnahme großer Mengen von rohem Erdnußöl und angekochtem Reis zugeschrieben, deren Aflatoxingehalte bei bis zu 0,1 mg/kg liegen können.

Ein Lebertumor, der in Entwicklungsländern Ostafrikas, auf den Philippinen und in Thailand häufig auftritt, wurde ebenfalls mit Aflatoxin in Verbindung gebracht; der endgültige Beweis steht aber noch aus. Sicher ist, daß der Giftstoff bei Ratten cancerogen wirkt, weshalb man ihn auch zur Testung neuer Krebstherapien einsetzt. Wie man beispielsweise kürzlich feststellte, enthalten manche grüne Gemüse, besonders Rosenkohl und Brokkoli, die möglicherweise tumorhemmende Verbindung Indol-3-carbinol (I3C). Um dies zu untersuchen, verabreichten Maggie Manson, Ann Hudson und ihre Mitarbeiter von der toxikologischen Abteilung des Medical Research Council in Leicester (England) I3C an Ratten, die zuvor über einen längeren Zeitraum relativ große Dosen des gefährlichen Aflatoxins B_1 erhalten hatten. Ratten, denen 24 Wochen lang 2 ppm des Toxins gegeben worden waren, hatten nach 48 Wochen im Durchschnitt je 6 Tumore entwickelt. Eine zweite Gruppe erhielt zunächst 2 Wochen lang I3C, anschließend 22 Wochen lang I3C und Aflatoxin B_1; nach 48 Wochen zeigte sich kein einziger Tumor. Auch eine dritte Gruppe, die 6 Wochen lang Aflatoxin B_1 und im Anschluß 18 Wochen lang I3C und das Gift erhalten hatte, blieb von Krebs 48 Wochen lang vollständig verschont.

Andere Mycotoxine, die Krankheiten verursachen können, sind in Tabelle 8.2 zusammengestellt. Den meisten Toxinen machen niedrige Temperaturen

Tabelle 8.2 Pilzgifte (Mycotoxine) in Nahrungsmitteln.

Mycotoxin	Mikroorganismus	Befallene Lebensmittel	Erkrankungen
Citrinin	*Penicillium citrinum* *Penicillium viridicatum*	Weizen, Roggen, Hafer, Reis, Käse	Nierenschäden
Ochratoxine	*Aspergillus ochraceus* *Penicillium viridicatum*	Getreide, Kaffee, Kakao, Zitrusfrüchte, Nüsse, Käse, Soja	Fettleber
Penicillsäure	*Penicillium cyclopium* *Penicillium martensii*	Bohnen, Mais, Obst	Leberkrebs
Sterigmatocystin	*Aspergillus versicolor*	grüner (ungerösteter) Kaffee, Käse, Getreide	Leberschäden, Leberkrebs
Trichotecene	*Fusarium graminearum*	Getreide	Aleukie des Verdauungstrakts
Zearalenon	*Fusarium graminearum*	Getreide	Imitation östrogener Hormone

Tabelle 8.3 Nützliche Schimmelarten.

Mikroorganismus	Vorgang	Produkt
Saccharomyces cerevisiae	Vergärung von Zucker	Alkohol (in Bier)
Saccharomyces carlesbergii	Vergärung von Zucker	Lagerbier
Aspergillus soyae/oryyzae	Vergärung von Soja	Sojasoße
Penicillium notatum	Synthese eines Antibiotikums	Penicillin
Streptomyces griseus	Synthese eines Antibiotikums	Streptomycin
Penicillium roquefortii	Käsereifung	Roquefort, Stilton, Gorgonzola
Penicillium camembertii	Reifung von Weichkäse	Camembert, Brie
Mucor/Rhizopus	Modifizierung von Reis	Ragi
Saccharomyces sake	Vergärung von Reis	Sake (Reiswein)
Rhizopus oligosporus	Modifizierung/Vergärung von Soja	Tempeh
Fusarium graminearum	Modifizierung von Grundnahrungsmitteln	eiweißreiche Fleischersatzprodukte
Aspergillus niger	Vergärung von Zucker	Zitronensäure, Erfrischungsgetränke

wenig aus; besonders wichtig sind daher die Lagerungsbedingungen, denn bei niedriger Luftfeuchtigkeit wächst kein Schimmel. Nahrungsmittel mit einem Wassergehalt von weniger als 12 % werden in der Regel nicht befallen. Nicht alle Schimmelpilze sind unsere Feinde. Einige nützliche Arten finden Sie in Tabelle 8.3.

Pyrrolizidinalkaloide

Pyrrolizidinalkaloide (PAs) sind heimtückische natürliche Gifte. Sie lösen nicht nur die üblichen Vergiftungssymptome wie Durchfall und Erbrechen aus, sondern können, über einen längeren Zeitraum hinweg eingenommen, auch Leberzirrhosen hervorrufen. Laborversuche an Mäusen zeigten überdies carcinogene (krebserregende) und mutagene (erbgutschädigende) Eigenschaften. Beinwell (Schmerzwurz), ein Kraut, das reichlich PAs enthält, wurde früher trotzdem gern verwendet: Die Blätter gab man an Salate oder trocknete sie zu Tee. Naturmediziner verordneten Beinwellkapseln gemäß dem alten Volksglauben, die Pflanze helfe gegen Arthritis, Kopfschmerzen und Erkältungskrankheiten. Das Kraut gehört wie die ebenfalls PA-haltigen Arten Vergißmeinnicht und Hundszunge zur Familie der Borretschgewächse (*Boraginaceae*). Als Droge sind Pflanzen, die Pyrrolizidinalkaloide enthalten, in Deutschland nur noch unter strengen Auflagen zugelassen. Bei maximaler Dosierung darf die tägliche Exposition nicht über 1 µg der Alkaloide liegen, wenn das Arzneimittel innerlich angewendet wird.

Weidevieh kann Pyrrolizidinalkaloide aufnehmen, wenn auf den Weidegründen viel Kreuzkraut wächst. Auch andere Mitglieder der Familie der Korbblütengewächse (Gänseblümchen, Studentenblume, Kamille, Disteln, Kornblume) enthalten solcherart Verbindungen. Gleiches vermutet man von den Leguminosen (zum Beispiel Bohnen).

Über einhundert verschiedene Pyrrolizidinalkaloide sind bekannt, und entsprechend schwirig ist es, ein beobachtetes Symptom exakt einem Verursacher zuzuordnen. Wir können die Giftstoffe beispielsweise mit Getreideprodukten zu uns nehmen, die mit anderen Pflanzen verunreinigt sind (was in Mitteleuropa allerdings keine Rolle spielt). Auch in die Milch von Kühen, Schafen und Ziegen treten die Verbindungen über. In den Industrieländern werden PA-Vergiftungen meist von Kräutertees oder Hausmitteln verursacht.

Das klinische Erscheinungsbild ähnelt dem Budd-Chiari-Syndrom, das sich infolge eines Verschlusses der Lebervenen entwickelt. Die Folge ist eine heftige Leberschwellung. Durch den erhöhten Druck wird Flüssigkeit zurück in die Bauchhöhle gepreßt (Aszites). PA-Vergiftungen äußern sich durch Bauchschmerzen, Übelkeit, aufgeblähten Bauch und auffällig erweiterte Bauchdeckengefäße. Die Untersuchung zeigt eine Schädigung der Leber, manchmal auch der Lunge – dann ist ein tödlicher Ausgang der Vergiftung möglich. Über einen langen Zeitraum hinweg aufgenommene niedrige Dosen führen dagegen zur Leberfibrose, einer krankhaften Vermehrung von Bindegewebe im Verlauf einer Leberzirrhose: Zunächst verfettet die Leber und schwillt an, dann setzt die Fibrose ein, schließlich schrumpft die Leber.

Bei einer Frau, die größere Mengen beinwellhaltigen Kräutertees getrunken hatte, ließen sich noch zwei Jahre später Leberschäden nachweisen. Eine andere Frau litt, aus Ecuador nach Europa zurückgekehrt, unter schwerem Leberversagen und Aszites; die Ärzte fanden heraus, daß die Patientin 6 Monate lang einen bestimmten Kräutertee genossen hatte. Ein Jahr später wurde sie erneut untersucht, wobei festgestellt wurde, daß sich die Leberfunktionen wieder vollkommen normalisiert hatten. Zwei Kinder, denen irrtümlich das Kreuzkraut *Senecio longibilis* als Bestandteil der mexikanischen Teemischung „Gordolobo yerba" verabreicht worden war, litten ebenfalls unter Vergiftungserscheinungen. Eines der beiden Kinder starb 8 Tage später an akutem Leberversagen; das andere genas zunächst scheinbar, entwickelte aber 6 Monate später eine zur Zirrhose fortschreitende Fibrose.

Cyanogene

Unter Cyanogenen versteht man Zuckermoleküle, allen voran Glucose, die mit einer Cyanogruppe (chemisch –CN) verknüpft sind. Cyanogenhaltige Nahrungsmittel macht man durch Vermischen mit Wasser genießbar: Durch die Wirkung von Glucosidaseenzymen werden die Toxine gespalten und der flüchtige Cyanwasserstoff (Blausäure, HCN) freigesetzt, welcher sich durch Erhitzen austreiben läßt. Cyanogene finden sich in Limabohnen, Sorghum, Maniok sowie in Apfelkernen und Steinen von Pflaumen, Aprikosen und Pfirsichen.

Die Cyanogene sind, wie auch die chemisch verwandten Thiocyanate, giftig und können bereits in kleinen Dosen tödlich wirken. Führt die Vergiftung nicht zum Tode, beobachtet man ein ganzes Spektrum verschiedener Symptome. Die verbreiteste Cyanogenquelle ist Maniok, ein kleiner tropischer Strauch, dessen eßbare Wurzeln zu Mehl und Tapioka verarbeitet oder als Gemüse gegessen werden. Die Blätter sind ebenfalls genießbar und sogar nahrhafter als die Wurzeln.

Der Maniokstrauch stammt ursprünglich aus Brasilien und wurde im 16. Jahrhundert von den Portugiesen nach Afrika eingeführt. Seine Bedeutung für die Welternährung läßt sich daran ablesen, daß Maniok auf der Rangliste der meistproduzierten Feldfrüchte den dritten Platz einnimmt. Nigeria, Brasilien, Thailand, der Kongo und Indonesien, die weltweit führenden Anbauländer, kommen gemeinsam auf einen Produktionsumfang von 157 Millionen Tonnen jährlich. Für rund 500 Millionen Menschen ist Maniok ein Grundnahrungsmittel. Auch im Süden der USA gibt es kleine Anbaugebiete. Die Pflanze ist äußerst reich an Nährstoffen, sie enthält Kohlenhydrate, Eiweiße, Calcium, Phosphor, Eisen sowie die Vitamine A, C und etliche aus der B-Gruppe (allerdings nicht B_{12}). Der Cyanogengehalt erfordert jedoch eine spezielle Zubereitung.

Wie man sich leicht vorstellen kann, ist die Cyanogenvergiftung in denjenigen afrikanischen Ländern besonders häufig, in denen die Ernährung weitgehend auf Maniok basiert. Die Wurzeln enthalten das Gift Linamarin, das im Zuge des menschlichen Stoffwechsels in Cyanid umgewandelt wird. Niemals darf man Maniok deshalb roh essen! In der Regel schält man die Wurzeln und kocht sie in Wasser. In Westafrika werden die Cyanogene durch Gärung mit Hilfe pflanzeneigener Enzyme entgiftet, wobei Cyanwasserstoff entweicht. Der ugandische Stamm der Alur kann den Cyanogengehalt mit bestimmten Methoden von 400 auf 20 mg/kg herabsetzen, wobei der Nährwert der Speise vollständig erhalten bleibt.

Kleine Cyanidmengen, die in vielen Nahrungsmitteln wie beispielsweise der Gattung Kohl (Rüben, Krautsorten) vorhanden sind, verarbeitet der Körper mühelos durch Umwandlung in Thiocyanat (SCN^-). Große Mengen Thiocyanat greifen jedoch in den Iodstoffwechsel ein und stören die Iodaufnahme durch die Schilddrüse (→ Glossar). Frauen in Tansania, die Maniok als Grundnahrungsmittel essen, erkranken mit einer Wahrscheinlichkeit von über 70 % an Struma, bedingt durch Iodmangel. Forschungsarbeiten ergaben, daß sich der Thiocyanatgehalt von Maniok durch mechanisches Mahlen drastisch reduzieren läßt. Nach der Einführung dieser Methode sank die Strumarate sprunghaft.

niger schwer Betroffene litten an Herzrhythmusstörungen, Herzvergrößerung, Blässe, blauen Lippen und Ohren sowie Lebervergrößerung. Alle waren bei Bewußtsein, aber die Reflexe waren stark verlangsamt. Bei einer anderen Gruppe von Patienten beobachtete man Schwellungen von Gesicht, Bauch und Gliedmaßen, die Menschen wurden lethargisch und träge, aber nicht bewußtlos. Trotzdem starben sie innerhalb von 5–10 Tagen. Oft bemerkte man im Endstadium Erregungszustände mit Schüttelanfällen, der Tod trat durch Atemstillstand ein.

Von Natur aus sind in 100 g Kartoffeln nur 3–6 mg Solanin enthalten. Das Toxin befindet sich zum großen Teil direkt unter der Oberfläche und wird somit beim Schälen entfernt. Werden die Knollen verletzt oder dem Licht ausgesetzt, so daß sie vergrünen und zu keimen beginnen, ist der Solaninspiegel merklich erhöht. Das in einer durchschnittlichen Portion Kartoffeln enthaltene Solanin kann der Körper in der Regel problemlos abbauen; die Produkte werden mit dem Urin ausgeschieden, ohne daß man Symptome verspürt. Ist der Solaningehalt jedoch sehr hoch – er kann bis zu 40 mg je 100 g betragen –, reagieren wir zunächst mit Durchfall und Erbrechen, dann mit Atemschwierigkeiten, schließlich verlieren wir das Bewußtsein.

Besonders viel Solanin findet sich in den grünen Teilen der Kartoffelpflanze. Mitglieder der Volksgruppe der Bangladeshi in Großbritannien zum Beispiel essen Kartoffelsprossen und -blätter, und niemand leidet unter Vergiftungserscheinungen, obwohl Analysen einen Solaningehalt von 22 mg und einen Chaconingehalt von 55 mg in 100 g Pflanzenmaterial ergaben. Dies ist ein eindrucksvolles Beispiel für die Fähigkeit des Menschen, sich an bestimmte Ernährungsweisen anzupassen.

Einige Menschen vertragen Kartoffeln jedoch selbst in kleinsten Mengen nicht. Wenn Sie Kartoffeln aus diesem Grunde meiden, dann kann Ihr Körper Solanin möglicherweise schlechter abbauen als der des Durchschnittsmenschen. Ein paar Kartoffelchips, die wahrscheinlich nur wenige Gramm Kartoffeln enthalten, sind kein Problem – eine Portion Salzkartoffeln oder Pommes frites dagegen läßt Sie im schlimmsten Fall einige Stunden später todkrank darniederliegen.

Die Unverträglichkeit von Solanin haben wir etwas ausführlicher erläutert, um zu zeigen, daß selbst vollkommen alltägliche Nahrungsmittel Giftstoffe enthalten können, die der Körper abbauen und ausscheiden muß, was ihm vielleicht nicht gelingt. Die meisten von Ihnen, ob alt oder jung, dürfen bedenkenlos weiterhin zur Kartoffel greifen – einer hervorragenden Quelle von Stärke, Eiweißen und Vitamin C (vorausgesetzt, wir kochen sie nicht zu lange). Knollen, die grün geworden oder sichtbar verdorben sind, sollten wir aber besser wegwerfen.

Lektine

Bohnen gehören zu den Hülsenfrüchten, und sie werden in großen Mengen angebaut und verzehrt. Da es sich um Samen handelt, enthält das Gemüse reichliche Vorräte aller Nährstoffe, die eine Pflanze zu ihrer eigenen Entwicklung benötigt: Eiweiße, Kohlenhydrate, Mineralien und eine Energiereserve in Form von Öl. Die bei weitem wichtigste Art ist die Sojabohne, die besonders in China, Japan und seit kurzem auch in den USA angebaut wird. In Amerika greift man besonders zu einer fettreichen Art, die mit 20 % erheblich mehr Fette enthält als die traditionellen Sorten (7 %). Tabelle 8.4 zeigt die Weltproduktion an Hülsenfrüchten; man erkennt die Bedeutung der Bohnen für die menschliche Ernährung. Einige Bohnenarten bergen jedoch versteckte Gefahren – Stoffe, die die Darmwand und andere Organe schädigen können, insbesondere, wenn das Gemüse roh verzehrt wird oder junge Sprosse hat. 1980 veröffentlichten Norman Noah und seine Mitarbeiter vom Communicable Disease Surveillance Centre (London) im *British Medical Journal* einen sehr aufschlußreichen Bericht über Vergiftungsfälle, die auf den Verzehr roher Bohnen zurückgeführt wurden.

Der erste beschriebene Fall ereignete sich 1976. Eine Gruppe Schüler und drei Lehrer erkrankten auf einem Ferienausflug. Nach einem erlebnisreichen

Tabelle 8.4 Hülsenfrüchte.

Hülsenfrucht	Ertrag (Millionen Tonnen pro Jahr)
Sojabohnen	107
Erdnüsse	23
Erbsen (gelb, getrocknet)	17
Bohnen (getrocknet)	16
Kichererbsen	6,8
Erbsen (grün)	4,8
Saubohnen (getrocknet)	4,3
Bohnen (grün)	3,1
Linsen	2,7

Tag war die Gruppe in ihre Unterkunft zurückgekehrt und hatte festgestellt, daß das eigentlich zum Abendessen vorgesehene Hühnchen nicht mehr genießbar war. Sie improvisierte daraufhin eine Mahlzeit aus Salat, hartgekochten Eiern, frischen Kartoffeln und rohen Bohnen (*Phaseolus vulgaris*). Normalerweise kauft man diese Bohnen getrocknet, vor dem Kochen weicht man sie ein. Tatsächlich hatten die Schüler am Morgen des betreffenden Tages eine Packung Bohnen eingeweicht, um sie gemeinsam mit dem Geflügel zu kochen. Statt dessen gaben die Jugendlichen nun einen Teil der ungekochten Bohnen an ihren Salat. Nur wenige mochten sie allerdings essen, und diese neun Schüler begannen reichlich eine Stunde später an Übelkeit und Erbrechen zu leiden, später kam Durchfall hinzu. Zwei Jungen waren am schwersten betroffen und mußten stationär behandelt werden, zum Teil mit intravenösen Infusionen. Alle erholten sich schnell. Wo lag die Ursache?

Aus dem Stuhl und dem Erbrochenen der Schüler ließ sich keine der Bakterienarten isolieren, die gewöhnlich Lebensmittelvergiftungen hervorrufen. Durch das schnelle Einsetzen der Symptome schied auch ein Virus als Verursacher aus. Bohnen aus einem ungeöffneten Päckchen wurden analysiert, wobei zwar ein potentieller Übeltäter – das Bakterium *Bacillus cereus* – gefunden wurde, allerdings in so geringen Mengen, daß auch dieses als Ursache nicht in Frage kam. Auch von den giftigen Metallen Arsen, Quecksilber und Blei sowie von Cyanid fanden sich nur Konzentrationen im Normalbereich. Das mykologische Referenzlabor erhielt eine Probe und fand *Trichoderma* und *Penicillium*, keiner der beiden Schimmelpilze konnte aber die beobachteten Symptome hervorgerufen haben.

Ungefähr zur selben Zeit wurde auch von anderen Fällen berichtet. 1976 litten neun Patienten an Schwindel, Erbrechen und Durchfall, nachdem sie in Wasser gequollene, aber nicht gekochte weiße Bohnen gegessen hatten. Zwei Betroffene mußten stationär behandelt werden, einer davon war schwer erkrankt. 1979 ereignete sich ein ähnlicher Fall: 15 Patienten erkrankten nach dem Verzehr ungekochter roter Bohnen. Nach 1–3 Stunden begannen die Symptome; alle Personen erholten sich schnell und vollständig. Die geringste „Dosis", die eine Erkrankung hervorgerufen hatte, waren vier Bohnenkerne gewesen! Ein weiterer Fall zeigte im gleichen Jahr, daß rote Bohnen auch dann noch Giftstoffe enthalten können, wenn sie zweieinhalb Stunden lang bei niedriger Temperatur gegart wurden. Der Rest der Mahlzeit wurde erst nach weiteren drei Stunden Garzeit gegessen, verursachte aber trotzdem Symptome.

Jedesmal wurden die Ausscheidungen der Patienten sowie Proben von den Bohnen untersucht, aber man fand kein Pathogen, das man für die Vergiftung hätte verantwortlich machen können. In allen Fällen war eine Gruppe natürlicher Giftstoffe schuld: die Lektine. Lektine sind pflanzliche Eiweiße. Sie sind in der Natur weit verbreitet und finden sich besonders in Samen. Ihre Aufgabe ist weitgehend ungeklärt. Im menschlichen Organismus rufen sie vielfältige Symptome hervor: Manche verstärken die Blutgerinnung, andere beeinflussen das Immunsystem und bewirken Entzündungen insbesondere der Darmwände. Einige Lektine sind krebserregend.

In einem der beschriebenen Fälle untersuchte man die Bohnenkerne auf Lektine. Der gefundene Gehalt von 19 mg je g Trockenmasse war so hoch, daß die Reaktion der Betroffenen nicht mehr verwundern konnte. Ungekochte Bohnen können sogar bis zu 50 mg Lektine je g enthalten! Weicht man die Kerne einige Stunden lang in Wasser ein, so werden zwei Drittel der Giftstoffe ausgeschwemmt, und es verbleiben bis zu 20 mg/g, die durch das Kochen größtenteils zerstört werden.

Weiße Bohnen (*Phaseolus vulgaris*) enthalten geringere Mengen Lektine (17 mg/g), hier geht beim Quellen in Wasser jedoch so gut wie nichts verloren. Roh verzehrt, sind weiße Bohnen demnach ebenso giftig wie rote. In Saubohnen („großen Bohnen") dagegen finden sich lediglich 3 mg Lektine pro Gramm, eine Menge, die durch das Einweichen ebenfalls nicht vermindert wird. Mit solchen Konzentrationen hat unser körpereigenes Entgiftungssystem keinerlei Schwierigkeiten.

Vielleicht haben Sie gelegentlich rote oder weiße Bohnen schlecht vertragen, während es Ihren Tischnachbarn, die dasselbe Gericht verzehrt hatten, offenbar gut ging. Möglicherweise hatten sie dann den Verdacht, allergisch zu sein. Wahrscheinlicher ist jedoch eine Unverträglichkeitsreaktion auf die verbliebenen Lektine. Ihre Tischgenossen hatten Glück, denn ihr Organismus konnte die Gifte leicht entsorgen, während Ihr Magen-Darm-Trakt auf die drastischeren Methoden der Entleerung zurückgreifen mußte.

Ratten, deren Mahlzeiten zu 80 % aus rohen Bohnen bestanden, starben innerhalb von 3 Tagen. Machten die Bohnen 40 % der Nahrung aus, so trat der Tod nach 3–11 Tagen ein, und selbst bei einem Bohnengehalt von nur 10 % litten die Tiere an Vergiftungserscheinungen.

Keine dieser Informationen sollte Ihnen den Genuß roter oder weißer Bohnen verleiden. Viele Gerichte wären ohne die nahrhaften Samen undenkbar, zum Beispiel Chili con carne. Um die Lektine zu zerstören, sollten Sie die Bohnen nach dem Einweichen 15 Minuten lang sprudelnd kochen. Bohnenhaltige Fertiggerichte in Dosen sind generell ungefährlich, ohne daß man sie vor dem Verzehr aufkochen müßte.

Oxalsäure und Oxalate

Oxalsäure ist eine Chemikalie, die sich in jeder Restauratorenwerkstatt findet, denn man verwendet sie unter anderem zur Beseitigung von Flecken auf Holzmöbeln. Yachtbesitzer entfernen damit Schmutz und Algen von Holzdecks. Oxalsäure ist ein Naturstoff, der auf Menschen giftig wirkt. Die Säure oder ihre Derivate, die Oxalate, sind in Schokolade, Erdnüssen, Spinat, Sauerampfer, Petersilie, roter Bete und schwarzem Tee enthalten.

Zuviel Oxalat kann Hals- und Bauchschmerzen, Durchfall und gelegentlich blutiges Erbrechen bewirken. Die Niere wird geschädigt, gelegentlich bis zum Versagen. Die höchsten Oxalatkonzentrationen treten in Rhabarberblättern auf (die Stengel enthalten weniger), durch deren Verzehr sich häufig Kinder vergiften. Eine tödlich verlaufende Oxalsäurevergiftung wurde auf eine Sauerampfersuppe zurückgeführt. Weniger augenfällig sind die Auswirkungen der Erdbeer- und Rhabarberschwemme im Frühjahr: Oxalatkristalle fallen aus und schädigen Niere und Harnleiter. (Nach einer gewissen Zeit können sich die Kristalle zu Nierensteinen entwickeln.) Der Patient verspürt starke Bauchschmerzen, eine sogenannte Nieren- oder Harnleiterkolik. Manchmal dauert es einige Wochen, bis sich die Nieren vollkommen erholt haben, aber Langzeitschäden sind nicht zu befürchten.

Durchschnittlich nehmen wir am Tag 80–100 mg Oxalat auf. Der größte Teil davon wird vom Körper nicht resorbiert, denn im Magen-Darm-Trakt fällt unlösliches Calciumoxalat aus, das mit dem Stuhl ausgeschieden wird. Eine Krankheit namens Hyperoxalurie ist durch eine Oxalatausscheidung mit dem Urin gekennzeichnet, ein Zeichen dafür, daß die Verbindung vom Körper aufgenommen wurde. Die Ursache dafür kann eine Absättigung des verfügbaren Calciums mit anderen Nahrungsbestandteilen sein – beispielsweise mit Fettsäuren, wenn diese infolge einer Erkrankung oder chirurgischen Behandlung des Magen-Darm-Trakts unzureichend verdaut werden. Eine Oxalatvergiftung und die Bildung von Nierensteinen vermeidet man am besten durch eine fettarme, calciumreiche Ernährung mit reichlicher Flüssigkeitszufuhr. Außerdem sollte man den Verzehr besonders oxalatreicher Lebensmittel (weiße Bohnen in Tomatensoße, Lauch, rote Bete, grüne Paprikaschoten, Spinat, Brombeeren, rote Johannisbeeren, Rhabarber, Stachelbeeren, schwarzer Tee, Schokolade und Erdnüsse) vermeiden. Jede der aufgezählten Speisen enthält mehr als 15 mg Oxalat in einer durchschnittlichen Portion. Die höchsten Oxalatgehalte weisen Rhabarberkompott (860 mg in 100 g), Spinat (750), rote Bete (675) und Kakaopulver (620) auf. Mäßig hohe Oxalatmengen finden sich in grünen Bohnen, Saubohnen, Sellerie und Erdbeeren; oxalatfrei sind dagegen Brot, Milch, Eier, Käse, viele Obst- und Gemüsesorten sowie Getreideprodukte.

HCAs und PAHs

Als die Menschen kochen lernten, begann sich ihre Ernährung zu verbessern. Tatsächlich bringt das Durcherhitzen der Speisen wesentliche Vorteile: Tierische Gewebe werden zersetzt, was die Verdauung erleichtert; die in vielen Getreidearten enthaltenen Stärkekörnchen werden zerkleinert, und Pflanzen, die wie manche Bohnen roh giftig sind, werden genießbar gemacht. Natürlich hat das Erhitzen auch Nachteile, beispielsweise gehen Vitamine verloren; alles in allem überwiegt aber der Nutzen.

Allerdings ist Kochen und Braten nicht völlig ungefährlich. Koch und Gäste können Rauch ausgesetzt sein, der krebserregende Substanzen enthält. Beim zu starken Braten (Verbrennen) von Fleisch oder Verkohlen von Getreide (Toast) entstehen ebenfalls Verbindungen, die sich im Tierversuch als krebserregend erwiesen haben. Durch das starke Erhitzen von Fleisch werden Chemikalien gebildet, die im rohen Produkt nicht enthalten sind, und manche davon können ebenfalls das Krebsrisiko erhöhen. Besondere Aufmerksamkeit erregten in letzter Zeit die heterocyclischen Amine (HCAs), die bei zu starkem Bräunen von Rind-, Schweine- und Geflügelfleisch sowie Fisch entstehen. Bislang identifizierten japanische Forscher 17 verschiedene Typen HCAs, und europäische Forschergruppen wiesen nach, daß die Bildung dieser Verbindungen nicht von der Art der Zubereitung, sondern allein von der angewendeten Gartemperatur abhängt. Beim Grillen und Braten von Fleisch entstehen (in Abhängigkeit von der Garzeit) besonders große Mengen HCAs. Erhöht man die Backofentemperatur von 200 °C auf 250 °C, steigt die HCA-Menge auf das Dreifache. Bratensoßen, die aus Fleischsaft und Bratsatz bereitet werden, enthalten ebenfalls reichlich HCAs, im Gegensatz zu geschmorten, gekochten, gedünsteten oder in der Mikrowelle bereiteten Speisen.

1992 analysierte das Nationale Krebsforschungsinstitut der USA in einer epidemiologischen Studie die Koch- und Eßgewohnheiten von 176 Magenkrebspatienten. Die Ergebnisse wurden mit Angaben von 503 Kontrollpersonen verglichen, die nicht an Krebs litten. Die Magenkrebsrate war beispielsweise bei Patienten, die ihr Steak „medium" oder „well done" (durchgebraten) mochten, dreimal so hoch wie bei Vergleichspersonen, die das Fleisch lieber „rare" (innen roh) oder „knapp medium" (rosa) aßen. Bei Patienten, die mindestens viermal in der Woche Steak aßen, stieg das Risiko noch einmal auf das Doppelte. Der Verzehr durchgebratenen, fritierten und gegrillten Fleischs erhöht auch das Risiko von Mastdarm-, Brust- und Bauchspeicheldrüsenkrebs.

Kohlenhydratreiche Lebensmittel wie Zucker und Brot bräunen beim Kochen und Backen. Die Ursache dafür ist nicht das Verkohlen organischer Stoffe, sondern eine spezifische Reaktion der Kohlenhydrate beim Erhitzen. Hier bilden sich deshalb keine HCAs, aber dafür polycyclische aromatische Kohlenwasserstoffe (PAHs). Auch diese Verbindungsklasse wird als krebserregend betrachtet. Rund einhundert derartige Substanzen wurden in gegrillten und getoasteten Speisen gefunden. PAHs entstehen nicht nur beim Kochen, sondern stets, wenn organische Stoffe brennen – auch im Asphalt sind sie zu finden und tragen, wenn auch in winzigsten Mengen, zur Umweltverschmutzung in den Städten bei. Pflanzen und Mikroorganismen auf dem Land und im Meer produzieren PAHs, und bei Vulkanausbrüchen und Waldbränden entweichen solche Verbindungen in die Hochatmosphäre. Jedes Nahrungsmittel enthält winzigste Mengen PAHs (in der Größenordnung von Milliardsteln, ppb); 1 ppb findet sich in gegrilltem Rindersteak, Räucherfisch und Kaffee. In diesen Konzentrationen sind die Chemikalien nicht gefährlich. Ein auf Holzkohle gegrilltes Steak kann jedoch durchaus besorgniserregende 8 ppb PAHs enthalten. Ob die Bildung von PAHs allerdings ein Grund ist, unsere Eßgewohnheiten zu ändern, bleibt fraglich: Ratten, die mit Rindfleisch vom Holzkohlegrill gefüttert wurden, entwickelten nicht häufiger Magenkrebs als Tiere, die nur rohes Fleisch und Sojamehl erhielten.

KAPITEL 9

Zusatzstoffe und Verunreinigungen

Viele landwirtschaftliche Produkte und verarbeitete Lebensmittel enthalten Stoffe, die – absichtlich oder versehentlich – während der Herstellung hinzugefügt wurden. Sie verändern den Nährwert der Speisen kaum, aber manche Menschen vertragen sie nicht. Grob unterteilen lassen sich diese Verbindungen in Zusatzstoffe und Verunreinigungen.

Zusatzstoffe von Lebensmittel erfüllen einen bestimmten Zweck: Sie verbessern den äußeren Eindruck, den Geschmack, die Haltbarkeit oder die Qualität der Produkte. Allerdings gibt es Leute, die von solcherart Qualitätssteigerungen nicht viel halten und jeglichen Zusatzstoff ablehnen. Früher, als Nahrungsmittel(ver)fälschungen an der Tagesordnung waren, mag diese Ansicht durchaus ihre Berechtigung gehabt haben, und auch heute noch findet man Chemikalien in Lebensmitteln, die dort nichts zu suchen haben. Man bezeichnet sie jedoch nicht als Zusätze, sondern als Verunreinigungen; verantwortlich dafür sind die landwirtschaftlichen Methoden oder die Verarbeitung.

Zusatzstoffe

Manche Stoffe setzt man Lebensmitteln aus im großen und ganzen kosmetischen Gründen zu, wie Aromastoffe, Geschmacksverstärker, Süß- und Farbstoffe. Andere Verbindungen verhindern das Ranzigwerden von Fetten

(Antioxidationsmittel in Speiseöl) oder die Trennung von Emulsionen wie Mayonnaise in ihre Bestandteile Essig und Öl. Wieder andere Zusatzstoffe verbessern die Rieselfähigkeit von Pulvern und verhindern die Klumpenbildung. Säureregulatoren steuern den Säuregehalt, bestimmte Chemikalien bewirken die cremige Struktur von Speiseeis oder die Stabilität von Gelen. Eine Reihe von Zusatzstoffen betrachten wir inzwischen als Zutaten, denn sie werden schon seit Jahrhunderten verwendet. Dazu gehören die Treibmittel beim Kuchenbacken. In der Liste der zugelassenen Zusatzstoffe findet man auch ungewöhnliche Substanzen. Vitamin C (Ascorbinsäure) zum Beispiel verbessert die Struktur von Brotteig. Leider überlebt dieser Zusatz das Backen nicht.

Gentechnologie und die Züchtung resistenter Arten bewirken, daß manche Nahrungsmittel heutzutage schon vor der Aussaat verändert werden. Der Einfluß des Menschen durchzieht anschließend alle Produktionsstadien, bis die Speise schließlich auf dem Teller landet. Das ist nicht unbedingt schlecht; die Ansichten zu diesem Thema gehen allerdings weit auseinander. Der lästigste Zusatzstoff ist sicherlich Schwefeldioxid (siehe Kapitel 7), aber selbst diese Chemikalie bedeutet nur für empfindliche Leute oder in außergewöhnlich hohen Mengen eine Gefahr. Dasselbe gilt für die meisten anderen Zusätze. Im allgemeinen überwiegen die Vorteile die Risiken bei weitem: Dank verschiedener Zusätze bleiben die Speisen auch beim Transport über Tausende von Kilometern frisch, und die moderne Lebensmitteltechnologie kann Aroma, Farbe und Konsistenz bedeutend verbessern. Die zugesetzten synthetischen Chemikalien machen nur einen geringen Teil der zahlreichen Inhaltsstoffe der Nahrung aus, die wir zu unserer Ernährung nicht benötigen, mit denen der Körper aber trotzdem fertigwerden muß. Alle Zusatzstoffe unterliegen strengen Test- und Kontrollvorschriften. Chemikalien, die sich nicht als allgemein ungefährlich erweisen, dürfen nur in bestimmten Mengen und in speziellen Fällen verwendet werden.

Die Reglementierung der Nahrungsmittelzusätze wird von den zuständigen Behörden übernommen. In den USA ist dies die Food and Drug Administration (FDA), in Europa die zuständige EU-Behörde. Seit 1986 müssen sämtliche Zusatzstoffe auf dem Etikett aller in der EU verkauften Lebensmittel erscheinen, entweder mit ihrem chemischen Namen oder als sogenannte E-Nummer. Listen dieser E-Nummern werden von den Behörden veröffentlicht, aber man findet sie auch in Büchern (siehe die Literaturempfehlungen am Ende des Buches). Tabelle 9.1 zeigt die wichtigsten Kategorien der Zusatzstoffe und nennt die zugehörigen E-Nummern. (Die Nummern gelten nur in Europa.)

Tabelle 9.1 Lebensmittelzusatzstoffe: Wichtige Kategorien und zugehörige E-Nummern.

E-Nummern	Kategorie
E 100 bis E 180	Farbstoffe
E 200 bis E 290	Konservierungsmittel
E 300 bis E 322	Antioxidationsmittel
E 400 bis E 483	Emulgatoren, Stabilisatoren
E 950 bis E 959	Süßstoffe
E 1400 bis E 1442	modifizierte Stärken

Auch die Weltgesundheitsorganisation WHO beschäftigt sich mit Zusatzstoffen in Lebensmitteln. Die Codex-Alimentarius-Kommission mit 123 Mitgliedsländern verfolgt vier Ziele: Schutz der Gesundheit des Konsumenten und Fairneß beim Handel mit Nahrungsmitteln; Förderung internationaler Standards und deren Koordination unter den Mitgliedsländern; Festlegung von Prioritäten und Ausarbeitung von Standardentwürfen; endgültige Bearbeitung beschlossener Standards und deren Veröffentlichung im *Codex Alimentarius*. Gegenwärtig ist es jedoch eher unwahrscheinlich, daß eine neue Substanz in das Verzeichnis erlaubter Zusatzstoffe aufgenommen wird, denn die erforderlichen Testverfahren sind sehr teuer, unter anderem, weil man nicht ohne Tierversuche auskommt. Ein neuer Zusatz müßte daher einen ganz außergewöhnlichen Nutzen versprechen, um diesen Aufwand zu rechtfertigen.

> **Fallstudie: Eine „fröhliche" Geburtstagsfeier**
>
> Im Verlaufe eines Jahres hatte sich das Verhalten der zehnjährigen Sarah völlig verändert. Besonders reizbar war sie auf der Feier zu ihrem zehnten Geburtstag gewesen, als sie sich mit einem Freund stritt. Sarahs Mutter fand das Benehmen ihrer Tochter höchst ungewöhnlich. Niemand von ihren älteren Geschwistern war jemals derart aufgefallen. Alle Familienmitglieder waren musikalisch, und Sarah lernte Geige spielen. Lange hatte sie Spaß am Musizieren und Üben mit der Familie gehabt, aber in letzter Zeit konnte sie kaum stillsitzen und sich konzentrieren. Nicht einmal ihr Spielzeug konnte Sarah lange fesseln. Die Eltern beschlossen, einen Verhaltenstherapeuten aufzusuchen.

> Bei der Befragung der Eltern stellte sich heraus, daß es keine familiären Probleme gab. Sarahs schulische Leistungen hatten sich zwar verschlechtert, aber Anzeichen von Gewalt gab es nicht. Eine Lösung des Problems deutete sich an, als der Therapeut nach Sarahs Eßgewohnheiten fragte. Das Mädchen ernährte sich zunehmend ungesund. Neben den vernünftig zusammengesetzten, vielseitigen Mahlzeiten durfte sie große Mengen Knabbereien, aromatisierte Kartoffelchips, Fruchtsäfte (Orange, schwarze Johannisbeere), Fruchtjoghurt und aromatisierten Fruchtgummi zu sich nehmen. Die Ursache der Verhaltensauffälligkeiten schien dieses Überangebot an Lebensmittelzusatzstoffen zu sein.
>
> Alle Lebensmittel, die Zusätze enthielten, wurden nun vom Speiseplan des Mädchens gestrichen. Sarah mußte damit zwar auf viele kleine Freuden verzichten, aber sie hielt die Vorschriften ein und griff zu frischem Obst, frisch gepreßten Säften und Knabbereien ohne Aromen. Sechs Wochen später konnten die Eltern Erfolge melden: Stundenlange Geigenübungen waren nun kein Problem mehr, und auch die Temperamentsausbrüche blieben aus. Sarahs Hyperaktivität war demnach tatsächlich ernährungsbedingt gewesen.

Die verbreitetsten und vielleicht auch die umstrittensten Zusatzstoffe sind jene, die mit Hyperaktivität und Konzentrationsschwierigkeiten bei kleineren Kindern in Zusammenhang gebracht werden (siehe die obige Fallstudie). Die Hyperaktivität kann verschieden stark ausgeprägt sein: An einem Ende der Skala findet man ernsthaft behinderte Kinder, am anderen Ende eine Vielzahl mehr oder minder schwerwiegender Verhaltensstörungen. Ein typisches hyperaktives Kind ist ständig in Bewegung, zappelt, wendet sich jedem Gegenstand und jeder Person in seiner Reichweite zu und geht dann sehr schnell zum nächsten über. Manche Betroffene schaukeln dauernd vor und zurück oder wiederholen stereotyp bestimmte Bewegungen. Viele schlafen schlecht ein und hämmern dabei auf ihr Kopfkissen. Stimmungsschwankungen, Panikanfälle und Temperamentsausbrüche sind häufig. Die Kinder lassen sich schnell entmutigen, so gelingt ihnen nichts, und neue Frustrationen sind die Folge. Manche sind auffällig ungeschickt, rennen Gegenstände um und zerbrechen ihr Spielzeug. Zuletzt können sie nicht mehr genug Aufmerksamkeit aufbringen, um in der Schule mitzuhalten, obwohl ein Test meist einen durchschnittlichen bis hohen Intelligenzquotienten ergibt.

Warum werden Kinder verhaltensauffällig? Manche Leute schieben es auf die Erziehung, manche suchen nach psychologischen Erklärungen, andere machen die Ernährung verantwortlich. Letztere können auf dramatische Resultate von Ernährungsumstellungen verweisen, deren Stichhaltigkeit sich sogar nachprüfen läßt. Man braucht nur das eine oder andere verdächtige Nahrungsmittel in die Diät wieder einzuführen und zu beobachten, was geschieht. Die Ergebnisse können in der Tat spektakulär sein.

Schon in den frühen 1960er Jahren vermutete man Zusammenhänge zwischen der Zusammensetzung der Nahrung und dem Verhalten. Ben Feingold, Allergologe in San Francisco, und sein englischer Kollege Robert Makarness, Autor des Buches *Not all in the Mind*, beschäftigten sich besonders intensiv mit diesem Thema. Makarness ordnete eine sogenannte Eliminationsdiät an: Nacheinander wurden einzelne Nahrungsmittel gestrichen, ansonsten blieb der Speisezettel unverändert. Zwar besserte sich das Befinden vieler Patienten bemerkenswert, Kritiker vermißten an der Methode jedoch wissenschaftliche Genauigkeit. Wie in der Arzneimittelforschung, so wurde argumentiert, benötige man auch hier kontrollierte Versuchsreihen und Blindversuche – das heißt, weder Kinder noch Eltern dürfen wissen, ob die gestrichene Speise verdächtig ist oder nicht.

Feingold und Makarness betrachteten diesen Einwand als Herabwürdigung der geschulten Urteilsfähigkeit erfahrener Kliniker. Auch andere Persönlichkeiten aus der Pharmaforschung hielten von einem „wissenschaftlichen" Ansatz nicht viel. Sir Austin Bradford-Hill, ein früher Verfechter der kontrollierten klinischen Tests und Leiter der ersten derartigen Versuchsreihen in Großbritannien, sagte 1966: „Die richtige Einstellung vorausgesetzt, gibt es mehr als einen Weg zur Beurteilung der therapeutischen Wirksamkeit. Zu behaupten, der kontrollierte Versuch sei der einzig mogliche Ansatz, ist nicht nur übertrieben, sondern regelrecht falsch."

Da der klinische Versuch jedoch ein Stützpfeiler der Beurteilung der Wirksamkeit neuer Medikamente und Therapien ist und bleibt, kam man auf die Dauer nicht um kontrollierte Tests. Sie waren weit weniger aufschlußreich als die ersten Experimente, bewiesen jedoch in vielen Fällen einen Einfluß der Ernährung auf das Verhalten.

Die jungen Probanden wurden nach dem Alter und nach der aufgenommenen Menge an Zusatzstoffen geordnet. Eine farbstofffreie Diät schien die Symptome der Hyperaktivität zu mildern, und zwar mit einer Effektivität von 30–90 %. Diese Zahlen leuchten ein, wenn man die vielen Faktoren bedenkt, die bei einer Prüfung von Nahrungsmitteln und ihren Bestandteilen ins Gewicht fallen. Nur wenige Verbindungen schienen tatsächlich Schäden hervorzurufen, aber sie spielten in allen Fälle eine Rolle.

1985 wiesen Joe Eggers und seine Mitarbeiter in der Abteilung von Prof. John Soothill am Kinderkrankenhaus Great Ormond Street (London) eindeutig nach, daß Hyperaktivität und Ernährung zusammenhängen. In Eliminationsdiäten untersuchten sie nicht nur synthetische Zusätze, sondern auch andere Inhaltsstoffe von Lebensmitteln. Dabei wurden verdächtige Komponenten unter klinischer Überwachung wieder in den Speiseplan eingefügt. Der Grad der Hyperaktivität der teilnehmenden Kinder wurde anhand der Connor-Bewertungsskala sorgfältig eingeschätzt. Eggers Liste der schädlichen Stoffe wurde von Farbstoffen und Konservierungsmitteln angeführt – die Korrelation zwischen diesen Substanzen und der Symptomatik betrug immerhin 79 %. Auch zwei besonders weit verbreitete Verbindungen, der orange Farbstoff Tartrazin und das Konservierungsmittel Benzoesäure, wurden genannt. Die folgenden Plätze nahmen Soja, Milch, Schokolade, Trauben und Weizen ein.

In einer ähnlichen Versuchsreihe fanden die Australier Anne Swain und Robert Loblay zahlreiche Chemikalien, die bei entsprechend empfänglichen Kindern Reaktionen auslösen konnten. Die untersuchten Patienten waren in der Regel auf vier bis fünf Substanzen empfindlich, deren Art jedoch von Kind zu Kind variierte. Swain vertrat die Ansicht, eine Verbindung könne erst schädlich wirken, wenn mehr als eine bestimmte Menge davon eingenommen wurde. Dies steht in Einklang mit der Hypothese, der Spiegel des Entgiftungsenzyms Cytochrom P450 sei von Mensch zu Mensch unterschiedlich. Überschreitet die aufgenommene Menge von Schadstoffen die Kapazität des Entgiftungssystems, so entwickelt sich Hyperaktivität.

James Swanson und seine Mitarbeiter vom Kinderkrankenhaus Toronto studierten die Wirkung von Farbstoff*kombinationen*. Während des Experiments erhielten die Kinder an 2 Tagen eine Mischung aus drei Farbstoffen. An diesen Tagen lernten sie schlecht im Vergleich zu Tagen, an denen ihnen ein Placebo gegeben worden war. Auch diese Studie stützt die Hypothese von einem Grenzwert, bis zu dem eine Entgiftung möglich ist. Dies könnte erklären, warum sich das Verhalten der Kinder von Tag zu Tag änderte. Möglicherweise sammeln sich nicht abgebaute Giftstoffe mehrere Tage lang an, bis es zu einer Reaktion kommt, welche andererseits vielleicht auch durch eine große Einzeldosis ausgelöst werden kann. Es handelt sich dabei wohlgemerkt nicht um eine Allergie, sondern um eine Überlastung des Entgiftungssystems. Eine Herabsetzung der aufgenommenen Schadstoffmenge unter die individuelle Grenze schafft sofort Abhilfe. Diese Grenze kann bei sehr niedrigen Werten liegen, aber wirklich gefährdet sind nur einige wenige, besonders empfindliche Kinder. Eltern, die nach Gründen für Verhaltensstörungen ihrer Kinder suchen, sollten zunächst andere Belastungen in Betracht ziehen: Ehescheidungen, Erziehungsfehler, Gewalt in der Schule oder mangelnde Möglichkeiten, konstruktiv mit anderen Kindern zu spielen, führen häufig zu Streßsituationen. Können alle diese Ursachen ausgeschlossen werden, kann man über die Ernährung nachdenken.

Im folgenden werden diejenigen Zusatzstoffe ausführlich beschrieben, deren potentiell schädliche Wirkung bewiesen wurde.

Tartrazin (E 102)

Tartrazin gehört zur Klasse der Azofarbstoffe. Diese im 19. Jahrhundert in Deutschland entdeckten Verbindungen verdanken ihren Namen und ihre leuchtenden Farben einer Stickstoff-Stickstoff-Doppelbindung im Zentrum des Moleküls. Die Farben sind so intensiv, daß man mit nur geringen Mengen erstaunliche Effekte erzielt. Zunächst verwendete man Tartrazin zum Färben von Wolle und Seide, von Beginn des 20. Jahrhunderts an auch in Getränken mit Orangengeschmack, denn die natürliche Farbe von Orangen ließ sich damit gut nachempfinden. Nachdem die Substanz als Nahrungsmittelzusatz zugelassen worden war, verbreitete sie sich schnell über die gesamte Palette der Lebensmittel: Paniermehl, Gemüsekonserven, Fischstäbchen, Räucherfisch, Kuchen, Gebäck, Süßigkeiten, Orangeat, Marzipan, Speiseeis, Puddingpulver, künstliche Sahne, Kaffeeweißer, Tütensuppen, Götterspeise, Soßenwürfel, Fruchtsoßen, Milchshakes und alkoholfreie Getränke wurden angefärbt. Gegenwärtig findet man Tartrazin noch in wenigen Lebensmitteln, Getränken, Kosmetika und Medikamenten, allerdings in viel geringeren Mengen. Tartrazin ähnliche Verbindungen kommen auch von Natur aus in manchen Nahrungsmitteln vor.

Eine Überempfindlichkeit auf Tartrazin ist oft (nicht immer) mit einer Unverträglichkeit von Salicylat (siehe Kapitel 4) verknüpft. Der Grund hierfür besteht wahrscheinlich darin, daß beide Substanzen über denselben Entgiftungsweg unschädlich gemacht werden. Als Reaktion auf Tartrazin wurde in einem Fall ein anaphylaktischer Schock (→ Glossar) beobachtet. Der Patient war bekanntermaßen allergisch auf den Farbstoff und hatte Fruchtgummi gemeinsam mit Käse und bestimmten Medikamenten, die ebenfalls orangegelb angefärbt waren, gegessen. Dies ist ein Beispiel für chemische Auslöser: Allergiker leiden über Gebühr aufgrund der Empfindlichkeit ihrer Zellen auf nichtspezifische, nichtallergische Auslösemechanismen. Häufigere Reaktionen bestehen in Schwellungen von Gesicht, Lippen und Hals (Angioödem), Urticaria (Nesselsucht, → Glossar), Asthma und Schnupfen.

Daß ein Kind auf Tartrazin sensibel reagiert, ist sehr unwahrscheinlich. Nur schätzungsweise eins von zehntausend Kindern ist betroffen – die Chance, als Drilling auf die Welt zu kommen, ist größer. Aber das Risiko ist nicht null, und in manchen Ländern (zum Beispiel den USA) ist Tartrazin bereits verboten (in Europa nicht – Tartrazin trägt eine E-Nummer).

Erythrosin (E 127)

Der rote Farbstoff Erythrosin wird Kirschen, Gelees, Speiseeis, Fruchtcocktails, Sorbet, Getreideprodukten, Schokolade, Knoblauchwurst und Salami zugesetzt. Die wasserlösliche Verbindung gehört zu den Xanthenen. Von den im Schnitt 8 mg, die wir täglich aufnehmen, resorbiert der Organismus ein Fünftel. Allerdings wird der Farbstoff in die Galle ausgeschieden und gelangt auf diese Weise wieder in den Darm, wo er erneut resorbiert werden kann. Im Tierversuch wurde festgestellt, daß Erythrosin auf das Zentralnervensystem wirkt; andere Experimente zeigten, daß die Chemikalie geringfügige Veränderungen in der Funktion der Schilddrüse (→ Glossar) auslöst. Daraus ließe sich vielleicht erklären, warum Erythrosin das Verhalten beeinflußt, aber der Mechanismus hierfür muß noch gefunden werden. Eliminationsstudien an hyperaktiven Kindern bewiesen jedenfalls einen Zusammenhang zwischen Verhaltensauffälligkeiten und dem Farbstoff.

Cochenille (E 120)

Cochenille ist ein natürlicher, von der auf Kakteen lebenden Roten Schildlaus erzeugter Farbstoff. Man verwendet ihn traditionell in bestimmten Lebensmitteln, beispielsweise Knoblauchwürstchen und manchen alkoholischen Getränken. Sowohl Cochenille als auch eine synthetische Variante, Ponceau 4R (Cochenillerot A, E 124) können, im Übermaß aufgenommen, nachweislich zur Hyperaktivität führen. Ponceau 4R hat mit Cochenille nur den Farbton gemeinsam; chemisch sind die beiden Verbindungen völlig unterschiedlich. Den synthetischen Farbstoff findet man in Tütensuppen, Dressings für Meeresfrüchte, Dessertsoßen, Salami und schnell gelierenden Götterspeisen und Gelees. Asthmatiker sollten den Farbstoff ebenso meiden wie Menschen, die auf Aspirin empfindlich sind.

Andere synthetische Farbstoffe

Folgende künstliche Lebensmittelfarben wurden ebenfalls mit der Hyperaktivität in Zusammenhang gebracht: Allurarot (E 129), Amaranth (E 123), Brillantschwarz (E 151), Brillantblau (E 133), Carmoisin oder Azorubin (E 122), Schokoladenbraun (E 155), Grün S (E 142), Indigotin (E 132), Patentblau (E 131), Chinolingelb (E 104), Gelborange S (E 110) und Gelb 2G (E 107).

Benzoesäure und Benzoate (E 210–E 219)

Eine andere Gruppe von Lebensmittelzusätzen sind die Konservierungsmittel. Vielfach handelt es sich um Varianten natürlich vorkommender konservierender Stoffe, beispielsweise aus Stachelbeeren, Himbeeren, Erdbeeren und schwarzen Johannisbeeren. Die meisten dieser Verbindungen sind Abkömmlinge der Benzoesäure, insbesondere Natriumbenzoat (E 211) und die Ethyl- und Methlyester von *p*-Hydroxybenzoat (E 214 und E 218), die auch unter der Sammelbezeichnung Parabene bekannt sind. Da diese natürlichen Konservierungsmittel sehr gut wirken, führte man auch verwandte synthetische Verbindungen ein, die nicht nur zum Haltbarmachen, sondern auch als Aromastoffe dienen. Die meisten Kosmetika enthalten ebenfalls Parabene, meist die Methyl- und Propylester.

Benzoesäure und Benzoate werden jährlich in einem Umfang von etlichen tausend Tonnen hergestellt. Die aktive Form ist die Benzoesäure, das heutzutage weitest verbreitete Konservierungsmittel überhaupt. Im sauren Milieu des Magens werden auch die genannten Benzoate in die Säure umgewandelt. Benzoesäure wird rasch resorbiert und über die Leber entsorgt; das Endprodukt des Stoffwechsels, die Hippursäure, scheiden wir mit dem Urin aus (täglich ungefähr 0,7 g).

Benzoesäure bekämpft Bakterien und Pilze und verhindert damit das Verderben von Lebensmitteln. In der Nahrungsmittelindustrie wird die Verbindung schon seit fast einem Jahrhundert verwendet. Manche Arten der Verarbeitung frischer Produkte führen zu einer Anreicherung der Säure. So enthält Tomatenketchup beträchtliche Mengen des Konservierungsmittels, ohne daß dieses künstlich hinzugegeben wurde. Tomaten können weder Hyperaktivität bei Kindern noch Kopfschmerzen bei Erwachsenen bewirken; Ketchup, Suppen und Tomatenmark dagegen schon, und Tests haben bewiesen, daß hieran die Benzoesäure schuld sein könnte.

Da Benzoesäure und Benzoate nahezu allgegenwärtig sind, können einzelne Fälle von Überempfindlichkeit auf diese Stoffe nicht verwundern. Lange Zeit nahm man dieses potentielle Problem nicht zur Kenntnis. Vor 100 Jahren wurden Benzoate in hohen Dosen (bis zu 60 g täglich!) zur Therapie rheumatischer Erkrankungen verschrieben, anscheinend ohne einem Patienten ernsthaften Schaden zuzufügen. 1933 wurden innerhalb eines Leberfunktionstests, vorgenommen unter anderem bei Schilddrüsenerkrankungen und in der Schwangerschaft, 6 g Natriumbenzoat intravenös verabreicht. Auch hier wurden kaum negative Reaktionen bemerkt. 1944 wurde erstmals von einem Patienten berichtet, der nach oraler Einnahme einer hohen Dosis Benzoat unter einer Art anaphylaktischem Schock (→ Glossar) gelitten hatte. Innerhalb weniger Stunden kam es zu Atemnot, Brustschmerzen, Bluthochdruck, es folgten Koma und Schock. Nach zwei Tagen hatte sich der Patient erholt. Überraschenderweise wiederholten die Ärzte die Untersuchung, um festzustellen, daß der Unglückliche wieder in gleicher Weise reagierte. Ginge ein Mediziner heute so vor, klagte man ihn garantiert wegen eines Berufsvergehens an.

In den darauffolgenden Jahren häuften sich die Berichte über heftige Reaktionen auf Benzoesäure und Benzoate, und viele wissenschaftlich exakt kontrollierte Studien wurden vorgenommen. Es zeigte sich nun, wie breit das Spektrum der Symptome ist, unter denen empfindliche Menschen leiden können. In *Contact Dermatitis* von Alexander Fisher und Lea Febiger kann man nachlesen, daß Benzoate Hautreaktionen wie Nesselsucht und Angioödem auslösen. Kreuzreaktionen wurden ebenfalls festgestellt: Personen, die sensibel auf Salicylat reagieren, vertragen häufig auch Benzoesäure schlecht.

Rote Streifen und Brennen auf der Haut sind die sofortigen Reaktionen empfindlicher Personen auf einen Kontakt mit Benzoesäure. Diese Symptome lassen zunächst eine allergische oder Immunantwort unter Freisetzung von Histamin vermuten. Daß dies nicht zutrifft, beweist die Abschwächung der Effekte bei wiederholtem Kontakt mit der Chemikalie. Ritzt man die Haut dann mit Histamin an, wird nach wie vor eine Reaktion bewirkt. Darüber hinaus lassen sich die Effekte nicht durch Antihistaminika verhindern. Offenbar entstehen die Hautrötungen nach Kontakt mit Benzoesäure auf einem anderen Weg; wahrscheinlich wird Serotonin freigesetzt, dessen Reserven nach wiederholter Reizung erschöpft sind.

Asthmatiker können auf Benzoesäure auch mit Atemnot und Niesanfällen reagieren. 1977 entwickelten 11 von 272 getesteten Asthmapatienten solche Symptome. Andere Studien bestätigten, daß etwa 4 % aller Asthmatiker auf

Benzoesäure empfindlich zu sein scheinen. Umgerechnet auf die Gesamtbevölkerung ist eine solche Reaktion daher selten. Glücklicherweise – man denke daran, in wie vielen Nahrungsmitteln, Getränken, Arzneimitteln und Kosmetika das Konservierungsmittel enthalten ist.

Sorbinsäure und Sorbate (E 200–E 203)

Sorbinsäure und Sorbat kommen in einigen Beerensorten natürlich vor, beispielsweise in den Früchten („Vogelbeeren") der Eberesche *Sorbis americana*. Sorbinsäure ist ein wirksames antimikrobielles Mittel, das man in sehr geringen Konzentrationen (0,1–0,3 %) zur Haltbarmachung einsetzt; in diesen Mengen ist die Säure geruch- und geschmacklos. Besonders effektiv wirkt die Verbindung gegen Hefen und Schimmelpilze. Man verwendet sie in Götterspeise, Weinen, Trockenfrüchten und Käseerzeugnissen. Manche Menschen reagieren mit Ausschlag, Angioödem und nichtallergischer Nesselsucht, die sich nicht mit Antihistaminika behandeln läßt. Auch allergische Ausschläge wurden auf den Kontakt mit Sorbinsäure zurückgeführt. Der erste bekannte Fall betraf einen Bäcker, der mit sorbinsäurehaltigem Mehl umging. Große Mengen Sorbat rufen bei oraler Aufnahme ein Stechen im Mundbereich hervor, bedingt durch die Freisetzung einer Chemikalie, welche die Blutgefäße angreift. Empfindliche Personen müssen mit solchen Effekten bereits bei der Einnahme wesentlich kleinerer Mengen rechnen.

Oxidationshemmer, Antioxidationsmittel (E 300–E 321)

Fett wird bei längerem Kontakt mit Luftsauerstoff ranzig, wodurch Geruch und Geschmack der Lebensmittel beeinträchtigt wird. Oxidationshemmer verzögern das Ranzigwerden: Speiseöle und fetthaltige Speisen bleiben über Wochen und Monate hinweg genießbar. Einige Antioxidatien sind nicht nur Naturstoffe, sondern haben sogar selbst noch einen Nutzen: Hinter der oft verwendeten Ascorbinsäure (E 300) verbirgt sich das Vitamin C.

Zu diesem Zweck verwendet man einen fettlöslichen Abkömmling der Ascorbinsäure, das Ascorbylpalmitat. Eine etwas teurere, trotzdem zunehmend attraktive Alternative ist α-Tocopherol (Vitamin E), das in vielen Pflanzenölen von Natur aus enthalten ist. Olivenöl enthält das Konservierungsmittel Avenasterol. Auch Sesamöl enthält Oxidationshemmer, die bislang noch nicht identifiziert wurden, aber auch potentielle Kandidaten für den kommerziellen Einsatz sind. Man vermutet, daß diese Art von Antioxidationsmitteln einen gewissen Schutz vor Krebs bieten.

Für jedes Nahrungsmittel eignen sich nur bestimmte Oxidationshemmer. Verbindungen, die man Fetten und Ölen zusetzen will, müssen sich in diesen Stoffen lösen. Dazu gehören vor allem Butylhydroxyanisol (BHA, E 320) und Butylhydroxytoluol (BHT, E 321), die in Konzentrationen von insgesamt bis zu 200 ppm (0,02 %) zugesetzt werden dürfen. Babynahrung darf diese Chemikalien nur in Ausnahmefällen (zum Schutz des fettlöslichen Vitamins A) enthalten. Reaktionen auf BHA und BHT sind selten, obwohl bei empfindlichen Personen gelegentlich Ekzeme und unspezifische Hautausschläge beobachtet wurden. Andere mit diesen Chemikalien in Zusammenhang gebrachte Symptome sind Schnupfen, Niesanfälle, Kopfschmerzen, Schlaflosigkeit, Brustschmerzen, rote Flecken und gerötete Bindehäute. Zumindest im Tierversuch wirken BHT und BHA krebshemmend; vielleicht sind diese Ergebnisse auf den Menschen übertragbar. Der Wirkung liegt wahrscheinlich eine Anregung von Enzymen zugrunde, die freie Radikale (→ Glossar) zerstören.

Der Nutzen der Antioxidationsmittel, das Verhindern des Ranzigwerdens von Lebensmitteln, überwiegt bei weitem die negativen Reaktionen einiger Unglücklicher.

Gallate (E 310–E 312)

Gallate setzt man zum Haltbarmachen von Frühstücksflocken, Snacks und Kaugummi ein. Asthmatiker können auf diese Chemikalien vor allem mit schmerzhaften Verdauungsstörungen (Dyspepsie) reagieren. Octylgallat wird Fetten, Ölen und Margarine zugesetzt. Es kann den Magen reizen und darf nicht in Babynahrung verwendet werden.

Emulgatoren: Polysorbate (E 432–E 436)

Eine weitere wichtige Gruppe der Lebensmittelzusätze bilden die Emulgatoren. Besonders häufig verwendet werden fünf Polysorbate, die man aus Ethylenoxid und Sorbitanester herstellt. In Kuchen und Gebäck, Süßwaren, Speiseeis, Kaffeeweißer, Sahneerzeugnissen und Dessertsoßen wirken sie emulgierend und stabilisierend. Probleme mit diesen sehr sorgfältig getesteten Verbindungen werden nur äußerst selten beobachtet.

In Tabelle 9.2 finden Sie einige weitere Lebensmittelzusätze, die manchen Leuten Schwierigkeiten bereiten. Nun könnten Sie fragen, ob man die Zulassungsbedingungen oder Testverfahren für solche Stoffe nicht verschärfen sollte. Wir behaupten aber, die große Mehrzahl der Zusatzstoffe ist voll-

Tabelle 9.2 Andere Lebensmittelzusätze, die schädlich wirken können.

Zusatzstoff	E-Nummer	Reaktion
Agar-Agar (Verdickungsmittel)	E 406	Blähungen, Verstopfung
Ammoniumpersulfat	(ohne)	Bäckerekzem
Calciumdinatrium-EDTA (Antioxidationsmittel)	E 385	Erbrechen, Durchfall, Bauchschmerzen
Carrageen (Verdickungsmittel)	E 407	beteiligt an der Entwicklung von Colitis ulcerosa (Schleimhautentzündung des Dickdarms mit geschwürigen Schädigungen)
Glycerin	E 422	Kopfschmerzen, Durst, Schwindelgefühl
Mannit (Süßstoff)	E 421	Übelkeit, Erbrechen, Durchfall
Kaliumchlorid	E 508	Darmgeschwüre, Blutungen, Darmdurchbruch
Propylenglycol	(ohne)	Ausbruch von Dermatitis
Traganth (Verdickungsmittel)	E 413	Kontaktdermatitis

kommen ungefährlich und die Anzahl der Menschen, die auf einige wenige von ihnen nachweislich empfindlich reagieren, ist gering – ebenso gering (wenn nicht geringer) wie die Anzahl der Menschen, denen Naturstoffe Probleme bereiten können. Natürliche Verbindungen nehmen wir in der Regel in weitaus größeren Mengen zu uns, und im vorangegangenen Kapitel haben wir erläutert, welche Effekte sie bewirken können.

Jede in einem Nahrungsmittel vorhandene Substanz kann in entsprechender Menge gefährlich sein – ob es sich dabei um einen Nährstoff oder einen (natürlichen oder synthetischen) Zusatz handelt. Das Entgiftungssystem des Körpers wirkt sehr effizient, und nur in Ausnahmefällen kann es eine Überdosis eines Stoffes nicht bewältigen. In gewisser Weise leben wir heute sicherer als je zuvor – man denke nur an die umfangreichen Testvorschriften und Zulassungsverfahren, die gesetzlich streng geregelt sind. Ohne Zusatzstoffe auskommen zu müssen, brächte für uns im täglichen Leben viele Nachteile. Selbst die rein kosmetische (und damit psychologische) Wirkung von Farbstoffen ist wichtig: Wir greifen lieber zu Speisen, die appetitlich aussehen.

Nitrate und Nitrite

Nitrate und Nitrite werden vielen Lebensmitteln absichtlich zugesetzt, deshalb handelt es sich nicht um Verunreinigungen im eigentlichen Sinne. Beim Erhitzen bestimmter Speisen können sich die Verbindungen jedoch in potentiell krebserregende Nitrosamine umwandeln, die weiter hinten in diesem Kapitel erläutert werden.

Nitrat besteht aus einem Stickstoffatom, umgeben von drei Sauerstoffatomen (im Falle des Nitrits sind es nur zwei). Im Zuge des Stickstoffkreislaufes in der Natur, auch in jedem Lebewesen, wird Nitrat enzymatisch in Nitrit verwandelt. Beide Chemikalien werden schon seit langer Zeit zum Schutz von Schinken und Pökelfleisch vor Bakterienbefall verwendet. Gekochtem Schinken und Würsten verleihen die Substanzen ein verlockendes, rosafarbenes Aussehen. Zur Abtötung von Bakterien, die Botulismus hervorrufen können, braucht man Nitrat und Nitrit unbedingt. Allerdings sind die erlaubten Konzentrationen gesetzlich geregelt: 200 ppm für Nitrit und 500 ppm für Nitrat. Auch beim Kochen stirbt *Clostridium botulinum* ab, aber nur, wenn die Hitze auch bis zu den Sporen tief im Inneren des Fleischstücks vordringt. Um dies zu sichern, müßte man den Braten zerkochen, so daß die äußeren Schichten zerfallen. Der Einsatz von Nitrit hat somit gute Gründe.

Verunreinigungen

Verbindungen, die unbeabsichtigt in Nahrungsmittel gelangen, bezeichnet man als Verunreinigungen. Manche sind gefährlich, andere nicht; Substanzen, die uns nicht kurzfristig schaden können, haben vielleicht bisher unbekannte Langzeitwirkungen. Wir kennen die Art der Verunreinigungen und ihre Herkunft, und manchmal können wir auch den Stoffwechselweg verfolgen. Die Effekte bleiben abzuwarten.

Spekulationen über Schadstoffe in Lebensmitteln lösten in der Vergangenheit immer wieder Skandale und Massenhysterien aus. Natürlich ist es gerechtfertigt, auf der Hut zu sein, bis die Zeit oder die Wissenschaft die Ungefährlichkeit eines Stoffes bewiesen hat. Versuchstiere können wir kurzzeitig hohen Dosen oder über längere Zeit hinweg niedrigeren Dosen aussetzen, ohne eine schädliche Wirkung zu beobachten. Was jedoch einem Menschen passieren kann, der ein Leben lang winzigste Mengen des Stoffes zu sich nimmt, wissen wir nicht. Epidemiologische Studien können Anhaltspunkte bieten; ihre Ergebnisse sind aber allzu oft nicht viel besser als Schätzungen oder Eingebungen.

Metalle

Zu den gefährlichen Metallen, die sich mit einiger Wahrscheinlichkeit in Lebensmitteln finden, gehören vor allem Blei, Quecksilber und Cadmium. Bis vor kurzem wäre in diesem Zusammenhang auch Aluminium genannt worden. Größere Mengen dieses Elementes fand man in den Hirnen von Alzheimer-Patienten, und viele Jahre lang betrachtete man Aluminium als möglichen Auslöser der Erkrankung. Ganze Bücher warnten die Menschen vor dem Metall, und Initiativen kämpften für den Ausschluß von Aluminium aus allen Prozessen der Lebensmittel- und Trinkwasserverarbeitung. Dann stellte man fest, daß die Aluminiummenge in den frühen Analysen wesentlich zu hoch angegeben worden war. Die Bevölkerung war in die Irre geführt worden, und ein komplexes Gebäude aus Theorien und Mechanismen hatte auf falschen Zahlen gestanden. 20 Jahre lang verbreiteten Autoren von Ernährungsratgebern sinnlose Angaben zu den Gefahren von Aluminium. Heute betrachtet man das Metall nicht mehr als gesundheitsschädlich.

Die Giftigkeit von Blei, Cadmium und Quecksilber dagegen steht außer jedem Zweifel. Blei fand im Laufe der Menschheitsgeschichte zahlreiche Anwendungen. Im vergangenen Jahrhundert wurden riesige Mengen des Schwermetalls Benzin als Antiklopfmittel zugesetzt. Davon kam man mittlerweile ebenso ab wie von der Verwendung bleihaltiger Geschirre („Pewterware"), Wasserleitungen, Farben und Keramikglasuren. In allen Fällen fanden sich weniger gefährliche Alternativen, beispielsweise Kupfer und Kunststoffe für Wasserrohre. Trotzdem kommt es immer wieder zu Vergiftungsfällen, wenn Blei auf zwar ungewöhnlichen, aber durchaus nachvollziehbarem Wege in die Nahrung gelangt: Federbälle können Bleikugeln enthalten; in Schwarzbrennereien kann man alte, bleigelötete Autoheizungen als Destille verwenden; aus Porzellanglasuren kann mit der Zeit Blei freigesetzt werden, wenn das Geschirr bei zu niedrigen Temperatur gebrannt wurde. Lesen Sie dazu die folgende Fallstudie.

Fallstudie: **Kühl, erfrischend ... und tödlich**

Michael, ein erfolgreicher Geschäftsmann, lebte und arbeitete mit seiner Frau Liz in Madrid in einem Haus, das aus dem 16. Jahrhundert stammte. Michael war in den Dreißigern und genoß das Leben, als er plötzlich abzunehmen begann, ohne dies zu wollen. Zunächst verlor er langsam an Gewicht, dann immer schneller, und nach einigen Monaten wog er nur noch 25 kg. Gleichzeitig litt er unter Verdauungsstörungen, insbesondere unter Verstopfungen und heftigen Magenkrämpfen.

Eines Tages erzählte Michael am Telefon seinem Bruder, der als Arzt in England lebte, von seinen Problemen. Der Mediziner riet ihm, sofort nach England zu kommen. Dies tat Michael. Er suchte seinen Bruder umgehend auf, und dieser überwies ihn, erschrocken über seinen Zustand, stehenden Fußes in das nächstgelegene große Krankenhaus. Laboruntersuchungen ergaben die höchsten Bleiwerte im Blut, die in dieser Klinik jemals gemessen worden waren. Nachdem Liz nach England zurückgekehrt war, wurde auch in ihrem Blut ein toxischer Bleispiegel nachgewiesen, der allerdings nur ein Fünftel des Wertes betrug, den man bei ihrem Mann gefunden hatte.

Durch eine geeignete Therapie wurde das Blei aus Michaels Körper entfernt. Er erhielt den Rat, seine häusliche Umgebung in Madrid gründlich unter die Lupe zu nehmen. Wieder daheim, suchte Michael als erstes die lokale Gesundheitsbehörde auf. Er vermutete stark, daß die Wasserleitungen in seinem alten Haus aus Blei bestanden und die Vergiftung verursacht hatten. Der Beamte war allerdings anderer Meinung. „Señor, haben Sie ein Ferienhaus im Gebirge?" Als Michael dies bejahte, riet er: „Dann schauen Sie Ihr Geschirr genauer an."

Zur Ausstattung ihres Wochenenddomizils hatten Michael und Liz Keramikgeschirr gekauft, das in der Region hergestellt wurde. Zu den besonders geschätzten Stücken gehörte ein Dreiliterkrug, der genau in ihren Kühlschrank paßte und in dem sie ihr Lieblingsgetränk, Sangria, kühlten und aufbewahrten. Daß die Glasur des Kruges Blei enthielt und zudem nicht ordnungsgemäß gebrannt worden war, entging ihnen. Das giftige Schwermetall wurde mit der Zeit von dem Getränk herausgelöst. Michael trank im Durchschnitt fünfmal so viel Sangria wie Liz, daher war der Bleispiegel in seinem Blut entsprechend höher.

Blei ist giftig, aber unser Körper kann sich des Schwermetalls ganz gut erwehren. Nur ein geringer Teil der aufgenommenen Menge wird über die Darmwand resorbiert, der Rest wird mit dem Stuhl ausgeschieden. Resorbiertes Blei gelangt in die Leber, dann in die Galle und damit wieder zurück in den Darm, wo es erneut aufgenommen wird. Bei jedem dieser Zyklen wird jedoch ein wenig Blei in den Knochen und Zähnen eingelagert, und es ist nahezu unmöglich, das Metall von dort wieder zu entfernen. Wenn die Nahrung arm an Eisen und Calcium ist, wird durch den Darm besonders viel Blei aufgenommen.

Mit Quecksilber vergifteten sich früher häufig Putzmacher, denn das Metall wurde zur Behandlung von Kaninchenfellen verwendet, aus denen anschließend Kopfbedeckungen hergestellt wurden. Im Englischen gibt es die Redensart „mad as a hatter", die Lewis Carrol in *Alice im Wunderland* mit der Episode vom verrückten Hutmacher unsterblich machte.

Symptome einer Quecksilbervergiftung sind Schüttelanfälle, Zahnfleischbluten, starker Speichelfluß und Nervenzusammenbrüche. Manche Fälle enden mit dem Tod. Das Metall lagert sich mit Vorliebe in Nervengewebe ein, weshalb auch geistige Zurückgebliebenheit und Entwicklungsstörungen mit Quecksilber in Zusammenhang gebracht werden. In der Natur entstehen Organoquecksilberverbindungen, die man nur schwer wieder aus dem Zentralnervensystem entfernen kann und die zu dauerhaften neurologischen Schädigungen führen. Die Opfer solcher Tragödien bleiben chronisch krank und bedürfen nicht nur medizinischer, sondern auch sozialer und familiärer Hilfe.

Die schwersten Quecksilbervergiftungen ereigneten sich in den 1950er Jahren in Japan. Eine Chemiefabrik leitete quecksilberhaltige Abwässer direkt in eine Bucht ein. Niemand dachte daran, daß Mikroorganismen das Metall dort in seine gefährlichste Form verwandeln: Methylquecksilber. Diese Organoquecksilberverbindung enthält eine Kohlenstoff-Quecksilber-Bindung; die Methylgruppe macht die Substanz flüchtig, mobil und fettlöslich. Fische aus dieser Bucht, mit denen die Lokalbevölkerung einen Großteil ihres Proteinbedarfs deckte, enthielten Methylquecksilber, und Hunderte von Menschen vergifteten sich. Eines der schlimmsten Symptome bestand in Hirnschädigungen, denn Methylquecksilber kann die Blut-Hirn-Schranke überwinden. Nach der betroffenen Bucht nannte man das Syndrom Minamata-Krankheit. Es forderte 143 Todesopfer.

Auch in Schweden, Pakistan und Guatemala traten solcherart Quecksilbervergiftungen auf. Manchmal waren Umweltverschmutzungen die Ursache, manchmal aber auch der Verzehr von Saatgut, das mit quecksilberhaltigen Agrarchemikalien behandelt worden war. Im Gegensatz zu den Entwicklungsländern kommen Vergiftungen mit Quecksilber in den Industrieländern heutzutage fast nicht mehr vor.

Zu den giftigen Schwermetallen gehört auch Cadmium, und nicht wenige Fachleute fürchten, das Element sei mittlerweile in unserer Umwelt nahezu allgegenwärtig, so daß wir es ständig mit der Nahrung aufnehmen. In der Umgebung alter Zinkbergwerke und -hütten ist der Cadmiumgehalt des Bodens so hoch, daß die Anwohner davor gewarnt werden, Obst und Gemüse aus eigenem Anbau zu essen. Alle Zinkerze enthalten gewisse Mengen Cadmium; als die Beseitigung des Abfalls von Schmelzhütten noch nicht gesetzlich reglementiert war, wurde das Schwermetall in die Umwelt „entsorgt". In Europa wurde das Problem durch die Verwendung marokkanischer Phosphate in Düngemitteln noch vermehrt, denn diese Rohstoffe enthalten einen beträchtlichen Anteil Cadmium.

Früher verwendete man gern ein leuchtend orangerotes Cadmiumpigment (Cadmiumsulfid) zur Anfärbung von Kunststoffen. Eisen wurde nicht mehr verzinkt, sondern vercadmet, da Cadmiumschichten wesentlich widerstandsfähiger sind. Selbst durch das galvanische Verzinken gelangten größere Mengen Cadmium in die Umwelt, da das verwendete Zink cadmiumhaltig war. Galvanisierte Oberflächen, die mit Nahrungsmitteln in Kontakt kamen (beispielsweise in der verarbeitenden Industrie), wirken dadurch als ständige Schwermetallquelle. (Heute dürfen zur Verarbeitung von Lebensmitteln nur noch Edelstahl- und Kunststoffbehälter eingesetzt werden.)

Mittlerweile ist der Einsatz von Cadmium nur noch zu wenigen speziellen Zwecken erlaubt, zum Beispiel als Bestandteil bestimmter Batterien (Ni-Cd-Akkus). Nach Ansicht der WHO ist eine tägliche Aufnahme von 0,06 mg ungefährlich. Cadmiumvergiftungen treten heute in der Regel bei Patienten auf, die am Arbeitsplatz mit dem Schwermetall in Kontakt kommen: in Kraftwerken, Batteriefabriken und der Kernkraftindustrie.

Cadmium wird vom Körper bereitwillig resorbiert. Der größte Teil landet in der Leber und wird dort fest an Proteine gebunden. Die Kapazität der Leber ist beträchtlich, und obwohl wir alle eine gewisse Menge Cadmium enthalten (50 mg im Schnitt), ist unsere Gesundheit nicht im geringsten gefährdet, geschweige denn unser Leben.

Nitrosamine

Eine Zeitlang sah man in Nitrat eine ernsthafte Bedrohung der Gesundheit: Umweltschützer prägten den Ausdruck „Krebs aus dem Wasserhahn". Zuvor waren hohe Konzentrationen von Nitrat im Trinkwasser gefunden worden, eine Folge der Überdüngung landwirtschaftlicher Nutzflächen. Inzwischen wurde die Menge an Düngemittel, die ein Landwirt ausbringen darf, gesetzlich beschränkt, und auf diesem Wege gerät nur noch verhältnismäßig wenig Nitrat in die Umwelt. Die Chemikalie wird von einigen Gemüsearten (Spinat, grüner Salat) aufgenommen, und gespeichert gelangt sie in die Nahrungskette. Auch in unserem Darm wird Nitrat gebildet, und zwar in Mengen, die den über Trinkwasser und Speisen aufgenommenen durchaus nahekommen.

Beim Erhitzen können Nitrat und Nitrit in chemisch reaktive Nitrosamine umgewandelt werden, welche sich im Tierversuch als stark krebserregend erwiesen haben. Im Laufe der Jahre fand man Nitrosamine in sehr vielen Lebensmitteln, besonders in jenen, die das Konservierungsmittel Nitrit enthalten. Die Verbindungen entstehen zum Beispiel beim Räuchern, wo die Ausgangsstoffe – Nitrat oder Nitrit und Amine – gemeinsam erhitzt werden. Eine Studie in Hongkong ergab ungewöhnlich hohe Nitrosaminkonzentrationen in Räucherfisch und -fleisch (Schinken) sowie geräucherten Würsten. In geringem Umfang bilden sich Nitrosamine auch in der Pfanne (beim Braten von rohem Schinken).

Größere Mengen an Nitrosaminen schädigen die Leber. Ein Industriearbeiter erlitt akute Leberschäden, nachdem er am Arbeitsplatz mit Dimethylnitrosamin (DMN) in Kontakt gekommen war. In den 1960er Jahren registrierte man epidemische Lebererkrankungen von norwegischen Schafen. Schließlich stellte man fest, daß die Nahrung Fischmehl enthalten hatte, welches mit Kaliumnitrit haltbar gemacht worden war. Das Nitrit reagierte mit den natürlichen Aminen des Fischmehls zu DMN, das sich in Konzentrationen von 30–100 ppm im Produkt anreicherte.

Dieses Ereignis löste eine Flut von Forschungsarbeiten aus, um festzustellen, ob auch in nitritkonservierten Lebensmitteln für die menschliche Ernährung derart hohe DMN-Spiegel als eine Art Zeitbombe entstehen könnten. Winzige Nitrosaminkonzentrationen lassen sich jedoch nur sehr schwer exakt messen, und bislang stehen noch keine epidemiologischen Daten zur Verfügung, an denen sich ablesen ließe, ob die Verbindungen auch beim Menschen krebserregend oder anderweitig schädigend wirken. Nitrosamine können nur entstehen, wenn Nitrate mit tierischem Gewebe in Kontakt kommen. DMN wurde in den Mägen von Tieren gefunden, die nur die Vorläuferverbindungen gefressen hatten. So ist es nicht unwahrscheinlich, daß DMN auch in unserem Magen gebildet wird. Dazu müßten allerdings etliche Randbedingungen erfüllt sein, das heißt, im Magen müßte Nitrat in Nitrit umgewandelt werden bei gleichzeitiger Anwesenheit von tertiären Aminen und geeigneten Enzymen zur Nitrosierung.

Insgesamt erhöhen die winzigen Mengen an Nitrosaminen in unserer Nahrung das Krebsrisiko wohl nur unwesentlich. Es gibt jedoch eine Region, in der die cancerogene Wirkung der Nitrosamine mit größerer Wahrscheinlichkeit zum Zuge kommt: die Transkei in Südafrika. Dort ist die Rate von Speiseröhrenkrebs auffällig erhöht. In diesem Gebiet ist der Boden nicht sehr fruchtbar, denn ihm fehlt das Spurenelement Molybdän. Botaniker wiesen nach, daß Pflanzen bei Molybdänmangel Nitrat akkumulieren, denn das Enzym, das den Nitrathaushalt der Pflanzen steuert, enthält Molybdän, und ohne dieses Enzym reichert sich Nitrat an. In die Nahrung der Einwohner gerät das Nitrat dann über die Pflanze *Solanum incauum*, die verbreitet zur Gerinnung von Milch (Quarkherstellung) verwendet wird und in der hohe DMN-Spiegel nachgewiesen wurden. Hochrechnungen ergaben, daß eine Person innerhalb von 10 Jahren durchschnittlich 4 mg DMN aufnimmt, weit mehr, als vertretbar wäre. Dies ist natürlich noch immer kein *Beweis* für die krebserregende Wirkung von DMN, aber man sollte diesem Zusammenhang weiter nachgehen.

Wenn die Nitrosamine denn des Krebsrisiko erhöhen, so gibt es eine einfache Methode, dem entgegenzuwirken: Achten Sie darauf, daß Ihre Nahrung genug Oxidationshemmer (die Vitamine A, C und E) enthält. Diese können Nitrosamine zerstören. In den USA wird den Nahrungsmittelherstellern geraten, diese Vitamine allen Speisen zuzusetzen, die cancerogene Stoffe enthalten können.

Chlororganische Verbindungen

Chlororganische Verbindungen werden verbreitet in Industrie und Landwirtschaft eingesetzt. So überrascht es nicht, daß einige von ihnen, wie polychlorierte Biphenyle (PCBs) und das Pflanzenschutzmittel DDT, bereits in Nahrungsmitteln gefunden wurden. Manche Leute vermuten, selbst kleinste Mengen könnten Schädigungen bewirken, wenn man ihnen lange genug ausgesetzt ist. Der Beweis dafür steht allerdings noch aus.

Polychlorierte Biphenyle (PBCs): PCBs wurden früher in der Industrie zu vielen Zwecken verwendet – im Maschinenbau beim Schneiden und Drehen, als Isolatoren in Transformatoren, in der Polygraphie als Bestandteil von Druckfarben und in vielen anderen Prozessen. Schon lange ist bekannt, daß die Verbindungen die sogenannte Chlorakne auslösen können, eine als Berufskrankheit anerkannte Hautreizung, bei der Gesicht und Hände mit Pusteln bedeckt sind. Die Chlorakne ließ sich jedoch durch Schutzkleidung und sorgfältige persönliche Hygiene weitgehend unterdrücken. Zwischenzeitlich schenkte man den PCBs daher keine große Beachtung mehr, und Abfälle wurden ohne besondere Vorkehrungen auf Deponien gelagert. Aus diesem Grunde sind die leicht flüchtigen Substanzen mittlerweile in der Umwelt nahezu allgegenwärtig: in Luft, Wasser, Boden, Fischen, Landtieren und menschlichem Gewebe, besonders im Fett und im Serum.

1998 erhielt jeder Allgemeinmediziner in Großbritannien ein Rundschreiben vom Gesundheitsministerium. Darin wurde berichtet, PCBs seien in Muttermilch gefunden worden; ob dies gefährlich sei, wisse man nicht. Tatsächlich wußte man schon lange, daß die Chemikalien in die Milch übergehen. 1980 widmete sich ein Gemeinschaftsprojekt der UNO und der WHO den PCB-Gehalten von Muttermilch aus verschiedenen Ländern. Die höchsten Konzentrationen fand man in Milch aus Schweden und Deutschland, vergleichsweise wenig belastet waren die Proben aus China, Indien und Mexico.

In unseren Nahrungsmitteln sind PCBs zwar in nachweisbarer Menge enthalten, allergische Reaktionen oder Unverträglichkeiten sind jedoch wenig wahrscheinlich. Größere Mengen der Stoffe sind allerdings giftig. 1968 erlitten auf der japanischen Insel Kyushu über 1000 Menschen schwere PCB-Vergiftungen. Nach dem Ort des Ereignisses nannte man das Syndrom Yusho-Krankheit: Verfärbungen der Haut, Tränen der Augen und Chlorakne. Auch Kinder, die von Yusho-kranken Müttern geboren wurden, waren betroffen. Die Ursache war verunreinigtes Speiseöl, das über 2000 ppm (0,2 %) PCBs enthalten hatte. Noch 11 Jahre später ließen sich die toxischen Verbindungen im Blut derer nachweisen, die das Öl verwendet hatten.

Neueste Studien wiesen Entwicklungsstörungen bei Kindern nach, deren Mütter während der Schwangerschaft PCBs ausgesetzt gewesen waren. Ähnliche Effekte registrierte man auch in der Tierwelt. Wahrscheinlich beeinflussen PCBs indirekt den Hormonhaushalt oder wirken sogar östrogenähnlich. Zahlreiche toxikologische Versuchsreihen sollten den Mechanismus klären helfen, doch die Ergebnisse sind widersprüchlich. Kleinste Mengen PCBs, wie sie typischerweise im menschlichen Gewebe gefunden werden, wirken manchmal östrogenähnlich, manchmal hingegen als Östrogenantagonist. Daß die Chemikalien akut giftig wirken, steht außer Zweifel – die Langzeiteffekte müssen noch geklärt werden.

Dichlordiphenyltrichlorethan (DDT): DDT ist das Umweltgift mit dem schlechtesten Ruf. Dabei hielt man die Substanz lange Zeit nicht für ein heimtückisches Gift: Als DDT noch als Insektizid im Einsatz war, tötete es möglicherweise nicht einen Menschen, dafür aber unzählige krankheitsübertragende Insekten. In den 1940er Jahren betrachtete man dieses Lebensretter als Triumph der Wissenschaft. Der britische Premierminister Churchill nannte das Insektizid in einer seiner berühmten Radioansprachen „ein hervorragendes Pulver … das erstaunliche Wirkung zeigt". Churchill bezog sich damit auf die Bekämpfung von Moskitos zur Malariaverhütung in tropischen Ländern. Einen seiner ersten großen Erfolge feierte das Mittel 1944 im soeben zurückeroberten Neapel, wo eine Typhusepidemie wütete. Den Alliierten gelang es, die typhusübertragenden Läuse mit DDT weitgehend auszurotten.

DDT wurde bereits 1874 von dem Chemiestudenten Othmer Zeidler erstmals hergestellt, ohne daß seine insektizide Wirkung bemerkt worden wäre. 1939 stieß Paul Hermann Müller, Mitarbeiter des Chemieunternehmens Geigy, bei seiner Suche nach neuen Insektiziden wieder auf die Verbindung. Müller erkannte bald die Vorteile, die DDT gegenüber den damals angewandten, oft blei- oder arsenhaltigen Insektenvertilgungsmitteln aufwies: DDT schien auf Säugetiere nicht toxisch zu wirken. 1948 erhielt Müller für seinen Arbeiten den Nobelpreis.

Im Laufe der Jahre rettete DDT Millionen Menschenleben. Mit Hilfe dieser Chemikalie wurden die malariaübertragenden Insekten in den USA ausgerottet. Dasselbe gelang auch in Sri Lanka, wo man jährlich 2,5 Millionen Malariaerkrankungen zählte. Von 1948 an sprühte man DDT dort in alle Wohnhäuser, und 1962 registrierte man nur noch 31 Fälle. Nachdem es allem Anschein nach gelungen war, diese uralte Geißel der Menschheit zu besiegen, begannen sich jedoch die Befürchtungen zu häufen, DDT reichere sich in der Nahrungskette an. Man stellte fest, daß durch den DDT-Einsatz einige seltene Tierarten bedroht wurden. Viel schlimmer war jedoch die Entwicklung offenbar DDT-resistenter Insektenarten. Das Mittel wurde in Sri Lanka nicht mehr eingesetzt, die Insekten kehrten zurück, und bald hatten es die Ärzte wieder mit zwei Millionen Malariaerkrankungen jährlich zu tun.

Millionen Tonnen DDT wurden in jedem Jahr auf die Felder ausgebracht. So gelangte die Verbindung auch in unsere Speisen, und sie reicherte sich langsam an. Als DDT zu Beginn der 1970er Jahre verboten wurde, befanden sich im Fettgewebe eines durchschnittlichen Mitteleuropäers 7 ppm DDT. Unser Stoffwechsel entgiftet das Insektizid durch Abspaltung eines Chloratoms, wobei DDE (Dichlordiphenylethylen) entsteht. Dieser Prozeß verläuft langsam;

die Halbwertszeit von DDT im Körper beträgt 16 Wochen. Die gefundenen Mengen bedeuteten für den Menschen allerdings nie eine Gefahr. Heute gibt die WHO als Grenzwert für die Einnahme 225 mg pro Jahr an – mehr als das Zehnfache dessen, was die Konsumenten in den Spitzenzeiten des DDT-Einsatzes, den späten 1960er Jahren, aufnahmen.

Manche Behörden betrachten sowohl DDT als auch die PCBs als potentiell krebserregend. So liest man in einem Bericht des Nationalen Krebsforschungsinstituts der USA 1993:

> Chlororganische Verbindungen wie DDT ... und PCBs ..., die in großem Maßstab als Insektizide beziehungsweise Isolationsflüssigkeiten für elektrische Bauteile verwendet wurden, sind in der Umwelt bekanntermaßen langlebig und können bei Tieren Krebs erzeugen. Aufgrund ihrer ineffizienten Verstoffwechselung und ihrer Fettlöslichkeit reichern sich die Verbindungen auch im menschlichen Gewebe an. ... Ob sie mit der Entstehung von Krebs beim Menschen in Zusammenhang gebracht werden können, wurde noch nicht in ausreichendem Maße untersucht. Die meisten Studien stützen sich auf 20 oder weniger Fälle.

Ein Versuch, das cancerogene Potential von Organochlorverbindungen festzustellen, war ein Doppelblindstudie (→ Glossar) zur Korrelation von PCBs und DDE mit Brustkrebs. Dazu wurden Blutproben von 14 290 Teilnehmerinnen an einer Versuchsreihe der New York University zur Gesundheit von Frauen mit einer speziellen Methode, der Gaschromatographie, untersucht. Im Blut von Frauen, bei denen Brustkrebs diagnostiziert worden war, fanden sich höhere DDE- und PCB-Spiegel als bei gesunden Vergleichspersonen. Statistisch signifikant war der Unterschied jedoch nur im Falle von DDE. Bei Berücksichtigung anderer Faktoren (Brustkrebsfälle in der Familie, Stillzeiten, Alter bei der ersten ausgetragenen Schwangerschaft) ergab sich ein vierfach erhöhtes Brustkrebsrisiko für die Patientinnen mit dem höchsten Serum-DDE-Spiegel. Der Zusammenhang mit PCBs war weitaus weniger deutlich; da sich stets auch DDE im Serum fand, wenn PCBs gefunden wurden, lautete die Schlußfolgerung, daß sich das Auftreten von Brustkrebs mit dem DDE-Gehalt, nicht aber dem PCB-Gehalt des Serums in Verbindung bringen läßt.

Die Geschichte der Organochlorverbindungen verlief, wie man sieht, sehr wechselhaft. Synthetische Varianten erwiesen sich als sehr nützlich, natürlichen Molekülen dieser Art sind wir ohnehin ausgesetzt, und ob die Chemikalien unseren Organismus in irgendeiner Weise beeinflussen, bleibt unklar. Den meisten Menschen leuchtet heute ein, daß zum Beispiel DDT bestimmte Tierarten bedroht. Inwieweit die Substanz jedoch auch das Krebsrisiko beim Menschen erhöht, wie lange Zeit behauptet wurde, ist noch unklar. Elizabeth Whelan, Präsidentin des US-amerikanischen Wissenschafts- und Gesundheitsrats, diskutiert Pro und Contra des DDT in ihrem Buch *Toxic Terror*. Sie geht dabei sogar so weit, das Verbot dieses billigen und hochwirksamen Insektizids in Frage zu stellen. Ob Organochlorverbindungen in unserer Umwelt eine Zeitbombe sind, mit deren Wirkung man sich später auseinanderzusetzen haben wird, muß sich zeigen. Inzwischen versucht man, weniger gefährliche Substanzen zu finden, den Einsatz der bekannten Chemikalien zu minimieren und Reste sicher zu entsorgen.

Die allgemeine Umweltverschmutzung nimmt zweifellos zu. Die Erfahrung lehrt, daß alle langlebigen Verunreinigungen schließlich in unseren Speisen und Getränken landen. In diesem Kapitel wurden Substanzen beschrieben, deren Wirkung sorgfältig überwacht wird und von denen man weiß, daß sie keine kurzzeitige Bedrohung darstellen. Um auch Langzeitgefahren möglichst zu vermeiden, wurde in den Industrieländern die Herstellung gefährlicher Chemikalien und die Entsorgung von Gefahrstoffen streng reglementiert – in Ländern, die erst am Beginn der Industrialisierung stehen, setzt man andere Prioritäten. Wir müssen ständig auf der Hut sein, um zu sichern, daß wir mit Lebensmitteln aus solchen Ländern nicht auch Schadstoffe importieren.

KAPITEL 10
Gesunde Ernährung

In den vorangegangenen Kapiteln haben wir versucht, die Fakten von den Legenden zu trennen, die sich um unsere alltägliche Nahrung ranken. Sie wissen jetzt, wie Sie ein möglicherweise gefährliches Zuviel an manchen Inhaltsstoffen vermeiden können, oder was Sie beachten müssen, wenn Sie bestimmte Verbindungen vollkommen von Ihrem Speiseplan streichen wollen. Sie konnten sich außerdem davon überzeugen, daß manche Lebensmittel zwar Risiken bergen, daß diese Sie aber längst nicht in dem Maße beunruhigen müssen, wie manche Leute Ihnen einzureden versuchen.

Zum Abschluß dieses Buches erscheint es uns angebracht, Ihnen einige positive Ernährungsempfehlungen mit auf den Weg zu geben. Also wollen wir Ihnen im letzten Kapitel erläutern, was die unserer Meinung nach wichtigsten Aspekte des gesunden Essens und Trinkens sind. Einen allgemeinen Leitfaden der Ernährung finden Sie in Anhang I.

Wenn Sie übergewichtig sind, sollten Sie als ersten Schritt Ihr überschüssiges Körperfett so weit abbauen, daß das Verhältnis zwischen ihrer Körpergröße und Ihrem Gewicht in einem vernünftigen Bereich liegt. Um festzustellen, ob Sie zuviel wiegen, berechnen Sie am besten Ihren BMI (Body Mass Index): Teilen Sie Ihr Gewicht in kg durch das Quadrat Ihrer Größe in Metern. Dabei sollten Sie einen Wert zwischen 20 und 25 erhalten; liegt er darunter, sollten Sie zunehmen, liegt er darüber, müssen Sie abnehmen. Eine durchschnittliche Person wiegt 70 kg bei einer Größe von 1,70 Metern. Daraus ergibt sich ein BMI von $70/(1{,}7 \times 1{,}7) = 70/2{,}89 = 24{,}2$ (Normalgewicht).

Nehmen wir nun an, Sie seien normalgewichtig, rauchten nicht und bewegten sich regelmäßig. Dann lautet unser nächster Ratschlag: Essen Sie täglich fünfmal Obst oder Gemüse. Diese Empfehlung hört man häufig, die Gründe werden jedoch selten erläutert: Obst und Gemüse enthalten reichlich nützliche Kohlenhydrate, Ballaststoffe und Vitamine, gegebenenfalls auch Eiweiße und Mineralstoffe.

Keiner der Nährstoffe ist speziell und ausschließlich für den Herzmuskel bestimmt. Trotzdem lohnt es sich, auf die Zusammensetzung der Nahrung zu achten, um dieses lebenswichtigste aller Organe nicht zu vernachlässigen. Geeignete Verbindungen finden sich vor allem in Obst und Gemüse.

Die Homocysteinfamilie: Folsäure, B_6 und B_{12}

Ein wichtiger Risikofaktor bei der Entstehung von Herz-Kreislauf-Erkrankungen ist die Anreicherung von Homocystein, einer körpereigenen Chemikalie, im Blut. Homocystein ist ein Stoffwechselprodukt der Aminosäure Methionin. Der Körper ist bestrebt, diese Verbindung so schnell wie möglich loszuwerden, denn sie greift die Innenwände der Blutgefäße an. Trotzdem findet man bei vielen Leuten erhöhte Homocysteinspiegel: Sie leiden an einem Mangel eines oder mehrerer Vitamine, die als Cofaktoren der Homocystein-eliminierenden Enzyme fungieren. Diese Vitamine sind B_6, B_{12} und Folsäure. Mit Hilfe des Enzyms Methylentetrahydrofolatreduktase kann der Körper Homocystein in Methionin zurückverwandeln. Leider produzieren viele Menschen erblich bedingt eine weniger effiziente Variante dieses Enzyms, und es kommt zur Anreicherung von Homocystein. Eine seltene genetisch bedingte Erkrankung ist die Homocystinurie. Bei den Betroffenen sammelt sich so viel Homocystein im Körper an, daß die Chemikalie sogar mit dem Urin ausgeschieden wird. In allen diesen Fällen ist das Risiko erhöht, an Erkrankungen der Herz-, Hirn- und periphären Gefäße zu leiden; die Folge sind Herzattacken, Schlaganfälle und Schmerzen in den Beinen beim Laufen.

Patienten mit Homocystinurie entwickeln bereits in jungen Jahren kardiovaskuläre Erkrankungen; bereits 1969 vermutete Kilmer McCully, dies hinge mit den erhöhten Homocysteinspiegeln im Blut zusammen. Wir wissen inzwischen, daß er recht hatte: Forscher von St. Bartholomew's und von der Royal London School of Medicine and Dentistry wiesen kürzlich nach, daß ein hoher Homocysteinspiegel den Ausbruch der ischämischen Herzkrankheit fördert. Als Gegenmaßnahme empfahlen sie Gaben von Folsäure. Wissenschaftler an Universitätskliniken in Norwegen und Sri Lanka kamen zu ähnlichen Ergebnissen.

Im Tierversuch erwies sich Homocystein als wesentlicher Faktor bei der Entstehung von Arteriosklerose. Innerhalb von einer Woche ruft die Substanz sichtbare Gewebeschäden hervor. Zahlreiche Studien bestätigten den Zusammenhang zwischen erhöhten Homocysteinspiegeln und arteriellen Verschlußkrankheiten (Arterienverengungen) am Herzen. Das Risiko, frühzeitig zu erkranken, ist bei Patienten mit hohem Homocysteinspiegel im Vergleich zu Menschen mit normalem, niedrigem Blutgehalt dieser Chemikalie bis zu 30fach erhöht.

Darüber hinaus ist bekannt, daß Patienten mit besonders hohem Homocysteingehalt des Serums (die oberen 5 %) mit dreimal größerer Wahrscheinlichkeit einen Herzinfarkt erleiden als Vergleichspersonen mit niedrigem Spiegel. Dieser Faktor kommt zu anderen individuellen Risikofaktoren hinsichtlich der Entwicklung koronarer Herzerkrankungen wie Alter, Diabetes, Bluthochdruck, Übergewicht, Rauchen und ein hoher Cholesterinspiegel noch hinzu.

Kürzlich untersuchten J. Selbub und seine Kollegen vom Forschungszentrum für Ernährung im Alter an der Tufts University, Boston (USA), 1160 ältere Patienten (67–96 Jahre) auf die Plasmaspiegel von Homocystein sowie der Vitamine, die während des Stoffwechsels am Abbau dieser Verbindung beteiligt sind. Die Forscher fanden heraus, daß sich umso mehr Homocystein anreicherte, je geringer die Zufuhr von Folsäure sowie den Vitaminen B_6 und B_{12} war. Nur etwa 80 % der untersuchten Personen – darin sind diejenigen bereits enthalten, die zu Vitaminpräparaten als Nahrungsergänzung griffen – nahmen täglich genügend Folsäure (200 µg) zu sich. Selbub zufolge könnte eine ausreichende Versorgung des Körpers mit Folsäure und den Vitaminen B_6 und B_{12}, besonders im Alter von über 65 Jahren, das Risiko von Herzkrankheiten verringern. Erkrankungen dieser Art sind bei älteren Menschen die häufigste Todesursache. Selbubs Arbeiten wurden 1993 im *Journal of the American Medical Association* veröffentlicht.

Folsäure (Folat)
Empfohlene tägliche Aufnahme: 200 µg

Folsäure ist besonders wichtig für die Bildung roter Blutkörperchen sowie für das Wachstum und die Teilung von Zellen. Eine ausreichende Versorgung mit Folsäure beugt Gewebsdysplasien vor. Darunter versteht man Reproduktionsstörungen bestimmter Zellen, häufig ein Vorläufer von Krebs. Darüber hinaus wurde gezeigt, daß Folsäure vorbeugend gegen die koronare Herzkrankheit wirkt.

Folsäure wird durch den Magen-Darm-Trakt resorbiert und in der Leber gespeichert. Im Übermaß aufgenommen, wirkt Folsäure nicht toxisch. Ein Mangel an dieser Substanz äußert sich jedoch in Anämie („Blutarmut"), einer entzündeten, geröteten, glatten Zunge, Verdauungsstörungen sowie Wachstumsstörungen bei Kindern. Der Folsäuremangel gehört zu den häufigsten Vitaminmangelerkrankungen, insbesondere bei Schwangeren und älteren Menschen.

Aufgrund der Schlüsselrolle, die Folsäure beim Wachstum und bei der Teilung von Zellen spielt, sind Mangelzustände besonders in der Kindheit und während der Schwangerschaft zu vermeiden. Man nimmt an, daß Folsäure den Fötus vor Neuralrohrdefekten schützt, Störungen des Zusammenwachsens der beiden Körperseiten *in utero*, woraus sich zum Beispiel eine Spaltbildung am Rückenmark (Spina bifida) entwickeln kann. Frauen, die mit einer Schwangerschaft rechnen, sollten möglichst bereits vorher mit der Einnahme von 400 µg Folsäure täglich beginnen und dies bis zur zwölften Schwangerschaftswoche fortsetzen.

Bis vor kurzem wurde allgemein die Aufnahme von 400 µg Folsäure täglich empfohlen. Nachdem der Wert auf 200 µg herabgesetzt worden war, mehrten sich Stimmen wie die von William Willey und Meir Stampfer im *Journal of the American Medical Association* (1993), die eine Wiedereinführung des alten Werts forderten. Ihre Begründung ist leicht nachzuvollziehen: Folsäure ist billig, gut verfügbar (siehe Tabelle 10.1) und frei von toxischen Nebenwirkungen.

Tabelle 10.1 Folsäure in Nahrungsmitteln.

Lebensmittel (Portionsgröße)	Folsäure (µg)
Bierhefe (10 g)	400
Leber vom Lamm (100 g)	240
Spinat (100 g)	196
Kartoffeln (150 g)	145
Rosenkohl (100 g)	110
Spargel (100 g)	98
Brokkoli (100 g)	65
Blumenkohl (100 g)	50

Zwischen 1970 und 1972 wurden die Folsäurespiegel im Blut von 5000 Kanadiern im Rahmen einer landesweiten Ernährungsstudie untersucht. Fünfzehn Jahre später nahm man wieder Kontakt zu den Probanden auf und befragte sie über bestimmte Krankheiten. Es zeigte sich, daß die Personen mit den niedrigsten Folsäurespiegeln mit einem um 70 % erhöhten Risiko an Herzinfarkten starben als Vergleichspersonen mit hohen Folsäurespiegeln.

Trotz dieser vielfältigen Beweise ernährt sich die Mehrheit der Bevölkerung folsäurearm. Das Vitamin ist in vielen Nahrungsmitteln enthalten, wird aber durch langes Lagern und durch Erhitzen zu einem nicht geringen Teil zerstört. Man sollte Gemüse daher im Kühlschrank aufbewahren – so nimmt der Folsäuregehalt auch bei zweiwöchiger Lagerung kaum ab. Auch Licht greift Folsäure an. Sorten, die Sie nicht in den Kühlschrank geben (zum Beispiel Kartoffeln), sind daher in einer dunklen Vorratskammer am besten aufgehoben.

Vitamin B_6 (chemischer Name: Pyridoxin)
Empfohlene tägliche Aufnahme: 1,4 mg (Männer), 1,2 mg (Frauen)

Vitamin B_6 spielt eine wichtige Rolle bei der Verdauung von Fetten, Kohlenhydraten und Eiweißen. Nur selten beobachtet man toxische Effekte zu hoher Dosen; ein Mangel dagegen äußert sich in fettiger, schuppiger Haut, einer entzündeten, geröteten Zunge, Gewichtsverlust, Reizbarkeit und Muskelschwäche. Bei Kindern können Mangelzustände zu Durchfall, Anämie und Anfallsleiden führen. Relativ große Mengen des Vitamins werden in der Leber gespeichert. Um diese Vorräte ständig wieder aufzufüllen, sollte man täglich Vitamin B_6 zu sich nehmen. Tabelle 10.2 zeigt Ihnen, welche Nahrungsmittel sich dazu besonders eignen.

Bestimmte Personenkreise benötigen besonders viel Vitamin B_6: Schwangere, Stillende, Ältere sowie Frauen, die mit der „Pille" verhüten. Auch wenn man sich sehr eiweißreich ernährt, sollte man auf eine ausreichende Zufuhr von Vitamin B_6 achten. Die Hälfte der im Rahmen der oben erwähnten Selbub-Studie untersuchten Personen nahm erheblich zu wenig Vitamin B_6 auf. Dies ist besonders besorgniserregend, wenn man die Rolle der Substanz bei der Regulierung des Homocysteinspiegels bedenkt.

Das geheimnisvolle Verschwinden von Vitamin B_6

Anfang Dezember 1952 erhielt die US-Gesundheitsbehörde FDA einen Brief von einer Frau aus Arkansas. Die ausgebildete Kinderschwester hatte ein 3 Monate altes Kind, das an Krampfanfällen litt. In einem ausführlichen und aufschlußreichen Bericht schilderte die Mutter, ihr Kind habe von Geburt an „SMA liquid" – Babynahrung einer bekannten Marke – erhalten. Der Kinderarzt habe einen Zusammenhang zwischen dieser Milchnahrung und der Anfallsneigung vermutet und das Baby auf Kondensmilch umgestellt, woraufhin es sich vollständig erholt habe.

Im Laufe des Januars und Februars 1953 erhielt die FDA von zahlreichen Fällen dieser nun „SMA-Krämpfe" genannten Erkrankung Kenntnis. Die schwächenden Anfälle konnten bis zu 5 Minuten lang anhalten, die betroffenen Säuglinge waren überreizt und geräuschempfindlich, bekamen Durchfall und erbrachen sich. Verschiedene Medikamente hatten keine Wirkung gezeigt. Nur eine Umstellung auf eine andere Nahrung schaffte Abhilfe.

Besonders verwirrend war, daß anscheinend nur Babynahrung dieser einen Sorte die Störungen auslöste; Kinder, die mit SMA-Pulvernahrung gefüttert wurden, blieben gesund. Dabei wurden beide Produkte aus den gleichen Zutaten hergestellt! Die Untersuchungskommission der FDA konnte den Fall nicht aufklären und übergab die Akten im März 1953 der Abteilung für Ernährungsfragen beim Ministerium. Dort fand sich bald eine Erklärung.

Die Antwort lag in Forschungsarbeiten, die in den Labors der Abteilung seit einiger Zeit vorgenommen worden waren. Reizbarkeit und Krampfanfälle ähnelten den Symptomen von Rattenbabys, deren Mütter eine an Vitamin B_6 arme Diät bekommen hatten. Erhielten die jungen Ratten das Vitamin, erholten sie sich rasch – ebenso wie die Säuglinge nach dem Wechsel der Milchnahrung. Aus irgendeinem Grund fehlte in SMA liquid das Vitamin B_6. Aber warum?

Bei der Analyse des Herstellungsverfahrens der Nahrung fand man schließlich die Ursache: Die Milch wurde stark erhitzt, ursprünglich mit dem Ziel, alle krankmachenden Keime abzutöten. Nicht beabsichtigt war jedoch, daß dabei das enthaltene Vitamin B_6 mit Aminosäuren und Zucker zu Verbindungen reagierte, die der Stoffwechsel von Säuglingen nicht verarbeiten kann.

Daraufhin setzten die Hersteller von SMA liquid ihrem Produkt Vitamin B_6 zu. Innerhalb weniger Monate verschwand das Krankheitsbild.

Die Homocysteinfamilie: Folsäure, B_6 und B_{12}

Diese Episode zeigt, was bei der Verarbeitung von Milch mit den enthaltenen Vitaminen geschehen kann. Andere Prozesse führen ebenfalls zu Vitaminverlusten: Über 75 % des Vitamins B_6 gehen beim Mahlen von Weizen zu weißem Mehl verloren, und bisher gibt es keine Bestrebungen, dem Mehl das Vitamin anschließend wieder zuzusetzen. Das Einfrieren von Fleisch und Geflügel schont die Vitamine – dies trifft allerdings nicht auf das Gefrieren und Konservieren von Gemüse zu. Während der weiteren Lagerung scheint das Vitamin aber nicht weiter abgebaut zu werden. Beim Kochen werden bis zu 50 % des in Obst, Gemüse und Fleisch enthaltenen Vitamins B_6 zerstört.

Wie Sie Tabelle 10.2 entnehmen können, gibt es viele preiswerte Quellen von Vitamin B_6 wie zum Beispiel Kartoffeln und Thunfisch.

Vitamin-B_6-Überschuß: Viele Menschen nehmen täglich aus verschiedensten Gründen hohe Dosen Vitamin B_6 ein. Kann dies gefährlich werden? 1998 wandte sich eine britische Regierungskommission an die Kommission für Giftstoffe in Nahrungsmitteln, Konsumgütern und in der Umwelt mit dem Vorschlag, den Vitamin-B_6-Gehalt frei verkäuflicher Präparate herabzusetzen, da die Bevölkerung zu hohe Dosen dieses Vitamins einnehme. Empfohlen werden maximal 10 mg pro Tag. Zur Behandlung des prämenstruellen Syndroms, der Morgenübelkeit und des Karpaltunnelsyndroms (Druckschaden an einem Nerv im Handgelenk durch ständige mechanische Reizung) setzt man jedoch teilweise wesentlich höhere Dosen ein. Nach Auskunft von Verbraucherverbänden sind tägliche Mengen von 200 mg keine Seltenheit. In die Diskussion schalteten sich verschiedene Institutionen ein, ohne daß ein endgültiger Kon-

Tabelle 10.2 Vitamin B_6 in Nahrungsmitteln.

Lebensmittel (Portionsgröße)	Vitamin B_6 (mg)
Müsli (1 Portion, 95 g)	1,5
Kleieflocken (1 Portion, 45 g)	0,8
Sonnenblumenkerne (50 g)	0,6
Makrele (100 g)	0,6
Kartoffeln (150 g)	0,5
Avocado (halbe Frucht)	0,4
Thunfisch, Konserve (100 g)	0,3
Banane (1 Stück, mittelgroß)	0,3
Erdnüsse (100 g)	0,3

sens gefunden wurde. Die US-amerikanische Akademie der Wissenschaft beispielsweise vertritt die Auffassung, es gebe keinerlei Beweise für eine schädliche Wirkung von täglich 200 mg Vitamin B_6.

Allerdings beobachtete man bei Frauen nach der Einnahme von Riesendosen – bis zu 2 g am Tag! – sensorische Neuropathien (Nervenleiden), die sofort verschwanden, nachdem die Dosen auf ein normales Niveau verringert worden waren.

Vitamin B_{12} (chemische Namen: Cobalamin, Cyanocobalamin)
Empfohlene tägliche Aufnahme: 1,5 µg

Vitamin B_{12} wird benötigt für die Bildung roter Blutkörperchen, die Aufrechterhaltung der Funktionsfähigkeit des Nervengewebes sowie zur Gewinnung von Energie durch die Verstoffwechselung von Kohlenhydraten, Fetten und Proteinen. Von therapeutischem Nutzen ist die Verbindung zur Behandlung der perniziösen Anämie, einer Blutkrankheit, die mit niedrigen Vitamin-B_{12}-Spiegeln einhergeht.

Das Vitamin wird in der Leber gespeichert. Der dort angelegte Vorrat kann den Bedarf des Organismus bis zu fünf Jahre lang decken, doch trotzdem ist es notwendig, die Reserven laufend aufzufüllen. Strenge Vegetarier (Veganer) leiden ernährungsbedingt häufig an B_{12}-Mangel, denn größere Mengen des Vitamins sind hauptsächlich in Fleisch- und Milchprodukten enthalten.

Toxische Effekte großer Dosen Vitamin B_{12} sind bisher nicht bekannt. Zu den Mangelerscheinungen gehören Schwäche, Gewichtsverlust, mentale und nervöse Störungen, Rückenschmerzen und eine gerötete, schmerzende Zunge.

Eine allgemeine Faustregel besagt, daß alles, was schwimmt, fliegt oder läuft, Vitamin B_{12} benötigt (siehe Tabelle 10.3); alles, was aus dem Boden wächst, kommt hingegen ohne die Verbindung aus. Vitamin B_{12} ist lichtempfindlich – daher sollte man alle Nahrungsmittel, die das Vitamin enthalten, nur kurze Zeit und möglichst dunkel lagern. Alle Formen der Lagerung führen allerdings mit der Zeit zu einem Abbau des Vitamins. Schützend wirkt die Anwesenheit von Vitamin C, das aber leider beim Einkochen und Trocknen frischer Lebensmittel weitgehend verlorengeht. Beim Kochen nimmt der Vitamin-B_{12}-Gehalt aller Speisen um rund 40 % ab. Milch verliert infolge der Pasteurisierung etwa 10 % des Vitamins; in Kondensmilch ist die Verbindung überhaupt nicht mehr vorhanden. Einige problemlos erhältlichen Nahrungsmittel bieten jedoch so viel Vitamin B_{12}, daß es nicht schwerfällt, den Bedarf einer Woche zu decken (zum Beispiel mit einer Dose Ölsardinen).

Die Homocysteinfamilie: Folsäure, B_6 und B_{12}

Tabelle 10.3 Vitamin B_{12} in Nahrungsmitteln.

Lebensmittel (Portionsgröße)	Vitamin B_{12} (µg)
Muscheln (100 g)	98,2
Leber vom Rind (100 g)	80,1
Bückling (100 g)	10,0
Makrelen (100 g)	9,0
Thunfisch (100 g)	4,2
Braten (100 g)	1,9
Eier (2 Stück)	1,5

Nimm 5!

Frauen, die entweder in naher Zukunft schwanger werden möchten oder bereits ein Kind erwarten, müssen besonders sorgfältig auf die Einnahme ausreichender Mengen Folsäure achten. Da die Chemikalie das Risiko der Entwicklung von Neuralrohrdefekten beim Fetus um 70 % reduziert, sollten diese Frauen täglich 400 µg Folsäure zu sich nehmen. Alle anderen – gleich welchen Alters und Geschlechts – müssen sich nicht so streng an diese Vorgabe halten. Wahrscheinlich leiden viele Menschen an einem Folsäuremangel, ohne es zu bemerken.

Es gibt eine einfache Methode, die tägliche Versorgung mit Vitaminen zu sichern. Schon vor vielen Jahren empfahlen die Ernährungswissenschaftler allen voran, jeden Tag Obst und Gemüse zu essen. Wir sind gut beraten, uns heute noch (oder wieder) danach zu richten. Um einen hohen Homocysteinspiegel zu vermeiden, sollte man täglich fünf Portionen Obst oder Gemüse verspeisen, was überdies vorbeugend gegen Darmpolypen und -krebs sowie Gebärmutterhalskrebs wirken kann.

Wie groß ist nun eine solche „Portion"? Aufschluß darüber gibt Tabelle 10.4. Wie Sie bemerken werden, sind Kartoffeln nicht aufgeführt, denn wir betrachten sie primär als Stärkelieferanten. Zu einem Teller Pommes frites oder Bratkartoffeln sollte daher selbstverständlich stets eine Portion eines anderen Gemüses gehören. Ölreiche Früchte (Oliven, Avocados) sind von der „Nimm 5"-Regel ebenfalls ausgeschlossen.

Wer sich an diese Empfehlung hält, benötigt keine Vitaminpräparate zur Nahrungsergänzung. Eigentlich sollte es auch nicht schwierig sein, nach jeder Mahlzeit eine Portion Obst zu genießen – schon kommt man auf die magi-

Tabelle 10.4 Portionsgrößen bei Obst und Gemüse.

Lebensmittel	Portionsgröße
Apfel, Birne, Banane, Orange	1 Stück
Ananas, Melone	1 große Scheibe
Pflaumen, Kiwis, Satsumas	2 Stück
Trauben, Kirschen, Erdbeeren, Himbeeren	1 Tasse
Obstkonserven, Kompott, Obstsalat	3 Eßlöffel
Trockenfrüchte (Rosinen, Korinthen, Feigen, Datteln etc.)	1 Eßlöffel
Fruchtsaft	1 Glas (150 ml)
Gemüse* (roh, gekocht, gefroren, Konserve)	2 Eßlöffel
Salat	1 Salatschüsselchen
Tomaten	1 große, 2 mittlere oder 4 kleine

* außer Kartoffeln – siehe Text

sche Zahl 5. Die meisten Menschen essen jedoch zu wenig Obst und Gemüse. Insbesondere Älteren und Frauen im gebärfähigen Alter sei dann zumindest die zusätzliche Einnahme von Folsäure angeraten.

Da in der Bevölkerung ein weitgehender Folsäuremangel herrscht, setzt man zum Beispiel in den USA manchen Lebensmitteln das Vitamin zu. 1993 erließ die amerikanische Regierung ein Gesetz, das den Folsäurezusatz zu Getreideprodukten (Brot, Nudeln, Frühstücksflocken) vorschreibt. Forschern der Universität Washington zufolge bergen solche Aktionen ein enormes Potential der Vorbeugung gegen Herz-Kreislauf-Erkrankungen. Wie eine Gruppe vom Regional Primate Research Center in Beaverton (Oregon, USA) herausfand, senkt der Folsäurezusatz in Frühstücksflocken den Homocysteinspiegel immerhin um bis zu 14 %. Nach Angaben eines Artikels im *Journal of the American Medical Association* kann man aus solchen Quellen täglich jedoch nur ungefähr 100 µg Folsäure täglich aufnehmen – wesentlich weniger als die empfohlenen 200–400 µg.

Im Verlaufe der landwirtschaftlichen Produktion, des Transports und der Lagerung roher Lebensmittel können Nährstoffe und Vitamine verlorengehen. Ein Übriges tut die Nahrungsmittelherstellung – angefangen beim Mahlen und Konservieren bis hin zur Lagerung und Zubereitung im eigenen Haushalt. Dabei werden weniger die Makronährstoffe (Fette, Proteine, Kohlenhydrate) angegriffen, obwohl deren Verhältnis von der Zubereitungsart abhängen kann. Am schlimmsten betroffen sind jedoch die Mikronährstoffe. Dazu gehört zum Beispiel Selen, das für die Gesunderhaltung unseres Herzens wichtig ist.

Selen
Empfohlene tägliche Aufnahme: 75 µg (Männer), 60 µg (Frauen)

Selen ist ein seltenes Nichtmetall und für unseren Organismus ein essentielles Spurenelement. Modernen landwirtschaftlichen Methoden verdanken wir leider, daß allgemein zu wenig Selen in die Nahrungskette gerät. In manchen Gegenden mit selenarmen Böden behilft man sich mittlerweile mit selenhaltigen Düngemitteln. Zu Verlusten kommt es auch während der Verarbeitung der Rohstoffe, beispielsweise beim Mahlen von Mehl. Erhitzen schadet dem Element dagegen nicht. In der Nahrung (vor allem in Nüssen, Fisch und Pilzen, siehe Tabelle 10.5) vorhandenes Selen wird vom Magen-Darm-Trakt bereitwillig resorbiert. Ist die Nahrung allerdings sehr fett- und/oder eiweißreich, kann die Selenaufnahme gehemmt werden.

Früher maß man dem Selen nur wenig Bedeutung bei. Bis in die 1980er Jahre hinein betrachtete man das weitgehend unbekannte Element nicht als notwendigen Bestandteil der menschlichen Ernährung. Seitdem haben sich die Ansichten geändert: Heute hält man das Element für so wichtig, daß man es in den meisten Diätempfehlungen berücksichtigt.

In der Natur kommt Selen selten vor. Für den Menschen ist das Element jedoch lebenswichtig. Bewiesen wurde dies 1973, als man herausfand, daß ein Enzym unseres Stoffwechsels selenhaltig ist: Die Glutathionperoxidase ist für

Tabelle 10.5 Selen in Nahrungsmitteln.

Lebensmittel (Portionsgröße)	Selen (µg)
Paranüsse (10 Kerne)	200
Bückling (100 g)	140
Cashewnüsse (100 g)	67
Vollkornbrot (2 Scheiben)	30
Leber (100 g)	22
Schweinefleisch (100 g)	15
Champignons (70 g)	8,5

den Abbau in Zellen gebildeter, potentiell zellschädigender Hydroperoxide zuständig. In Berlin entdeckte 1991 Dietrich Behne ein zweites selenhaltiges Enzym, die Deiodinase, welche an der Hormonproduktion in der Schilddrüse (→ Glossar) beteiligt ist.

Selen ist ein Mikronährstoff. Das bedeutet, uns reichen winzigste Mengen davon aus – trotzdem enthält jede Zelle unseres Körpers mehr als eine Million Selenatome. Wieviel Selen wir einnehmen und ausscheiden und wieviel wir tatsächlich brauchen, ist schwer zu messen. Wahrscheinlich benötigen wir nicht mehr als 10 µg täglich, vorausgesetzt, wir erhalten es regelmäßig. An manchen Tagen scheiden wir möglicherweise mehr Selen aus, als wir aufnehmen.

Wir speichern Selen vor allem im Skelett; den höchsten Selengehalt im Gewebe findet man allerdings in Haaren, Nieren und Hoden. Der durchschnittliche Erwachsene hat ungefähr 15 000 µg (15 mg) in Reserve. Auf einmal eingenommen, ist diese Menge gefährlich, und 50 mg können tödlich wirken. Solche Dosen werden jedoch, von Unfällen abgesehen, nicht mit der Nahrung aufgenommen. Ihnen ist man höchstens in der Industrie ausgesetzt. Überschüssiges Selen gibt der Körper in Form übelriechender flüchtiger Verbindungen mit Urin und Stuhl, aber auch über die Lunge und die Schweißdrüsen ab. Eine Selenvergiftung erkennt man daher am besten am charakteristischen, üblen Körper- und Mundgeruch. Es ist angeraten, täglich nicht mehr als 0,45 mg (450 µg) Selen aufzunehmen, um Vergiftungserscheinungen vorzubeugen. Empfohlen werden 75 µg am Tag für Männer und 60 µg für Frauen.

Ein Mangel an Selen erhöht das Risiko verschiedener Erkrankungen, insbesondere von Anämie, Bluthochdruck, Unfruchtbarkeit, Krebs, Arthritis, vorzeitiger Alterung, Muskeldystrophie und Multipler Sklerose. Daß Selengaben diese Krankheiten verhindern können, ist bislang nicht bewiesen; für eine gewisse Schutzfunktion gibt es jedoch bereits epidemiologische Belege. Ganz sicher hilft Selen dem Körper bei der Verteidigung gegen giftige Schwermetalle wie Quecksilber, Cadmium, Arsen und Blei. Dies erklärt vielleicht, warum Thunfische keine Symptome von Quecksilbervergiftungen aufweisen, obwohl sich das Metall in ihrem Organismus anreichert: Selen wird ebenso akkumuliert.

Schwangere, Stillende und Kinder sind am wahrscheinlichsten von Selenmangelzuständen betroffen. Sich vollkommen selenfrei zu ernähren, ist jedoch kaum möglich. In einigen Gebieten der Welt sind die Böden extrem selenarm. Daher enthalten auch die Pflanzen nahezu kein Selen, und sowohl die örtliche Bevölkerung als auch die Tierwelt leiden unter Selenmangel. Auch das

Gegenteil kommt vor: Pflanzen, die auf besonders selenreichen Böden wachsen, enthalten so große Mengen des Elements, daß sich Weidetiere daran vergiften können. Es ist nicht verwunderlich, daß es unter diesen Bedingungen schwerfällt, Empfehlungen für den Selengehalt von Futtermitteln abzugeben. Wie US-amerikanische Forscher herausfanden, führt schon eine Anreicherung des Rinderfutters mit nur 0,1 ppm (Millionstel) Selen zu einem Anstieg des Selengehalts der Rinderleber um 70 %.

In Abhängigkeit von der Zusammensetzung der Nahrung nehmen wir täglich zwischen 6 und 200 µg Selen auf, wobei der Durchschnitt in den westlichen Industrieländern bei 60 µg liegt – etwas mehr, als erforderlich ist, um bei Frauen einen Selenmangel zu verhindern, aber etwa zuwenig für Männer. Die meisten Menschen decken ihren Selenbedarf aus Brot und Frühstücksflocken, aber es gibt Lebensmittel, die wesentlich mehr Selen enthalten. Mehr als 30 µg sind in 100 g Fisch (Thunfisch, Kabeljau, Lachs), Innereien (Leber und Nieren), Nüssen (Para-, Cashew- und Erdnüssen), Weizenkeimen, Kleie und Brauhefe enthalten. Selenpräparate zur Nahrungsergänzung bestehen aus Natriumselenit, einer kristallinen, wasserlöslichen Verbindung, von der täglich 50 µg eingenommen werden sollten.

Die Öffentlichkeit wurde auf Selen insbesondere durch das Buch *Selenium: The Essential Trace Element You Might Not be Getting Enough of* von Alan Lewis (1982) aufmerksam. Lewis behauptete, Selen könne zur Behandlung von Rheumatismus, Arthritis, Herzkrankheiten und Krebs eingesetzt werden und sogar das Altern verzögern. Das klingt etwas übertrieben. Versuche in China entlarvten den Selenmangel allerdings als Verursacher einer seltenen Herzerkrankung. Wie seit langem bekannt gewesen war, litten die Kinder im chinesischen Keshan-Gebiet verhältnismäßig häufig unter einer bestimmten Herzkrankheit, die Keshan-Krankheit benannt wurde. Dabei kommt es zu einer abnormen Schwellung des Herzmuskels, und die Hälfte der Betroffenen stirbt. In einem großangelegten Versuch gab man 1974 der Hälfte von 20 000 Kindern ein selenhaltiges Präparat, der anderen Hälfte ein Placebo. Aus der letzteren Gruppe entwickelten 106 Kinder die Keshan-Krankheit, 53 starben; aus der ersteren Gruppe waren lediglich 17 Kinder betroffen, und es gab nur einen Todesfall.

Ein weiterer Versuch in China zeigte, daß Selen die Krebshäufigkeit herabsetzen kann. Unter den Einwohnern der Provinz Linxian (nördliche Mitte Chinas) tritt häufig Magenkrebs auf. 30 000 Menschen mittleren Alters aus dieser Provinz stimmten der Teilnahme an einem Fünfjahresprojekt zu; sie erhielten verschiedene Kombinationen von Nahrungszusätzen wie Zink, Selen und die Vitamine A, B$_2$, C und E. Es stellte sich eine signifikante Abnahme der Krebsfälle in der Gruppe heraus, die Vitamin E und Selen erhielt.

Eine andere Studie beschäftigte sich mit der Frage, ob Selen das Fortschreiten von Hautkrebs verlangsamen könne. 500 Patienten erhielten täglich 200 µg Selen, einer Kontrollgruppe wurde kein zusätzliches Selen verabreicht. Zwar beeinflußte eine 5- bis 6jährige Einnahme des Präparats die Rückfallrate des Hautkrebses nicht, sie wirkte aber offenbar vorbeugend gegen Lungen-, Dickdarm- und Mastdarm- sowie Prostatakarzinome. Läßt sich dieses Ergebnis mit Hilfe von Studien an einem größeren Personenkreis belegen, so scheint es nicht unwahrscheinlich zu sein, daß Selen eines Tages den Mehl zugesetzt wird, aus dem Brot und andere Getreideprodukte hergestellt werden. Allerdings erzielt man die gleiche Wirkung, wenn man anstelle von Weißmehlprodukten genügend Obst und Gemüse ißt, das sowohl Selen als auch Folsäure enthält, wie das *Journal of the American Medical Association* 1996 betonte.

Erst seit relativ kurzer Zeit ist die Rolle bekannt, die Selen im Fortpflanzungsprozeß spielt. 1993 berichtete der schottische Forscher Alan McPherson über einen placebokontrollierten Doppelblindversuch (→ Glossar) mit Selenpräparaten. Bei Männern mit geringer Spermienzahl verbesserte sich die Qualität der Samenflüssigkeit durch Selengaben um 100 %.

1997 erläuterte Dr. Margaret P. Ryman in einem Editorial für das *British Medical Journal*, daß vor allem Unfruchtbarkeit, Krebs und Herzkrankheiten mit Selen in Zusammenhang gebracht werden. Verantwortlich für die abnehmende Qualität des Spermas und die zunehmende Zahl von Krebserkrankungen sei möglicherweise die sinkende Aufnahme von Selen. In Mitteleuropa, Skandinavien und England wird heute nur noch halb so viel Selen pro Tag aufgenommen wie 1975.

Selen verdient zweifellos mehr Aufmerksamkeit, als ihm bisher zuteil wurde. In Großbritannien verabreichen Bauern ihren Rindern schon seit längerer Zeit Selenpräparate zur Gesunderhaltung des Bestandes. Ryman merkt ironisch an, bisher habe niemand ähnliche Maßnahmen beim Menschen vorgeschlagen. Sie empfahl, Böden mit selenhaltigen Düngemitteln zu verbessern, was zum Beispiel in Finnland seit 1984 auf Regierungsbeschluß versucht wird. So läßt sich das Problem der selenarmen Nahrung, die aus Rohstoffen von selenarmen Böden hergestellt wird, sicher auf lange Sicht lösen. Kurzfristig bietet es sich an, Lebensmittel mit dem Mikronährstoff anzureichern. Wer in der Zwischenzeit nicht zu einem Selenpräparat greifen mag, sollte reichlich Paranüsse essen.

Die Vitamine A, C und E

Eine Theorie des Alterns besagt, daß es dem Körper im Laufe der Zeit immer weniger gelingt, die von freien Radikalen angerichteten Schäden zu reparieren. Unter freien Radikalen versteht man sehr reaktive Moleküle mit einem ungebundenen Elektron, mit dessen Hilfe sie jeden Stoff angreifen können, der ihnen über den Weg läuft. Alle Körperzellen sind den Angriffen dieser Radikale ausgesetzt, wobei auch die DNS (Erbsubstanz) geschädigt werden kann. Es kommt zu Mutationen; bleiben diese unerkannt, kann sich Krebs entwickeln. Auch Herzkrankheiten, Immunschwäche und Arthritis haben, so vermutet man, ihre Ursache in den Angriffen freier Radikale. Bewiesen sind diese Zusammenhänge jedoch noch nicht.

Wie entstehen in unserem Organismus freie Radikale? Der Körper benötigt ständig Sauerstoff, vor allem zur Verbrennung von Glucose. So gewinnt er Wärme, Bewegungsenergie und Energie zum Aufrechterhalten der vielen chemischen Reaktionen, auf denen die Körperfunktionen beruhen. Sauerstoffgas ist selbst ein freies Radikal mit *zwei* ungebundenen Elektronen – doppelt gefährlich daher, wie man vermuten könnte. Doch dies trifft nicht zu: Sauerstoff ist ein seltsames Element, stabiler als die meisten anderen Radikale und immerhin stabil genug, um sich im Laufe der Jahrmilliarden in der Atmosphäre anzureichern. Ein Fünftel von der Luft, die wir atmen, ist Sauerstoff.

Die Lunge nimmt den Sauerstoff auf und übergibt ihn an den roten Blutfarbstoff Hämoglobin. Mit dem Blutstrom gelangt das Gas dann an alle Körperstellen, wo es benötigt wird. Durch Reaktion des Sauerstoffs mit anderen chemischen Substanzen entstehen wiederum freie Radikale, und dies sind die eigentlich gefährlichen. Zum Glück liegen die Abwehrkräfte des Organismus ständig auf der Lauer: Oxidationshemmende Moleküle, Metalle und Enzyme wie die Superoxiddismutase fangen die Radikale ein und machen sie unschädlich. Auch manche Bestandteile von Nahrungsmitteln, beispielsweise die in den Kapitel 2 und 6 besprochenen Polyphenole in Tee und Rotwein, und sogar einige Zusatzstoffe wirken oxidationshemmend. Nützlich sind in dieser Beziehung auch die schwefelhaltigen Verbindungen, die dem Knoblauch sein charakteristisches Aroma verleihen. Der Zusatz von Butylhydroxytoluol (E 321, siehe Kapitel 9) schützt Öle vor dem Angriff von Sauerstoff und damit vor dem Ranzigwerden, daneben wirkt es auch in unserem Organismus als Oxidationshemmer.

Die effizientesten Antioxidantien sind die Vitamine A, C und E. Sie erfüllen auch andere Aufgaben, aber allen voran aufgrund ihrer oxidationshemmenden Eigenschaften sollten wir auf eine ausreichende Versorgung mit diesen Vitaminen achten.

Vitamin A (chemische Namen: Retinol, Carotin)
Empfohlene tägliche Aufnahme: 700 µg (Männer), 600 µg (Frauen)

Vitamin A benötigen wir für das Dämmerungssehen. Darüber hinaus fördert das Vitamin die Aufnahme von Calcium, eines für viele Körperfunktionen, Knochen- und Zahnaufbau wichtigen Elements, und sorgt für die Funktion der Schleimhäute in Nase, Rachen, Atemwegen, Verdauungstrakt sowie Urogenitalsystem. Ein Mangel an Vitamin A führt zu Nachtblindheit, Minderwuchs, Zahnschädigungen bei Kindern, rauher und schuppiger Haut, Halsschmerzen, Anfälligkeit für Stirnhöhlenentzündungen, Abszessen in Mund und Ohren, Durchfall sowie Leber- und Nierenleiden.

Milchprodukte, Eier und Innereien enthalten Beta-Carotin (Provitamin A), eine Vorläuferverbindung des eigentlichen Vitamins. Beta-Carotin wird erst im Dünndarm resorbiert und mit Fetten und Gallensalzen gemischt. Dabei entsteht Vitamin A, das in der Leber gespeichert und bei Bedarf freigesetzt werden kann. Bei gesunden Erwachsenen, deren Nahrung genügend Beta-Carotin enthält, kann in der Leber die für ein ganzes Jahr erforderliche Reserve eingelagert werden. Ein Zuviel an Beta-Carotin ruft keine Vergiftung hervor, kann aber zu einer reversiblen gelblichen Verfärbung der Haut führen.

Sowohl Vitamin A als auch Beta-Carotin sind nicht wasserlöslich und wenig hitzeempfindlich. Normales Kochen schadet ihnen nicht, wogegen sie bei der Konservierung in Dosen teilweise verlorengehen. Empfindlich ist Vitamin A auf ultraviolettes Licht, weshalb man vitaminhaltige Lebensmittel im Dunkeln aufbewahren und möglichst bald nach der Ernte oder Schlachtung ver-

Tabelle 10.6 Vitamin A in Nahrungsmitteln.

Lebensmittel (Portionsgröße)	Vitamin A (µg)
Leber vom Kalb, gegart (100 g)	40 000
Leberwurst (100 g)	2 500
Butter (100 g)	830
Emmentaler (100 g)	320
Schlagsahne (100 g)	250
Vollmilch (0,25 L)	150
Ei (1 Stück, mittelgroß)	110

brauchen sollte. Beim Grillen können Nahrungsmittel sehr heiß werden, wodurch auch Vitamin A zerstört wird. In Tabelle 10.6 sind Speisen mit einem besonders hohen Gehalt an Vitamin A aufgelistet.

Vitamin C (chemischer Name: Ascorbinsäure)
Empfohlene tägliche Aufnahme: 60 mg
Vitamin C sorgt für ein gesundes Zahnfleisch, stärkt die Wände der Kapillargefäße, fördert die Heilung von Wunden und Verbrennungen und hilft bei der Resorption von Vitamin A, Eisen und Folsäure. Überschüsse des Vitamins scheiden wir mit dem Urin aus. Besonders bei sehr großen Dosen (bis zu 10 g täglich!), die manche Leute aus verschiedenen Gründen einnehmen zu müssen glauben, wird der Urin angesäuert. Vitamin-C-Mangel äußert sich durch Gewichtsverlust, Teilnahmslosigkeit, Müdigkeit, Gelenk- und Muskelschmerzen sowie Zahnfleischbluten. Schwere Mangelzustände können zu Skorbut führen, einer in früheren Zeiten berüchtigten Krankheit, die durch innere Blutungen nicht selten tödlich verlief.

Die ersten Berichte über Skorbutfälle verdanken wir Vasco da Gama, der 1497 das Kap der Guten Hoffnung umrundete und dabei 100 von 160 Besatzungsmitgliedern seiner Schiffe verlor. Im Laufe der folgenden 300 Jahre gehörte der Skorbut zum Leben der Matrosen auf Hochseeschiffen. Zwar hatte man bald herausgefunden, daß Zitrusfrüchte vorbeugend wirkten, die Ursache der Krankheit kannte man jedoch nicht – man vermutete sie in Nebel, eingesalzenem Fleisch, ranziger Butter, Kupfergeschirr, Zucker, Tabak, Faulheit und der Jahreszeit. Einige Hypothesen kamen der Wahrheit recht nahe: Kupfer zum Beispiel zerstört Vitamin C durch eine chemische Reaktion, und im Winter und Frühjahr trat die Krankheit häufiger auf, da die gelagerten Nahrungsmittel langsam an Vitaminen verloren. James Lind, Arzt bei der Royal Navy, kurierte 1747 auch schwerste Skorbutfälle erfolgreich mit Zitronensaft. Seinen Empfehlungen scheinen die Seeleute allerdings kaum gefolgt zu sein, denn während des Siebenjährigen Krieges (1756–1763) starben allein 130 000 Besatzungsmitglieder britischer Segelschiffe an der Mangelkrankheit. Problematisch war, daß man die Wirkung des Zitronensaftes unter anderem auf dessen Säuregehalt zurückführte. Die Schiffe nahmen daher Essig oder sogar verdünnte Schwefelsäure als vermeintliche Heilmittel an Bord. Selbst, wenn man auf Zitronensaft zurückgriff, wurde dieser oft in Flaschen eingekocht, wobei wenig Vitamin C übriggeblieben sein dürfte.

Erst im 20. Jahrhundert kam man der eigentlichen Ursache des Skorbuts auf die Spur. Meerschweinchen und Menschen können Vitamin C nicht selbst herstellen, sondern müssen es mit der Nahrung aufnehmen. 1907 setzten die norwegischen Forscher Axel Holst und Theodor Frölich Meerschweinchen auf verschieden eingeschränkte Diäten und beobachteten, daß bei einigen Tieren Skorbut ausbrach. Harriette Chick vom Lister-Institut in London konnte 1918 Nahrungsmittel angeben, die die Krankheit bei Meerschweinchen verhinderten; den dafür verantwortlichen, noch unbekannten Bestandteil nannte man 1919 Vitamin C (die Vitamine A und B hatte man bereits entdeckt).

1928 gelang es dem ungarischen Chemiker Albert Szent-Györgyi, die Verbindung zu isolieren. Walter Norman Haworth klärte 1933 die Molekülstruktur auf. Im Jahr darauf wurde Vitamin C von dem schweizerischen Chemiker Tadeus Reichstein bereits synthetisch hergestellt. Ausgangsstoff zur industriellen Produktion von Vitamin C ist heute Glucose, wobei der Prozeß noch dem Reichstein-Verfahren entspricht. Die jährliche Weltproduktion von 50 000 Tonnen wird entweder als Vitaminpräparat verkauft oder als Nahrungsmittelzusatz E 300 verwendet, letzteres hauptsächlich in Fruchtsäften und anderen Speisen, deren natürlicher Vitamingehalt im Zuge der Verarbeitung abnimmt.

Vitamin C findet sich vor allem in pflanzlichen Produkten, besonders in Zitrusfrüchten und Kartoffeln (siehe Tabelle 10.7). Die genauen Mengen hängen von Ort und Art des Anbaus sowie von der Dauer der Lagerung ab. Pflanzen, die während des Wachstums viel Sonne erhielten, speichern mehr Vitamin C; Kartoffeln verlieren nach mehrmonatigem Einlagern bis zu 75 % ihres Vitamin-C-Gehalts. Zitrusfrüchte sind von Natur aus sauer und bieten so ein Milieu, in dem sich das Vitamin besser hält.

Tabelle 10.7 Vitamin C in Nahrungsmitteln.

Lebensmittel (Portionsgröße)	Vitamin C (mg)
Paprikaschoten, rot, roh (50 g)	140
Paprikaschoten, grün, roh (50 g)	120
Rosenkohl, gekocht (100 g)	115
Schwarze Johannisbeeren, Kompott (100 g)	115
Kiwi, roh (100 g)	98
Orangensaft (1 großes Glas)	80
Kartoffeln* (150 g)	26
Tomaten, frisch (100 g)	17

* gekocht, gebacken, Bratkartoffeln, Pommes frites

Vitamin C ist chemisch instabil. Es reagiert mit anderen Inhaltsstoffen der Nahrung und wird durch Hitze, Sauerstoff, Enzyme, Basen und Kupferatome zerstört. Durch Abwaschen, Einweichen und Schneiden geht das Vitamin verloren; das Dämpfen hingegen ist vitaminschonend, denn dabei werden Enzyme vernichtet, die ihrerseits das Vitamin angreifen können. Am günstigsten ist die Schockfrostung. Nahrungsmittel, die an Sonne und Luft getrocknet wurden, enthalten dagegen kaum mehr Vitamin C.

Die Nahrungsmittelhersteller wissen um den Vitaminverlust in Zuge der Verarbeitung und können für Ersatz sorgen. In der Küche – ob daheim, im Restaurant oder der Kantine – dagegen geht das Vitamin ersatzlos verloren, und man ist gut beraten, Obst und Gemüse nur in kleinen Mengen einzukaufen und schnell zu verbrauchen.

Da Vitamin C gut wasserlöslich ist, geht ein nicht geringer Anteil in das Kochwasser über. 100 g Rosenkohl, frisch geerntet, enthalten 230 mg Vitamin C, nach dem Kochen sind es nur noch 115 mg. Eine Portion davon sichert trotzdem Ihren täglichen Bedarf. In wenigen Gemüsesorten steckt jedoch so viel Vitamin C. Daher sollten Sie Gemüse stets mit kleinen Wassermengen kochen oder, noch besser, dämpfen oder dünsten. Servieren und essen Sie die Speisen unmittelbar nach der Zubereitung. Kochen Sie Gemüse möglichst mit Schale und im Ganzen; verzichten Sie auf langes Einweichen. Gefrorenes Gemüse sollten Sie vor dem Garen nicht auftauen.

Vitamin E (chemischer Name: α-Tocopherol)
Empfohlene tägliche Aufnahme: 10 mg

Vitamin E verstärkt die Wände der Kapillargefäße. Ergebnisse einschlägiger Studien lassen auch eine vorbeugende Wirkung gegen Herzinfarkt und Krebs

Tabelle 10.8 Vitamin E in Nahrungsmitteln.

Lebensmittel (Portionsgröße)	Vitamin E (mg)
Mandeln, geschält (100 g)	24,5
Cashewnüsse, fettfrei geröstet (100 g)	11
Sonnenblumenöl (1 Teelöffel)	10
Süßkartoffeln (150 g)	6,5
Weizenvollkornmehl (100 g)	3,9
Avocado (halbe Frucht)	3,0
Naturreis (100 g)	2,0

vermuten. Vitamin E kommt in vielen Nahrungsmitteln vor (siehe Tabelle 10.8) und wird in verschiedenen Gewebearten gespeichert. Mangelzustände sind daher eher selten. Vitamin-E-haltige Speisen sollte man so frisch wie möglich verzehren, da die Verbindung durch langes Lagern, Einfrieren, starkes Erhitzen und Konservieren in Dosen zerstört wird. Vollkornmehl enthält ungefähr fünfmal so viel Vitamin E wie Auszugmehl. Das Vitamin ist nicht wasserlöslich, weshalb beim Kochen nur relativ geringe Verluste auftreten.

Zusammenfassung

Lange Zeit betrachtete man jede neue Erkenntnis auf dem Gebiet der Ernährungslehre als den entscheidenden Schlüssel zu einem gesunden, langen Leben. Jedes Vitamin, jeden Mineralstoff, dessen Bedeutung aufgeklärt worden war, pries irgendein Buch als das lange gesuchte Allheilmittel an. Im Laufe der Jahre erschienen zahlreiche solche Ernährungsratgeber – sie empfehlen, besonders viel Vitamin C, Zink, essentielle Aminosäuren, Ballaststoffe, Magnesium, ungesättigte Fettsäuren oder besonders wenig „gefährliche" Stoffe wie Cholesterin (→ Glossar) zu essen. Gegenwärtig aktuell ist vor allem Selen – und die Versuchung ist groß, auch dies als eine Modeerscheinung zu betrachten, die kommt und geht wie ihre Vorgänger auch. Vielleicht ist es tatsächlich so. Man darf allerdings nicht vergessen, daß die Ernährungslehre mittlerweile auf soliden Grundlagen der Nahrungsmittelchemie und Medizin steht. Die Erfolge auf diesen Gebieten sind so gewaltig, daß die Lebenserwartung der Bevölkerung ständig steigt und dies bereits als „Problem" des angebrochenen Jahrhunderts gilt.

Die Ratschläge, die wir Ihnen in diesem Kapitel vermitteln wollten, sind wissenschaftlich so wohlbegründet wie möglich. Sie können sicherlich nur profitieren, wenn Sie wenigstens versuchen, viel Obst und Gemüse sowie selenreiche Nahrungsmittel zu sich zu nehmen. Vergessen Sie dabei die versteckten Gefahren nicht, damit Sie gegebenenfalls entscheiden können, ob Sie an einer Unverträglichkeit leiden und daher eine entsprechende Diät einhalten müssen. Bis ins hohe Alter sollte Ihnen das Essen vor allem Freude machen!

ANHANG 1
Kleiner Leitfaden der Ernährung

Im Laufe des vergangenen Jahrhunderts beschäftigten sich viele Lebensmittelchemiker, Biochemiker und Mediziner mit der Frage, in welchen Mengen und in welchem Mengenverhältnis wir die verschiedenen Nahrungsbestandteile zu uns nehmen sollten. So rät das britische Komitee zu medizinischen Aspekten der Nahrung (COMA), die Speisen sollten aus 15 Gew.-% Eiweißstoffen, 55 Gew.-% Kohlenhydraten und 30 Gew.-% Fetten bestehen.

Wir müssen unserem Körper mehrmals täglich Nahrung zuführen – in erster Linie, um unseren Energiebedarf zu decken. Durch Verbrennung (Oxidation) der Speisen erzeugen wir Körperwärme und Bewegungsenergie. Gute Energiequellen sind Fette, Eiweiße, Kohlenhydrate und Alkohol. Unser wichtigster Energielieferant sind die Kohlenhydrate; Fette enthalten zwar, auf ihre Masse bezogen, mehr Energie, werden aber langsamer verdaut, so daß die Energie über einen längeren Zeitraum hinweg freigesetzt wird. Wir können auch Eiweiße zur Energiegewinnung spalten. Dies erfolgt aber im allgemeinen nur, wenn alle anderen Energiequellen erschöpft sind. Ernähren wir uns zu kalorienreich, ohne uns ausreichend zu bewegen, speichert der Organismus Energie in Fettzellen. Auf lange Sicht endet dies beim Übergewicht mit seinen Begleiterscheinungen: Bluthochdruck, erhöhtes Infarktrisiko, Diabetes.

Enthält unsere Nahrung dagegen weniger Energie, als der Körper benötigt, verlieren wir durch Verbrennung der Fettreserven an Gewicht. Sind diese Vorräte aufgebraucht, so wandelt der Körper auch Muskelgewebe und andere Proteine in Energie um. Dies führt zu Abgeschlagenheit, Wachstums- und Entwicklungsstörungen sowie zu erhöhter Krankheitsanfälligkeit. Seuchen brechen daher oft in Zeiten von Lebensmittelknappheit und Hungersnöten aus. Ein Erwachsener erholt sich von vorübergehenden Hungerperioden in der Regel, ohne Langzeitschäden zu erleiden. Kinder dagegen können leichter an Hunger sterben, und bei Heranwachsenden sind bleibende Beeinträchtigungen zu erwarten.

Makronährstoffe

Eiweiße (Proteine)

Proteine benötigen wir ein Leben lang zur Herstellung neuer Körpergewebe – vom Tag der Empfängnis bis zum Tod. Auch nach Beendigung der Wachstumsphase muß der Körper abgenutzte Gewebe ständig ersetzen. Blutzellen leben zum Beispiel nur 120 Tage lang, die Schleimhautauskleidung von Magen und Darm wird im Schnitt aller 36 Stunden ersetzt. Proteine finden sich im gesamten Organismus. Sie üben vielfältige Funktionen aus. Eiweißhaltige Flüssigkeiten umspülen unsere Zellen; auch Hämoglobin, der für den Sauerstofftransport verantwortliche rote Blutfarbstoff, ist ein Protein. Andere Eiweißstoffe, Bestandteile des Blutplasmas, regulieren den Wassergehalt des Körpers und halten als Puffer den Säure-Base-Haushalt im Gleichgewicht. Enzyme, zuständig für unzählige Reaktionen, zum Beispiel für den Aufbau anderer Eiweiße aus Aminosäuren, sind Proteine – ebenso wie die Antikörper (→ Glossar), die uns gegen den Angriff von Bakterien und Viren schützen, oder die gerinnungsfördernden Substanzen, die starke Blutungen verhindern.

Alle Lebewesen enthalten Proteine. Jeder einzelne Eiweißstoff besitzt eine spezifische Struktur und Funktion, die von der DNS (→ Glossar) des jeweiligen Organismus festgelegt wird. Entsprechend dem genetischen Code setzt unser Körper Proteine aus ihren Bausteinen, den Aminosäuren (→ Glossar), zusammen. Kein Protein und keine der Aminosäure kann vom Organismus gegen ein anderes Molekül ausgetauscht werden. Daher ist es besonders wichtig, daß wir alle erforderlichen Aminosäuren im ausgewogenen Verhältnis mit der Nahrung aufnehmen.

Die Proteinverdauung beginnt mit der enzymatischen Spaltung in Aminosäuren. Diese können die Darmbarriere überwinden und gelangen in den Blutkreislauf, der sie an jene Stellen bringt, wo sie benötigt werden. Die Abfallprodukte, die beim Abbau verbrauchter Proteine entstehen, geben wir mit dem Stuhl, dem Urin, dem Schweiß, ausfallenden Haaren und abgestoßenen Hautschüppchen ab. Um gesund zu bleiben, muß der Körper diese Eiweiße täglich ersetzen. Eine durchschnittliche Person, Mann oder Frau, sollte pro Tag und kg Körpergewicht mindestens 1 g Protein zu sich nehmen. (Männer wiegen im allgemeinen mehr als Frauen; ihr Eiweißbedarf ist daher im Schnitt höher.)

Nicht alle Eiweißstoffe sind gleichermaßen wertvoll. Insbesondere benötigen wir die *essentiellen* Aminosäuren, die wir zum Aufbau körpereigener Proteine brauchen und die unser Organismus nicht selbst herstellen kann: Isoleucin, Leucin, Lysin, Methionin, Phenylalanin, Threonin, Tryptophan und Valin. Alle anderen Aminosäuren können wir sowohl mit der Nahrung aufnehmen als auch selbst synthetisieren. Gelatine ist ein Protein, das allein unser Überleben auf die Dauer nicht sichern könnte: Es enthält kein Tryptophan. Tierische Proteine sind generell nützlicher als pflanzliche Eiweiße, denn sie enthalten ein ähnliches Aminosäurespektrum, wie wir es benötigen.

Eiweißreich sind vor allem Fleisch, Fisch, Käse, Bohnen, Eier, Nüsse und Hülsenfrüchte. Tabelle A1.1 gibt eine Übersicht, wobei jeweils der biologische Wert angeführt wird. Unter einem „hochwertigen" Eiweiß verstehen wir ein Protein, das alle essentiellen Aminosäuren enthält; Eiweißen von „mittlerem" Wert fehlt eine der essentiellen Aminosäuren; in „geringwertigen" Eiweißen sind mindestens zwei essentielle Aminosäuren nicht enthalten.

Tabelle A1.1 Eiweißreiche Nahrungsmittel und der biologische „Wert" ihrer Proteine.

Lebensmittel	Proteingehalt (g/100 g)	Biologischer Wert	Fehlende Aminosäuren
Sojabohnen, getrocknet	36	hoch	keine
Emmentaler	29	hoch	keine
Erdnüsse	26	niedrig	Lysin, Methionin, Threonin, Tryptophan
Linsen	24	mittel	Methionin
Kidneybohnen	22	mittel	Methionin
Cashewnüsse	21	niedrig	Lysin, Methionin
Mandeln	21	niedrig	Lysin, Methionin
Hühnerfleisch	20	hoch	keine
Fisch	19	hoch	keine
Rindfleisch	19	hoch	keine

Kohlenhydrate

Kohlenhydrate sind organische Verbindungen, die aus Kohlenstoff (C), Wasserstoff (H) und Sauerstoff (O) bestehen. Pflanzen stellen mit Hilfe der Energie des Sonnenlichts Kohlenhydrate aus Kohlendioxid und Wasser her, wobei Sauerstoffgas freigesetzt wird. Verbrennen wir Kohlenhydrate (zum Beispiel Blätter oder Holzscheite), kehren wir diesen Prozeß einfach um – unter Verbrauch von Luftsauerstoff entstehen wieder Wasser und Kohlendioxid. In unseren Körperzellen läuft im Prinzip der gleiche Prozeß ab: Es entsteht Energie (Wärme und Bewegungsenergie), allerdings unter streng kontrollierten Bedingungen.

Kohlenhydrate nehmen wir in vielen verschiedenen Formen auf, zum Beispiel als Zucker oder Stärke. Verdauungsenzyme spalten diese großen Moleküle in kleinere Bausteine, vor allem Glucose, mit der unser Gehirn laufend versorgt werden muß. Glucose wird vom Körper bereitwillig resorbiert und kann sofort zur Energiegewinnung oxidiert werden. Überschüsse speichert die Leber in Form von Glycogen. Die Leber ist auch dafür verantwortlich, daß der Blutzuckerspiegel stets innerhalb bestimmter Grenzwerte liegt, damit die Leistungsfähigkeit des Körpers im Verlauf des Tages annähernd konstant bleibt. Dazu wandelt das Organ bei Bedarf Glycogen in Glucose um oder umgekehrt.

Nicht alle Arten von Kohlenhydraten verdauen wir sofort. Einige wirken als Ballaststoff, worauf wir am Ende dieses Anhangs zurückkommen werden.

Unser Stoffwechsel ist nicht auf bestimmte Kohlenhydrate angewiesen. Brot, Kartoffeln, Reis, Nudeln, Obst, Gemüse, Getreideprodukte und Milch stellen verschiedenste für uns nutzbare Kohlenhydrate zur Verfügung. Die vier weltweit wichtigsten Feldfrüchte, Weizen, Reis, Kartoffeln und Mais, sind allesamt hervorragende Kohlenhydratlieferanten.

Kohlenhydrate sind die Energiequelle, die der Körper am leichtesten erschließen kann. Fehlen sie, muß der Organismus sich einen Ersatz suchen, denn die Erzeugung der lebensnotwendigen Energie hat Vorrang vor allen anderen Körperfunktionen. So werden zum Beispiel durch Abbau von Körpergewebe Aminosäuren freigesetzt, die ebenfalls oxidiert werden können. Im anderen extremen Fall, der übermäßigen Aufnahme von Kohlenhydraten, findet der Körper andere Speichermöglichkeiten: Er bildet Fettgewebe, selbst wenn wir eigentlich bereits genügend Fett angesetzt haben, um eventuelle Hungerperioden zu überstehen.

Der Kohlenhydratgehalt eines Nahrungsmitteln ergibt sich als Summe aus dem Gehalt an Stärke und dem Gehalt an verschiedenen Zuckern wie

Saccharose (Rohr- oder Rübenzucker), Lactose (Milchzucker), Glucose (Traubenzucker) und Fructose (Fruchtzucker). In vernünftiger Menge aufgenommen, sind alle diese Zuckerarten ausgezeichnete Nährstoffe. Am süßesten und daher für den Menschen am schmackhaftesten ist die Saccharose. Durchschnittlich decken wir damit immerhin ein Zehntel unseres täglichen Energiebedarfs, denn gezuckert werden nicht nur Süßigkeiten, sondern auch pikante Produkte wie beispielsweise Würzsoßen.

Fette

Fette, die wir mit der Nahrung aufnehmen, erfüllen im Körper einige wichtige Aufgaben. Sie enthalten zum Beispiel Linolensäure, eine essentielle Fettsäure, die der Organismus zum Aufbau von Zellen benötigt, aber nicht selbst herstellen kann. Linolensäure spielt auch im Zusammenhang mit Botenstoffen wie den Prostaglandinen (→ Glossar) eine Rolle, welche an der Fortpflanzung und am Blutkreislauf beteiligt sind. Fette sind eine Energiequelle und dazu ein hervorragendes Speichermedium, denn sie enthalten mehr Energie pro Volumeneinheit als jede andere Chemikalie. Zudem isoliert das Unterhautfettgewebe die tieferliegenden Schichten gegen Wärme und Kälte. In Fetten sind häufig fettlösliche Vitamine (A, D) und Aromastoffe verborgen. Der Fettgehalt der Nahrung bestimmt auch das Tempo, mit dem der Nahrungsbrei den Magen-Darm-Trakt passiert.

Fette und Öle sind hinsichtlich des Molekülaufbaus ähnlich, sie werden auch unter dem Oberbegriff „Triglyceride" zusammengefaßt. Der einzige Unterschied zwischen den beiden Gruppen von Verbindungen besteht im Schmelzpunkt: Öle sind bei Raumtemperatur flüssig, Fette nicht. Alle Triglyceride enthalten Fettsäuren, allerdings in unterschiedlichen Kombinationen. Es gibt gesättigte und ungesättigte Fettsäuren, bei letzteren unterteilt man weiter in einfach ungesättigte, mehrfach ungesättigte und Trans-Fettsäuren. Alle diese Bezeichnungen beziehen sich jedoch nur auf chemische Bindungen im Molekül, nicht auf den Energiegehalt.

Ernährungstheoretiker empfehlen, gesättigte und Trans-Fettsäuren zugunsten von einfach und mehrfach ungesättigten Verbindungen zu meiden. Den größten Anteil ungesättigter Fettsäuren enthalten Pflanzenöle wie Oliven-, Sonnenblumen-, Maiskeim-, Raps-, Soja- und manche Nußöle (mit Ausnahme von Kokosöl, dem am meisten gesättigten Öl überhaupt). Besonders viele gesättigte Fettsäuren finden sich dagegen in Milchprodukten und Hartfetten tierischer Herkunft (Schweineschmalz). Zur Fettverdauung benötigt der Körper Cholesterin, eine Substanz, die von manchen Leuten als versteckte Gefahr in der Nahrung betrachtet wird. Jedenfalls ist Cholesterin lebenswichtig; jedes Körpergewebe, insbesondere in Hirn und Rückenmark, enthält die Verbindung. Cholesterin ist ein Bestandteil der Zellmembranen und insbesondere der Myelinscheide, die die Nervenfasern schützt. Darüber hinaus ist Cholesterin eine Vorläuferverbindung der Gallensäuren, die wir zur Verdauung im Darm benötigen, und der Steroidhormone, unter anderem der Sexualhormone und der Hormone, mit denen der Organismus sich vor Streß schützt und mit deren Hilfe er seinen Wasserhaushalt regelt. Zum größten Teil synthetisieren wir Cholesterin in der Leber. Allerdings ist jedes Gewebe prinzipiell in der Lage, die Substanz zu herzustellen. Außerdem kann der Körper sich das Cholesterin nutzbar machen, das mit der Nahrung zugeführt wird, wenn auch nur zu einem geringen Teil.

Viele Nahrungsmittel (Eier, Fleisch, Fisch, Geflügel, Milchprodukte, tierische Fette und Öle) enthalten Cholesterin. Zu den vielzitierten „Cholesterinbomben" gehören Nieren, Leber, Butter, Krabben, Fischrogen, Sahne, Hartkäse, Truthahn, Rind und Lamm. Einer der Spitzenreiter ist Eigelb vom Hühnerei, das 1,2 % Cholesterin enthält. Pflanzen benötigen kein Cholesterin; daher gibt es genügend cholesterinfreie Nahrungsmittel. Strenge Vegetarier (Veganer), die nur von pflanzlichen Produkten leben, nehmen tatsächlich kein Cholesterin zu sich, aber auch ihr Organismus enthält rund 100 g dieser Chemikalie, bei deren Herstellung er allerdings auf den eigenen Stoffwechsel angewiesen ist.

Ein hoher Cholesterinspiegel im Blut gilt als ungesund und als Risikofaktor bei der Entwicklung von Herzinfarkten und Schlaganfällen. Ist der Cholesteringehalt des Blutes sehr hoch, können sich an den Wänden der Blutgefäße fettige Ablagerungen bilden. Im Laufe der Zeit verengen sich die Adern immer mehr und können dauerhaften Schaden erleiden. Infarkte sind die Folge. Um den Cholesterinspiegel in vernünftigem Rahmen zu halten, sollten wir nicht übermäßig viel Fett essen, nicht rauchen, auf unser Gewicht achten und uns regelmäßig bewegen. In einigen Fällen muß man auch auf Medikamente zurückgreifen.

Mineralstoffe

Die Mineralstoffe, die unser Körper in größeren Mengen braucht, sind Calcium, Magnesium, Kalium, Natrium, Phosphat und Chlorid. Der exakte Bedarf richtet sich nach Alter und Geschlecht. Hilfreich können folgende Richtwerte (empfohlene tägliche Aufnahme) sein: 700 mg Calcium (für einen durchschnittlichen Erwachsenen), 300 mg Magnesium, 3500 mg Kalium, 1600 mg Natrium, 800 mg Phosphat und 2500 mg Chlorid. Chlorid und Natrium nehmen wir zu einem großen Teil gemeinsam auf, nämlich in Form von Natriumchlorid (Kochsalz). Nur wenige Leute leiden ernsthaft unter einem Mangel an den genannten Mineralstoffen. Wesentlich häufiger werden die angeführten Werte überschritten, oft sogar deutlich.

Calcium
Empfohlene tägliche Aufnahme: 700 mg

Für einen Calciummangel kommen verschiedene Ursachen in Frage: calciumarme Ernährung, Mangel an Vitamin D oder an Magensäure, Zöliakie (eine Stoffwechselerkrankung) oder Lactoseunverträglichkeit. Die Resorption von Calcium kann auch durch die Einnahme von oralen Verhütungsmitteln („Pille"), Corticosteroiden oder Diuretika vermindert sein. Schwangere und Stillende haben einen erhöhten Calciumbedarf, da sie das Baby mitversorgen müssen. Nach den Wechseljahren verlieren Frauen jährlich rund 1 % ihrer Knochenmasse; die Ursache dafür ist der Verlust von Calcium, der durch entsprechende Hormonersatztherapien rückgängig gemacht werden kann.

Idealerweise sollte unsere Nahrung Calcium und Phosphat im Verhältnis 1 : 1 enthalten. Wichtig ist auch die entsprechende Zufuhr von Vitamin D. Tabelle A1.2 zeigt Ihnen, welche Lebensmittel besonders reich an Calcium sind.

Tabelle A1.2 Calcium in Nahrungsmitteln.

Lebensmittel (Portionsgröße)	Calcium (mg)
Käse: Cheddar, Edamer (50 g)	360
Sardinen, Konserve (70 g)	350
Milch: Vollmilch, fettarme Milch, Magermilch (0,25 L)	350
Tofu (60 g)	300
Milchschokolade (100 g)	240

Magnesium
Empfohlene tägliche Aufnahme: 300 mg

Magnesium ist für die Funktion unseres Organismus sehr wichtig. Das Element ist nicht nur am Stoffwechsel von Calcium, Phosphor, Natrium, Kalium und Vitamin C beteiligt, sondern es spielt auch eine Schlüsselrolle für die Nerven- und Muskelfunktion sowie für die Energiegewinnung aus Glucose.

Tabelle A1.3 Magnesium in Nahrungsmitteln.

Lebensmittel (Portionsgröße)	Magnesium (mg)
weiße Bohnen, getrocknet (100 g)	130
Müsli (1 Portion, 95 g)	90
Paranüsse (10 Kerne)	80
Mandeln (10 Kerne)	50
Naturreis (100 g)	35

Eine normale, ausgewogene Ernährung bietet in aller Regel genügend Magnesium, denn das Element ist in vielen Nahrungsmitteln enthalten (siehe Tabelle A1.3). Besonders reich an Magnesium sind Milchprodukte. Im Zuge der Verarbeitung und Raffination von Getreide und Zucker nimmt deren Magnesiumgehalt jedoch in beträchtlichem Maß ab, und beim Kochen von Gemüse geht der Mineralstoff in das Kochwasser über. Alkohol und Diuretika können die Aufnahme und Speicherung von Magnesium beeinträchtigen.

Kalium
Empfohlene tägliche Aufnahme: 3500 mg

Kalium sorgt, gemeinsam mit Natrium, für die Aufrechterhaltung des osmotischen Drucks (→ Glossar), der den Einstrom von Flüssigkeiten in die Zellen regelt. Außerdem steuert das Element das Säure-Base-Gleichgewicht von Blut und Geweben. Unabdingbar ist Kalium auch für die Funktion von Muskeln und Nerven und für die Sekretion von Insulin durch die Bauchspeicheldrüse. Beim Sauerstofftransport zum Gehirn, bei der Ausscheidung von Endprodukten des Stoffwechsels sowie bei der Steuerung des Blutdrucks ist Kalium ebenfalls hilfreich.

Einige kaliumreiche Nahrungsmittel sind in Tabelle A1.4 zusammengefaßt. Bananen werden oft als gute Kaliumlieferanten angesehen. Mit Recht: Eine

Tabelle A1.4 Kalium in Nahrungsmitteln.

Lebensmittel (Portionsgröße)	Kalium (mg)
Gemüsecurry (300 g)	1250
Kartoffelchips (100 g)	1190
Backkartoffel (150 g)	950
Erdnüsse (100 g)	680
Tomatensaft (1 großes Glas)	460
Milchschokolade (100 g)	420
Banane (100 g)	350
Honigmelone (100 g)	330

große Banane (100 g) enthält 350 mg des Mineralstoffs. Bei gesunder Ernährung, einwandfreie Funktion der Nieren vorausgesetzt, ist es nicht wahrscheinlich, den Organismus mit Kalium zu überlasten; zur Hyperkaliämie kommt es fast ausschließlich in Verbindung mit schweren Erkrankungen. Trotzdem sollten Kaliumpräparate nur unter ärztlicher Kontrolle eingenommen werden.

Natrium
Empfohlene tägliche Aufnahme: 1600 mg

Natrium spielt eine entscheidende Rolle für die Steuerung unseres Wasserhaushalts. Schweiß, Tränenflüssigkeit und Gallensalze enthalten Natrium. Außerdem ist das Element zur Aufrechterhaltung der Muskel- und Nervenfunktion sowie zur Resorption von Kohlenhydraten vonnöten. Wir nehmen Natrium hauptsächlich in Form von Kochsalz (Natriumchlorid) oder von anderen Zusätzen wie Natriumbicarbonat (Backpulver) und Natriumnitrat (Konservierungsmittel für Fleisch) auf. Nur ungefähr ein Drittel ist in unserer Nahrung von Natur aus enthalten. Natrium gelangt vom Darm in die Niere, deren Aufgabe es unter anderem ist, den Natriumspiegel im Blut zu regeln.

Natriummangel kann eine Folge von heftigem Erbrechen, Durchfall oder starkem Schwitzen sein. Die meisten Leute essen aber eher zuviel Salz. Im Laufe der Zeit führt das Überangebot an Natrium zu Bluthochdruck sowie Schwellungen von Beinen und Gesicht. Jeder sollte daher versuchen, seinen Kochsalzverbrauch einzuschränken. Viele verarbeitete Nahrungsmittel wie Brot, Cornflakes und Salzgebäck enthalten (zu)viel Salz, woran sich aber voraussicht-

Tabelle A1.5 Natrium in Nahrungsmitteln.

Lebensmittel (Portionsgröße)	Natrium (mg)
Krabbenfleisch, Konserve (100 g)	1000
Edamer Käse (100 g)	900
Cornflakes (100 g)	660
Tomatenpüree (100 g)	590
Weißbrot (3 Scheiben, 100 g)	500

lich auch in Zukunft nichts ändern wird. Salz ist ein zu wichtiges Würzmittel, das den Speisen zum Beispiel die Bitterkeit nehmen kann. Streuen Sie einmal ein paar Körnchen Salz auf Ihre Grapefruit! – Tabelle A5.1 zeigt Ihnen, wieviel Natrium in verschiedenen Lebensmitteln enthalten ist.

Phosphat
Empfohlene tägliche Aufnahme: 800 mg

Phosphat ist für verschiedene Körperstrukturen und -prozesse erforderlich. Die Knochensubstanz besteht überwiegend aus Calciumphosphat. Auch ATP (Adenosintriphosphat), der Energielieferant vieler Stoffwechselvorgänge, und die Erbsubstanz DNS enthalten Phosphat.

Strenge Vegetarier (Veganer), die auch auf Milchprodukte verzichten, müssen mit einem Phosphatmangel rechnen. Außerdem greifen einige Krankheiten in den Phosphatstoffwechsel ein, und die Einnahme von Antacida (Medikamenten zur Hemmung der Magensäureproduktion) über längere Zeit hinweg kann die Phosphataufnahme ebenfalls hemmen. Gefährliche Phosphatmangelzustände sind jedoch selten. Im Durchschnitt reicht die normale Nahrung vollkommen aus, um den Phosphatbedarf zu decken.

Mikronährstoffe

Unter Mikronährstoffen versteht man die Vitamine und Mineralstoffe, von denen wir täglich nur wenige Milligramm oder Mikrogramm benötigen. Tabelle A1.6 gibt die empfohlenen Mengen an. Die Daten stützen sich auf die *Dietary Reference Values for Food Energy and Nutrient for the United Kingdom*

Tabelle A1.6 Tagesbedarf an verschiedenen Vitaminen und Mineralstoffen.

Mikronährstoff	Männer	Frauen
Vitamine		
A	700 µg	600 µg
B_1 (Thiamin)	1,0 mg	0,8 mg
B_2 (Riboflavin)	1,3 mg	1,1 mg
Niacin	18 mg	13 mg
B_6 (Pyridoxin)	1,4 mg	1,2 mg
B_{12}	1,5 µg	1,5 µg
Folsäure	200 µg	200 µg
Pantothensäure*	3–7 mg	3–7 mg
Biotin* (siehe Text)	10–200 µg	10–200 µg
C (siehe Text)	40 mg	40 mg
D* (siehe Text)	10 µg	10 µg
E* (siehe Text)	10 mg	10 mg
K*	70 µg	70 µg
Mineralstoffe		
Eisen	9 mg	15 mg
Kupfer	1,2 mg	1,2 mg
Zink	10 mg	7 mg
Mangan*	mehr als 1,4 mg	mehr als 1,4 mg
Molybdän*	50–400 µg	50–400 µg
Chrom*	mehr als 25 µg	mehr als 25 µg
Selen	75 µg	60 µg
Iod	140 µg	140 µg

* Empfehlung, kein Wert festgelegt

und sollten nur als allgemeine Richtlinie betrachtet werden. Spezielle Bedürfnisse wurden nicht berücksichtigt. Diese können im Zuge bestimmter Infektionen, erblicher Stoffwechselstörungen und chronischer Krankheiten entstehen, und Betroffenen wird empfohlen, den Rat von Diätfachleuten einzuholen. Bei der Diskussion der Mikronährstoffe spielen aber auch Faktoren wie Alter, Geschlecht, Größe, Gewicht und körperliche Aktivität eine Rolle.

Vitamine

Vitamin A: siehe Kapitel 10.

Thiamin (Vitamin B_1); Tagesbedarf 1,0 mg (Männer), 0,8 mg (Frauen):
Thiamin (Vitamin B_1) hat viele Funktionen: Es spielt eine wichtige Rolle im Energiestoffwechsel, hilft bei der Gesunderhaltung des peripheren Nervensystems, sorgt für einen normalen Appetit, hilft bei der Verdauung (insbesondere von Kohlenhydraten), erzeugt eine sinnvolle Muskelspannung und verhilft uns zu einer gesunden Lebenseinstellung.

Im Körper wird Thiamin nur in sehr geringer Menge gespeichert. Die Reserven reichen für ungefähr eine Woche, und sie müssen ständig aufgefüllt werden, da besonders während vieler Erkrankungen ein erhöhter Bedarf besteht. Zahlreiche tierische und pflanzliche Nahrungsmittel enthalten ein bißchen Vitamin B_1; größere Mengen finden sich jedoch nur in wenigen Speisen (siehe Tabelle A1.7). Bohnen, Brot, Eier, Orangen, Kartoffeln, Milch und Käse sind ebenfalls recht gute Thiaminlieferanten. Das Vitamin wird nicht nur beim Kochen zerstört, sondern in seiner Wirkung auch durch Coffein, bestimmte Verarbeitungsmethoden, Östrogen und einige Medikamente gehemmt und bereits durch die Einwirkung von Luft und Wasser geschädigt.

Tabelle A1.7 Thiamin in Nahrungsmitteln.

Lebensmittel (Portionsgröße)	Thiamin (mg)
Bierhefe (10 g)	1,6
Schinkenspeck (100 g)	0,8
Hackfleisch vom Schwein (100 g)	0,5
Kleieflocken (50 g)	0,5
Paranüsse (10 Kerne)	0,3
Erdnüsse (30 Kerne)	0,3
Schinken (2 Scheiben)	0,3

Riboflavin (Vitamin B_2); Tagesbedarf 1,3 mg (Männer), 1,1 mg (Frauen):
Riboflavin findet sich in nahezu jeder lebenden Zelle. Das Vitamin ist an der Funktion der Nebenniere (→ Glossar) beteiligt, und es unterstützt die Sauerstoffverwertung sowie die Energiegewinnung aus Kohlenhydraten und Proteinen. Außerdem ist Riboflavin ein wichtiger Bestandteil der Netzhautpigmente.

Tabelle A1.8 Riboflavin in Nahrungsmitteln.

Lebensmittel (Portionsgröße)	Riboflavin (mg)
Leber vom Rind (100 g)	3,0
Nieren (100 g)	2,0
Vollkornnudeln (100 g)	0,7
Naturreis (100 g)	0,6
Edamer Käse (100 g)	0,4
Joghurt (1 Becher, 150 g)	0,4
Hüttenkäse, fettarm (100 g)	0,2

Der Organismus legt nur kleine Vorräte von Riboflavin an. Man sollte daher versuchen, den oben angegebenen Tagesbedarf tatsächlich täglich zu dekken. Dazu eignen sich Innereien, Vollkornprodukte und Milcherzeugnisse (siehe Tabelle A1.8).

Riboflavin ist lichtempfindlich, aber nicht wasserlöslich – es wird weder beim Kochen noch beim Gefrieren zerstört. In Anwesenheit von Natriumbicarbonat (Backpulver) schädigt Hitze das Vitamin. Der Riboflavingehalt der Milch leidet stark unter Verarbeitungsmethoden wie Pasteurisieren, Sprühtrocknen und Verdampfen (zur Herstellung von Kondensmilch). Milch, die intensivem Licht ausgesetzt ist, verliert innerhalb weniger Stunden die Hälfte ihres Vitamins B_2.

Niacin (Nicotinsäure, Vitamin B_3); Tagesbedarf 18 mg (Männer), 13 mg (Frauen): Niacin ist als Coenzym an Stoffwechselvorgängen beteiligt, welche die Energie der Kohlenhydrate, Fette und Proteine in Gewebe umsetzen.

Tabelle A1.9 Niacin in Nahrungsmitteln.

Lebensmittel (Portionsgröße)	Niacin (mg)
Leber vom Lamm (100 g)	20
Schweinefleisch (100 g)	12
Thunfisch (100 g)	11
Makrele (100 g)	7,6
Erdnüsse (30 Kerne)	6,5
Ölsardinen (100 g)	5,4
Vollkornbrot (2 Scheiben)	4,0
Naturreis (100 g)	3,0

Das sehr stabile Vitamin widersteht normalem Kochen, Erhitzen und Lagern (in Dosen oder in der Gefriertruhe). Da die Verbindung wasserlöslich ist, wird sie ausgelaugt, wenn man Lebensmittel in Wasser kocht. Der Organismus speichert nur sehr wenig Niacin. Eine tägliche Zufuhr, zum Beispiel aus Fisch, Fleisch und Vollkornprodukten (siehe Tabelle A1.9), ist daher wichtig.

Pantothensäure (früher Vitamin B_5); Tagesbedarf 3-7 mg: Pantothensäure ist von großer Bedeutung für die Funktion der Nebenniere (→ Glossar). Das Vitamin ist für die Energiegewinnung aus Zucker und Fett erforderlich, hilft beim Aufbau neuer Gewebe, unterstützt das normale Wachstum, wehrt durch Bildung von Antikörpern Infektionen ab und macht uns munter. Gelegentlich wird das Vitamin verschrieben, um Nebenwirkungen bestimmter Antibiotika zu mildern.

Innereien, Pilze und Nüsse enthalten viel Pantothensäure (siehe Tabelle A1.10). Die wasserlösliche, hitzeempfindliche Verbindung wird durch viele Verarbeitungsmethoden, Konservierung in Dosen, Coffein, Sulfonamide, Schlafmittel, Östrogen und Alkohol angegriffen.

Tabelle A1.10 Pantothensäure in Nahrungsmitteln.

Lebensmittel (Portionsgröße)	Pantothensäure (mg)
Erdnüsse (100 g)	21,5
Leber vom Lamm (100 g)	7,8
Nieren vom Lamm (100 g)	5,3
Champignons (100 g)	2,1
Avocado (200 g)	1,5
Sonnenblumenkerne (100 g)	1,3
Haselnüsse (100 g)	1,1
Müsli (1 Portion, 95 g)	1,1
Ei (1 Stück, mittelgroß, 60 g)	1,0

Vitamin B_6: siehe Kapitel 10.

Biotin; Tagesbedarf: 10-200 µg: Das zum Vitamin-B-Komplex gehörende Biotin spielt eine wichtige Rolle im Stoffwechsel von Fetten, Kohlenhydraten und Proteinen. Die Verbindung wird im vorderen Teil des Dünndarms resorbiert und in der Leber gespeichert. Viel Biotin, das unser Körper nutzen kann, wird außerdem von der Darmflora (nützlichen Darmbakterien) produziert. Die gleiche Aufgabe erfüllen auch sogenannte probiotische Kulturen (→ Glossar), die man einnimmt (zum Beispiel mit Joghurt), damit sie den Darm besiedeln und gesunderhalten. Aus diesem Grund scheiden wir oft wesentlich mehr Biotin mit dem Urin aus, als wir mit der Nahrung zu uns genommen haben.

Toxische Effekte von Biotinüberschüssen sind nicht bekannt. Zwei Krankheiten hängen mit Biotin zusammen: Die eine ist eine seltene Stoffwechselstörung, die man am ungeborenen Kind behandeln kann, indem man der Mutter hohe Dosen Biotin verabreicht. Die andere ist eine Hauterkrankung, die Säuglinge im Alter von bis zu 6 Monaten betrifft und auf eine spezielle Diät anspricht.

Folsäure: siehe Kapitel 10.

Vitamin B_{12}: siehe Kapitel 10.

Vitamin C: siehe Kapitel 10.

Vitamin D (Cholecalciferol); Tagesbedarf 10 µg: Unser Körper bildet selbst Vitamin D, allerdings nur bei Sonneneinstrahlung. In der Haut wird das Vitamin produziert, gespeichert und langsam an den Blutstrom abgegeben. Vitamin D fördert die Aufnahme von Calcium und Phosphat und ermöglicht damit eine gesunde Entwicklung des Knochengerüsts. Bei Vitamin-D-Mangel erweichen die Knochen und verbiegen sich. Diese heutzutage seltene Krankheit wird bei Kindern Rachitis und bei Erwachsenen Osteomalazie genannt.

Tabelle A1.11 Vitamin D in Nahrungsmitteln.

Lebensmittel (Portionsgröße)	Vitamin D (µg)
Lachs (100 g)	12,5
Sardinen in Tomatensoße (100 g)	7,5
Thunfisch (100 g)	5,0
Omelette (aus 2 Eiern, 100 g)	1,6
Ei (1 Stück, mittelgroß, 60 g)	1,0
Butter (100 g)	0,8
Leberpastete (100 g)	0,6

Das fettlösliche Vitamin findet sich in vielen Nahrungsmitteln. Weder wird es beim Kochen zerstört, noch leidet es unter längerer Lagerung. Am meisten Vitamin D enthalten fettreiche Fischsorten (wie Lachs), Eigelb, Leber, Sahne, Butter, Käse und Milch; zugegeben wird das Vitamin besonders Frühstücksflocken, Brot und Margarine (siehe Tabelle A1.11).

Vitamin E: siehe Kapitel 10.

Vitamin K (Phytomenadion); Tagesbedarf 70 μg: Vitamin K ist das antihämorrhagische (→ Glossar) Vitamin. Es fördert mit anderen Worten die Blutgerinnung und verhindert damit, daß wir bei kleinen Verletzungen an starken Blutungen leiden.

Vitamin K können wir mit der Nahrung aufnehmen (Tabelle A1.12), im wesentlichen ist es jedoch die Darmflora, die unseren täglichen Bedarf deckt. Erwachsene leiden daher selten unter Vitamin-K-Mangel. Bei Neugeborenen hingegen ist der Darm steril, und es dauert 3 bis 4 Tage, bis die bakterielle Besiedelung beginnt. Um Säuglingen über diese kritische Periode hinwegzuhelfen, verabreicht man ihnen unmittelbar nach der Geburt Vitamin K.

Die Verbindung ist weder wasserlöslich noch hitzeempfindlich. Daher geht beim Kochen nichts verloren. Schädigend wirken dagegen Sonnenlicht und in gewissem Maße auch das Einfrieren.

Tabelle A1.12 Vitamin K in Nahrungsmitteln.

Lebensmittel (Portionsgröße)	Vitamin K (μg)
Blumenkohl (100 g)	3600
Tomaten (100 g)	400
Spinat (100 g)	400
grüne Bohnen (100 g)	290
Kraut (100 g)	125
Kartoffeln (100 g)	120
Rosenkohl (100 g)	100
Spargel (100 g)	57
Hartkäse (100 g)	50

Mineralische Mikronährstoffe (Spurenelemente)

Kupfer; Tagesbedarf 1,2 mg: Kupfer ist ein für den Menschen lebenswichtiges Spurenelement, das der Körper zur Synthese des roten Blutfarbstoffs Hämoglobin benötigt. Außerdem aktiviert Kupfer eine Reihe von Stoffwechselenzymen, die ihrerseits für die Bildung von Knochen, Muskeln und Sehnen zuständig sind. Werden Getränke in Kupferbehältern aufbewahrt, kann es vereinzelt zu Kupfervergiftungen kommen. Leber, Nüsse, Schokolade und viele andere Lebensmittel enthalten das Element (siehe Tabelle A1.13). Durch Erhitzen ändert sich daran nichts.

Tabelle A1.13 Kupfer in Nahrungsmitteln.

Lebensmittel (Portionsgröße)	Kupfer (mg)
Leber (100 g)	12,0
Cashewnüsse (100 g)	2,2
Oliven (100 g)	1,6
Walnüsse (100 g)	1,3
Mandeln (100 g)	0,9
Bitterschokolade (100 g)	0,7
Thunfisch (100 g)	0,6

Iod; Tagesbedarf 140 µg: Iod übernimmt in unserem Körper, soweit bekannt, nur eine einzige Aufgabe: Es wird in der Schilddrüse (→ Glossar) zur Synthese des Hormons benötigt, welches die Oxidationsvorgänge in den Zellen und damit die produzierte Energiemenge steuert. Das Hormon beeinflußt auch das Wachstum. Iodmangel führt zu einer äußerlich sichtbaren Deformation des Halses, dem sogenannten Kropf. Manche Menschen nehmen zwar ausreichend Iod auf, können aber nicht genügend Schilddrüsenhormon herstellen. Sie leiden meist an Energiemangel (Schwäche), ihnen ist ständig kalt. Eine Überfunktion der Schilddrüse hingegen äußert sich in Hyperaktivität, Ruhelosigkeit und Hitze.

In Gegenden mit iodarmen Böden kann man einem Kropf vorbeugen, indem man zu iodiertem Speisesalz greift. In der Regel enthält die Nahrung jedoch genügend Iod. Getrocknete Bohnen, Fisch, Spinat und einige andere Gemüsesorten sind besonders reich an diesem Element (siehe Tabelle A1.14).

Tabelle A1.14 Iod in Nahrungsmitteln.

Lebensmittel (Portionsgröße)	Iod (µg)
Schellfisch (100 g)	200
Kabeljau (100 g)	100
Joghurt (100 g)	60
Hartkäse (100 g)	50
Milch: Vollmilch, fettarme Milch, Magermilch (0,25 l)	45
Scholle (100 g)	33
Salami (100 g)	15
Corned beef (100 g)	14

Eisen; Tagesbedarf 9 mg (Männer), 15 mg (Frauen): Nahrungsmittel enthalten Eisen entweder in Form anorganischer Verbindungen oder als Häm, gebunden an ein großes organisches Molekül. Letzteres kann vom Körper leichter resorbiert werden, wogegen die Aufnahme anorganischer Eisenverbindungen vom Vitamin-C-Angebot abhängt. 90 % des über die Nahrung aufgenommenen Eisens werden mit dem Stuhl unverändert ausgeschieden. Noch mehr Eisen (rund 14 mg am Tag) verlieren Frauen während der Menstruation. Einmal resorbiertes Eisen wird vom Körper nur mit abgeschilferten Zellen (aus der Darmwand, der Blase, den Atemwegen, der Haut und dem Haar) oder bei Blutverlust wieder abgegeben.

Eisenreiche Lebensmittel finden Sie in Tabelle A1.15. Eine weitere unerschöpfliche Quelle ist schmiedeeisernes Kochgeschirr, besonders, wenn man saure Speisen zubereitet. Kocht man Nahrungsmittel in viel Wasser, wird ein Teil des anorganisch gebundenen Eisens ausgelaugt.

Tabelle A1.15 Eisen in Nahrungsmitteln.

Lebensmittel (Portionsgröße)	Eisen (mg)
Kleieflocken (1 Portion, 45 g)	9
Leber (100 g)	8,8
Steak vom Rind (100 g)	5,4
Corned beef (100 g)	2,9
grüne Bohnen (100 g)	2,5

Mangan; Tagesbedarf 1,4 mg: Mangan ist unabdingbar für die Bildung von Knochensubstanz und Bindegewebe sowie für die Synthese von Cholesterin. Außerdem unterstützt das Metall die Blutgerinnung und die Wirkung von Insulin, und es aktiviert verschiedene Enzyme: die bereits erwähnte Superoxiddismutase, Teil des oxidationshemmenden Systems, und die an der körpereigenen Glucoseherstellung beteiligte Pyruvatcarboxylase. In Tabelle A1.16 finden Sie manganreiche Lebensmittel. Eine Tasse Tee enthält rund 0,3 mg Mangan, eine Dose weiße Bohnen etwa 1,0 mg.

Tabelle A1.16 Mangan in Nahrungsmitteln.

Lebensmittel (Portionsgröße)	Mangan (mg)
Himbeeren (100 g)	2,0
Naturreis (100 g)	1,6
Brombeeren (100 g)	1,5
Paranüsse (10 Kerne)	1,0
Haselnüsse (30 Kerne)	1,0
Traubensaft (0,25 L)	0,9
Ananas (100 g)	0,8

Selen: siehe Kapitel 10.

Zink; Tagesbedarf 10 mg (Männer), 7 mg (Frauen): Alle Körperteile enthalten Zink, besonders Haut, Haare, Nägel, Augen und die Prostata. Zink ist, nach Eisen, für viele Stoffwechselvorgänge das zweitwichtigste Metall. Das Element hält das Immunsystem gesund und stabilisiert das Hormon Thymosin, welches seinerseits für die Entwicklung unreifer Lymphocyten zu reifen Abwehrzellen verantwortlich ist. In Austern, aber auch in Getreide und Nüssen steckt besonders viel Zink (siehe Tabelle A1.17). Zink verbleibt in unserem Körper nicht lange. Da auch keine größeren Vorräte angelegt werden, ist eine ständige Zufuhr besonders wichtig. Das in der Nahrung enthaltene Zink kann der Organismus teilweise nicht verwerten – beispielsweise bei gleichzeitiger Aufnahme von Phytinsäure (bildet ein unlösliches Salz; → Glossar), Calcium, Kupfer oder Cadmium (die bevorzugt aufgenommen werden) oder EDTA, einer Chemikalie, die bei der Konservierung in Dosen verwendet wird, Zink bindet und es aus dem Körper wieder hinausträgt.

Tabelle A1.17 Zink in Nahrungsmitteln.

Lebensmittel (Portionsgröße)	Zink (mg)
Austern (12 Stück)	78
Popcorn (100 g)	8,3
Sesam (100 g)	7,8
Steak vom Rind (150 g)	7,0
Erdnüsse (100 g)	4,0
Sardinen (100 g)	2,9
Walnüsse (100 g)	2,7
Paranüsse (10 Kerne)	1,0

Chrom; Tagesbedarf 25 µg: Chrom ist wichtig für den Zuckerstoffwechsel und aktiviert einige enzymatische Reaktionen zur Energiegewinnung aus Kohlenhydraten, Eiweißen und Fetten. Das Metall regt das Verdauungsenzym Trypsin (→ Glossar) an, fördert die Synthese von Fettsäuren und Cholesterin in der Leber und unterstützt die Wirkung mancher Vitamine. Auch einige Hormone enthalten Chrom.

Je älter der Mensch wird, desto schlechter kann sein Körper Chrom aufnehmen. Daneben hemmen bestimmte Inhaltsstoffe von Pflanzen die Resorption des Metalls, beispielsweise Oxalat, Phosphat und Tartrat, die unter anderem in Rhabarber, Spinat und Trauben vorkommen.

Man vermutet, daß eine kohlenhydratlastige Ernährung mit viel Zucker und Weißmehlen die Freisetzung des Minerals aus dem Gewebe und seine anschließende Ausscheidung mit dem Urin fördert und damit die Chromvorräte des Organismus dezimiert.

Eier, Käse, Rindfleisch und Kartoffeln gehören zu den besonders chromreichen Lebensmitteln (siehe Tabelle A1.18).

Tabelle A1.18 Chrom in Nahrungsmitteln.

Lebensmittel (Portionsgröße)	Chrom (µg)
Bierhefe (100 g)	118
Käse (100 g)	51
Leber (100 g)	50
Kartoffeln (150 g)	36
Rindfleisch (100 g)	32
Ei (1 Stück, mittelgroß, 60 g)	31

Molybdän; Tagesbedarf: 50–400 µg: Vermutlich ist auch Molybdän ein lebenswichtiges Spurenelement: Die Beteiligung des Elements an zwei wichtigen Stoffwechselwegen ist bekannt. Allerdings wurden bisher noch nie Mangelerscheinungen beobachtet. Ein molybdänhaltiges Enzym sorgt für die Umwandlung der Abbauprodukte von Zellkernen in Harnsäure; diese Säure kann übrigens in den Gelenken auskristallisieren, wodurch sich eine schmerzhafte Krankheit entwickelt, die Gicht. Auch das Enzym Aldehydhydroxylase enthält Molybdän.

Molybdän wird vom Darm bereitwillig aufgenommen und mit dem Urin ausgeschieden. Der Körper eines durchschnittlichen Erwachsenen enthält ungefähr 5 mg dieses Metalls. Molybdänreiche Nahrungsmittel finden Sie in Tabelle A1.19.

Tabelle A1.19 Molybdän in Nahrungsmitteln.

Lebensmittel (Portionsgröße)	Molybdän (µg)
Leber (100 g)	150
grüne Bohnen (100 g)	67
Eier (100 g)	52
Weizenmehl (100 g)	49
Hühnerfleisch (100 g)	42
Spinat (60 g)	25
Kraut (100 g)	25
Melone (100 g)	17

Über die Chemie und den Nährstoffgehalt unserer Lebensmittel wissen wir mittlerweile gut Bescheid. In der Regel müssen Sie jedoch keineswegs versuchen, sich exakt an die in diesem Anhang angegebenen Tagesbedarfsmengen zu halten. Sie sollten Ihren Speisezettel nicht nur aus besonders nährstoff-, vitamin- oder mineralstoffreichen Lebensmitteln zusammensetzen, und auch Präparate zur Nahrungsergänzung sind nicht erforderlich (vorausgesetzt, Sie sind gesund). In der Tat können größere Überschüsse an bestimmten Vitaminen und Mineralstoffen auch Probleme verursachen. Es genügt vollkommen, wenn Sie sich möglichst abwechslungsreich ernähren. Ein Risiko, unter Mangelerscheinungen zu leiden, gehen Sie nur mit einer eintönigen Ernährung ein.

Ballaststoffe

Ballaststoffe haben keinen Nährwert, und trotzdem kann unser Verdauungssystem nicht darauf verzichten. Um eine gesunde Darmbewegung aufrechtzuerhalten, sind täglich ungefähr 30 g Ballaststoffe notwendig. Wer häufig an Verstopfung leidet, sollte seinen Speisezettel daraufhin überprüfen, gleichzeitig aber mehr trinken (ein Glas Wasser zu jeder Mahlzeit): Ballaststoffe nehmen während der Darmpassage viel Flüssigkeit auf.

Aus Ballaststoffen gewinnen wir zwar keine Energie, aber ein geringer Teil der Fasern wird im Dickdarm von Bakterien gespalten. Dabei entstehen kurzkettige Fettsäuren, zum Beispiel Butansäure, welche von den Zellen der Darmschleimhaut benötigt werden. Man nimmt an, daß diese Verbindungen auch einen gewissen Schutz vor Dickdarmkrebs bieten.

Die Ballaststoffe unterteilt man nach ihrer Löslichkeit in zwei Gruppen. Lösliche Faserstoffe finden sich vor allem in Obst (Bananen, Himbeeren, Oliven, Aprikosen, Äpfel) und Gemüse (Erbsen, Bohnen, Linsen und Kartoffeln, letztere vor allem mit Schale). Unlösliche Fasern sind in Kleieprodukten und Weizenvollkornerzeugnissen (Weetabix, Weizenschrot) enthalten. Hafer gilt als besonders wertvoll, denn er enthält eine Mischung löslicher und unlöslicher Ballaststoffe.

Zum Teil bestehen die Ballaststoffe aus Nichtstärkepolysacchariden (Cellulose, Hemicellulose, Pektine und Lignin). Cellulose und Hemicellulose nehmen Wasser auf, sorgen für eine reibungslose Funktion des Dickdarms und schützen diesen von Divertikulose (→ Glossar), Krämpfen, Hämorrhoiden (→ Glossar) und Krampfadern (→ Glossar). Pektine und Gummistoffe beeinflussen vor allem die Resorption: Sie verzögern die Leerung des Magens durch Anlagerung an die Schleimhaut und binden im Dünndarm an Gallensäuren. Außerdem hemmen diese Stoffe die Fettaufnahme, was zur Senkung des Cholesterinspiegels führt, und – ebenso wichtig – sie verlangsamen die Zuckerresorption. Letzterer Aspekt kann besonders Diabetespatienten helfen, denn auf diese Weise wird die nach einer Mahlzeit auf einmal erforderliche Insulinmenge herabgesetzt. Lignin verbindet sich mit Gallensäuren und unterstützt die Darmpassage von essentiellen Fettsäuren, Zink und Giftstoffen. Unter anderem aus diesem Grund sollte man eine exzessive Aufnahme von Faserstoffen vermeiden: Der Darm hat keine Gelegenheit, Mineralstoffe aufzunehmen, die fest mit Polysacchariden verknüpft und auf dem schnellsten Wege wieder aus dem Verdauungstrakt heraustransportiert werden.

Nichtstärkepolysaccharide sollten reichlich die Hälfte der täglichen Ballaststoffmenge ausmachen. Den Rest bildet die sogenannte unverdauliche Stärke, die häufig beim Kochen entsteht: Cornflakes, Kartoffelmus, Nudeln, Weißbrot, gekochter Reis und Bohnen enthalten fast ausschließlich Ballaststoffe dieser Art. Gewöhnliche Stärkekörnchen verkleben infolge der Hitzeeinwirkung fest zu Verbänden, welche die Verdauungsenzyme in Magen und Darm nicht aufspalten können. Erst im Dickdarm gelingt es Bakterien, die Körner aufzuschließen und, wie die löslichen Ballaststoffe, teilweise in Fettsäuren umzuwandeln.

Es gibt viele ballaststoffreiche Lebensmittel (Tabelle A1.20). Etliche Sorten Frühstücksflocken enthalten Kleie oder Hafer, im Reformhaus kann man ebenfalls Kleieprodukte kaufen. Auch manche Obst- und Gemüsesorten sind hervorragende Ballaststofflieferanten.

Tabelle A1.20 Ballaststoffreiche Nahrungsmittel.

Lebensmittel (Portionsgröße)	Ballaststoffe (g)
weiße Bohnen, getrocknet (100 g)	17
Kleieflocken (50 g)	13
Aprikosen, getrocknet (100 g)	12
Vollkornbrot (3 Scheiben)	9
Erbsen (100 g)	8
Pflaumenkompott (100 g)	8
Himbeeren (100 g)	8
Rosinen (100 g)	7
Weizenschrot (50 g)	7
Maiskörner (100 g)	6

ANHANG 2
Tabellen

Tabelle A2.1 Tyramingehalt verschiedener Lebensmittel.

Lebensmittel	Tyramingehalt (mg in 100 g)
Getränke	
Bier, Ale	0,18–1,12
Wein	0–2,5
Käse	
Cheddar	0–150
Camembert	2–200
Emmentaler	22,5–100
Bric	0–26
Blauschimmel, Roquefort	2,7–100
Hüttenkäse	0
Edamer	30–32
Greyerzer	52
Gouda	2–67
Mozzarella	0–41
Boursault	11–111
Provolone	3,8–15
Stilton blue	46–226

Tabelle A2.1 Fortsetzung.

Lebensmittel	Tyramingehalt (mg in 100 g)
Fisch	
Thunfisch	0
Stockfisch	0–47
marinierter Hering	300
Austern	unbekannt*
Flußbarsch	unbekannt*
Fleisch	
Hühnerleber	10
Extrakte**	9,4–34
Rinderleber	27
Wurst	0–124
Schweinefleisch	unbekannt*
Obst und Gemüse	
Avocado	2,3
Banane	6,5
Orange	1
Ananassaft	0,036
Pflaumen	0,6
Himbeeren	1,3–9,3
Backpflaumen	0,4
Nüsse	unbekannt*
Rosinen	unbekannt*
Süßkartoffeln	unbekannt*
Rettich	unbekannt*
Spinat	unbekannt*
Tomaten	unbekannt*
Kartoffeln	unbekannt*
grüne Erbsen	unbekannt*
anderes	
Sojasoße	1–7,6
Hefeextrakt	0–226
Eier	unbekannt*
Kuhmilch	unbekannt*

* Tyramin ist enthalten, die exakte Menge ist jedoch nicht bekannt. In jedem Fall steigt der Tyramingehalt, wenn die Lebensmittel zu verderben beginnen.
** Fleischextrakte in verarbeiteten Lebensmitteln oder zum Kochen, z. B. Soßenwürfel.

Anhang 2: Tabellen

Die Angaben in den Tabellen A2.2, 5.1 und 5.2 stammen aus einem 1985 von Anna Swain und ihren Mitarbeitern im *Journal of the American Dietetic Association* veröffentlichten Artikel. Swains Gruppe extrahierte die Salicylsäure aus 333 Speisen und Getränken, zur Mengenbestimmung benutzten sie ein empfindliches analytisches Verfahren, die Hochdruckflüssigkeitschromatographie (HPLC). Sie stellten fest, daß erstens nahezu jedes Nahrungsmittel Salicylsäure enthält, zweitens aber die enthaltenen Mengen sehr unterschiedlich sind. In Gemüse zum Beispiel kann der Gehalt an Salicylsäure zwischen nahezu null (Sellerie) und 6 mg auf 100 g (saure Gurken) schwanken. – Die Portionsgrößen wurden dem Band *Nutrient Content of Food Portions* von Jill Davies und John Dickerson (Royal Society of Chemistry, London 1991) entnommen.

Tabelle A2.2 Salicylatgehalt verschiedener Lebensmittel.

Lebensmittel	Salicylatgehalt (mg in 100 g)	Typische Portion	Salicylatgehalt dieser Portion (mg)
Obst			
Apfel (Gelber Köstlicher)	0,08	1 Stück (120 g)	0,01
Apfel (Granny Smith)	0,59	1 Stück (120 g)	0,71
Avocado	0,60	halbe Frucht (130 g)	0,78
Cantaloup-Melone	1,50	halbe Frucht (360 g)	4,68
Kirschen	0,85	12 (100 g)	0,85
Trauben	0,94	1 Zweig (140 g)	1,32
Korinthen	5,80	2 Handvoll (35 g)	2,03
Rosinen	6,62	2 Handvoll (30 g)	2,32
Grapefruit	0,68	6 Scheiben (120 g)	0,82
Mango	0,11	1 Stück (315 g)	0,35
Orange	2,39	1 Stück (245 g)	5,86
Pfirsich	0,58	1 Stück (125 g)	0,73
Birne	0,27	1 Stück (150 g)	0,41
Ananas	2,10	1 Scheibe (125 g)	2,63
Himbeeren	5,14	15 Stück (70 g)	3,60
Erdbeeren	1,60	1 Portion (100 g)	1,60
Wassermelone	0,48	1 Scheibe (320 g)	2,46

Tabelle A2.2 Fortsetzung.

Lebensmittel	Salicylatgehalt (mg in 100 g)	Typische Portion	Salicylatgehalt dieser Portion (mg)
Gemüse			
Spargel	0,14	4 Stangen (120 g)	0,17
Saubohnen (große Bohnen)	0,73	1 Portion (75 g)	0,55
grüne Bohnen	0,11	1 Portion (105 g)	0,12
Brokkoli	0,65	1 Portion (95 g)	0,62
Rosenkohl	0,07	1 Portion (115 g)	0,08
Möhren	0,23	1 Portion (65 g)	0,15
Blumenkohl	0,16	1 Portion (100 g)	0,16
Lauch (Porree)	0,08	1 Portion (125 g)	0,10
Kürbis	0,17	1 Portion (90 g)	0,15
Champignons	0,24	1 Portion (55 g)	0,13
Zwiebel	0,16	1 Portion (40 g)	0,06
Pastinake	0,45	1 Portion (110 g)	0,50
Erbsen	0,04	1 Portion (75 g)	0,03
Kartoffel, ganz	0,12	1 Portion (140 g)	0,17
Spinat	0,58	1 Portion (130 g)	0,75
Mais, frisch	0,13	1 Kolben (70 g)	0,09
Mais, Konserve	0,26	1 Portion (70 g)	0,18
Steckrüben	0,16	1 Portion (140 g)	0,22
Zucchini	1,04	1 Portion (140 g)	1,46
Salate			
rote Bete, gekocht	0,18	1 Portion (40 g)	0,07
Chicorée	1,02	1 Portion (45 g)	0,46
Gurken	0,78	1 Portion (30 g)	0,23
saure Gurken	0,78	1 Stück (20 g)	0,16
Oliven, schwarz (Konserve)	0,34	9 Stück (35 g)	0,12
Oliven, grün (Konserve)	1,29	9 Stück (35 g)	0,45
Paprika, rot	1,20	1 Portion (45 g)	0,54
Sesam-Samen	0,23	1 Prise zum Bestreuen (25 g)	0,04
Tomaten	0,13	2 Stück (150 g)	0,20
Nüsse			
Mandeln	3,00	20 Kerne (20 g)	0,60
Paranüsse	0,46	9 Kerne (30 g)	0,14
Cashewnüsse	0,07	20 Kerne (40 g)	0,03
Kokosnuß, getrocknet	0,26	1 Portion (50 g)	0,13
Erdnüsse	1,12	32 Stück (30 g)	0,34
Walnüsse	0,30	9 Hälften (25 g)	0,08

Tabelle A2.2 Fortsetzung.

Lebensmittel	Salicylatgehalt (mg in 100 g)	Typische Portion	Salicylatgehalt dieser Portion (mg)
Getränke			
Orangensaft	0,18	1 Glas (200 ml)	0,36
Tomatensaft	0,12	1 Glas (200 ml)	0,24
Coca-Cola	0,25	1 Glas (200 ml)	0,50
Kaffee aus frischen Bohnen	0,45	1 Tasse	0,45
Kaffee aus Pulver (Maxwell House)	0,84	1 Tasse	0,84
Instantkaffee*	0,59	1 Tasse	0,55
Schwarzer Tee (Tetley)**	5,57	1 Tasse	5,57
Schwarzer Tee (Earl Grey)**	3,00	1 Tasse	3,00
Schwarzer Tee (Darjeeling)**	4,24	1 Tasse	4,24
*Alkoholische Getränke****			
Bier	ca. 0,3	1 Glas (500 ml)	ca. 1,5
Cider	ca. 0,2	1 Glas (500 ml)	ca. 1,0
Benediktiner (Kräuterlikör)	9,04	1 Glas (25 ml)	2,26
Cointreau	0,66	1 Glas (25 ml)	0,17
Portwein	ca. 2	1 Glas (50 ml)	ca. 1
Sherry	ca. 0,5	1 Glas (50 ml)	ca. 0,25
Weinbrand	ca. 0,4	1 Glas (25 ml)	ca. 0,1
Wein	ca. 0,8	1 Glas (125 ml)	ca. 1
anderes			
Honig	2,5–11	1 Teelöffel (7 g)	0,18–0,79
Rübensirup	0,10	1 Teelöffel (7 g)	0,01
Lakritze	9,78	Mischung (25 g)	2,44
Pfefferminzplätzchen	0,77–7,58	1 Rolle (30 g)	0,23–2,77
Erdnußbutter	0,23	1 Stich (7 g)	0,02
Tomatenketchup	2,48	1 Portion (20 g)	0,05
Tomatensuppe (Heinz)	0,54	1 Teller (145 ml)	0,78
Hefeextrakt	0,71	1 Prise (4 g)	0,03
Worcestersoße	64,3	1 Teelöffel (7 g)	4,50

* 2 g Pulver in 100 ml Wasser.
** zwei Teebeutel auf 100 ml Wasser.
***abhängig von Brauerei, Anbaugebiet, Weinberg

Glossar

Acetylcholinesterase Enzym, dessen Aufgabe die Deaktivierung des Acetylcholins ist. Acetylcholin ist ein → Neurotransmitter, verantwortlich für die Aktivierung von Nerven, die die Funktion wichtiger Organe (unter anderem Gehirn, Darm) gewährleisten. Nachdem die Zellen aktiviert wurden, muß der Neurotransmitter wieder abgebaut werden.

Adenosin Nukleosid, bestehend aus einer organischen Base, einem Zucker- und einem Phosphatrest; einer der Bausteine des genetischen Codes.

Aflatoxin Giftstoff von Schimmelpilzen, der besonders beim Verderben von Speisen gebildet wird. In der EU dürfen Lebensmittel maximal 20–50 µg Aflatoxin pro kg enthalten.

Aldehyde Moleküle, die eine Carbonylgruppe (speziell eine Aldehydgruppe, im Unterschied zu den Ketonen) enthalten; diese besteht aus einem Kohlenstoffatom, mit dem ein Wasserstoffatom und ein Sauerstoffatom verknüpft sind, letzteres über eine Doppelbindung. Die allgemeine Formel der Aldehyde lautet R–CHO (R ist ein organischer Rest).

Aminosäuren Bausteine der Proteine, die der Körper bei Bedarf entweder selbst synthetisieren kann oder aus der Nahrung gewinnen muß. Letzteres trifft insbesondere für die „essentiellen" Aminosäuren zu.

Amphetamine Wirkstoffe, die indirekt in den Adrenalin- und Noradrenalinstoffwechsel eingreifen; es kommt zur Erregung, zur Beschleunigung vieler Körperfunktionen und zur Abnahme des Appetits (appetitszügelnde Wirkung).

Anaphylaktischer Schock Extrem schnelle Reaktion, manchmal auf Chemikalien, in der Regel aber allergieinduziert, die zum totalen Kollaps führt; oft mit tödlichem Ausgang, wenn die Behandlung nicht sofort einsetzt. Personen, die mit einem anaphylaktischen Schock rechnen müssen (zum Beispiel Erdnußallergiker) sollten stets Gegenmittel (Adrenalin und Antihistaminika) bei sich tragen.

Antihämorrhagische Systeme Zellen, Verbindungen und Systeme des Körpers, die Blutungen verhindern oder stoppen. Blutern fehlen diese gerinnungsfördernden Wirkstoffe, weshalb sie bereits auf geringfügige Verletzungen mit unstillbaren Blutungen reagieren.

Antikörper Kompliziert aufgebaute Proteine, sogenannte Gamma-Globuline (Ig), die uns vor vielerlei Angreifern (Bakterien, Viren, Giftstoffe usw.) schützen. Allergiker produzieren den Antikörper IgE als Reaktion auf an sich harmlose Verbindungen; in der Folge kommt es bei Kontakt mit dem allergieauslösenden Stoff zur allergischen Reaktion.

Arterieller Schenkel des Kreislaufs Abschnitte des Kreislaufs, die sauerstoffreiches Blut führen: linke Herzhälfte, Aorta (Schlagader), nachfolgende Arterien, Arteriolen und Kapillargefäße.

Aspirin → Salicylsäure.

Asthma → Bronchialasthma.

Bauchspeicheldrüse (Pankreas) Organ im Oberbauch, dem Magen und dem Zwölffingerdarm benachbart, das während der Leerung des Magens Verdauungssäfte in den Zwölffingerdarm abgibt. Sogenannte „Inseln" innerhalb der Bauchspeicheldrüse produzieren das Insulin, das direkt in den Blutstrom übergeht.

Blutplasma Flüssiger, nach Entfernung der roten und weißen Blutkörperchen sowie der Blutplättchen verbleibender Anteil des Blutes.

Blutplättchen Kleinste Blutkörperchen mit einigen lebenswichtigen Aufgaben: Unterbindung von Blutungen durch Gerinnung, Hervorrufen entzündlicher Prozesse, Ausschüttung von Chemikalien bei entsprechender Aktivierung.

Bronchialasthma Bei dieser Krankheit treten entweder Verkrampfungen (Spasmen) der Luftwege (Bronchien) auf, oder die Luftwege sondern verstärkt Schleim ab, oder beides. Zu unterscheiden von Herzasthma (Atemnot infolge einer bestimmten Kreislaufstörung).

Cholesterin Lipoid (fettähnlicher Stoff) mit lebenswichtigen Funktionen im Körper, Vorläufer vieler Hormone. Cholesterin synthetisiert der Körper größtenteils selbst (Leber), ein geringer Teil wird der Nahrung entnommen. Einige Lebensmittel sind sehr cholesterinreich. Ein hoher Cholesterinspiegel im Blut erhöht das Infarktrisiko.

Curareähnliche Wirkstoffe Sammelbezeichnung für Wirkstoff, die Lähmungen hervorrufen. Therapeutisch verwendet vor allem im Rahmen einer Narkose zur Entspannung von Organen, zum Beispiel des Darms.
Diazepam Beruhigungsmittel zur Therapie von Panikanfällen und Angstzuständen sowie zur Muskelentspannung. Ein Handelsname ist Valium.
Divertikulose Erkrankung des Dickdarms, die gewöhnlich in der zweiten Lebenshälfte auftritt. Durch den Druck auf die Eingeweide entwickeln sich Schleimhautvorstülpungen aus der Darmwand.
DNS (DNA) Träger der Erbinformation.
Doppelblindversuch Technik zur Evaluierung von Wirkstoffen und anderen Testsubstanzen im klinischen Versuch. Weder der Proband noch der Beobachter wissen, ob ein Placebo oder der zu testende Wirkstoff verabreicht wurde.
Entgiftungsenzyme Enzyme, die Giftstoffe in geeignete Moleküle umwandeln können, welche der Körper ausscheiden kann.
Enzyme Biokatalysatoren; kleine Eiweißmoleküle, die bestimmte chemische Reaktionen befördern. Ohne die Hilfe der Enzyme verliefen die meisten Reaktionen in unserem Stoffwechsel viel zu langsam.
Epidemiologie, epidemiologische Studien Lehre von der Häufigkeit, der Verteilung, der Ursachen und Risikofaktoren sowie der Vorbeugung von Krankheiten in großen Bevölkerungsgruppen. Gearbeitet wird vorrangig mit statistischen Auswertungsmethoden.
Freie Radikale Moleküle, die ein aktives (freies, ungebundenes, einsames) Elektron enthalten und deshalb äußerst reaktionsfreudig sind. Freie Radikale können im Körper Schäden anrichten (zum Beispiel durch Veränderung der DNS). Daher steht dem Organismus ein ganzes Arsenal sogenannter Antioxidationsmittel (Oxidationshemmer) zur Verfügung, Verbindungen, die freie Radikale abfangen und unschädlich machen.
Glycogen Wichtigster Energiespeicher in unserem Körper. Überschüsse an Glucose werden in der Leber in Glycogen verwandelt. Sinkt der Glucosespiegel im Blut zu weit ab (Anstrengung, Nahrungsmangel), kann Glycogen zu Glucose abgebaut werden. Auf diese Weise bleibt der Blutzuckerspiegel ungefähr konstant.
Gramnegative Bakterien Ein Verfahren zur Indentifikation von Bakterien ist die Behandlung mit einem speziellen Farbstoff, die sogenannte Gram-Färbung. Bakterien, die unter dem Mikroskop gefärbt erscheinen, heißen grampositiv; solche, die die Farbe nicht annehmen, heißen gramnegativ.

Hämoglobin Komplexes, eisenhaltiges Molekül in den roten Blutkörperchen, das für den Sauerstofftransport verantwortlich ist.

Hämorrhoiden Krampfadern (→ Glossar) am After, die infolge des Druckes auf die Venen entstehen.

Hydrocortison Nebennierenrindenhormon; steuert eine Reihe von Körperfunktionen.

Hypokaliämie Verminderter Gehalt des Blutes an Kalium.

Hypothalamus Teil des Zwischenhirns. Am unteren Ende des Hypothalamus befindet sich die Hirnanhangsdrüse, deren Hormone unter anderem die Sexualfunktionen, die Nebennierenrinde, die Schilddrüse, das Wachstum und die Laktation (Milchabsonderung) steuern.

Insulin Hormon, das von der → Bauchspeicheldrüse ausgeschüttet wird und den Blutzuckerspiegel steuert. Insulinmangel führt zur „Zuckerkrankheit", Diabetes mellitus. Infolge von Bauchspeicheldrüsenkrebs kann es auch zur vermehrten Insulinausschüttung kommen.

Ketone Moleküle, die eine Carbonylgruppe (speziell eine Ketogruppe, im Unterschied zu den Aldehyden) enthalten; diese besteht aus einem Kohlenstoffatom, mit dem zwei weitere Kohlenstoffatome sowie ein Sauerstoffatom verknüpft sind, letzteres über eine Doppelbindung. Die allgemeine Formel der Aldehyde lautet R_1R_2-CO (R_1 und R_2 sind organische Reste).

Krampfadern Kleine, „traubenförmige" Schwellungen von Venen infolge von Funktionsstörungen der Ventile, die den Blutstrom regulieren; es kommt zum Rückstau des Blutes.

Migräne Dieser Kopfschmerz wird durch eine abwechselnde Kontraktion und Entspannung von Blutgefäßen im Kopf verursacht. Zu den Symptomen gehören Farberscheinungen, Geräuschempfindlichkeit und pochende Schmerzen. Typischerweise betrifft der Schmerz nur eine Hälfte des Kopfes. In schweren Fällen können Lähmungen entstehen. Ein Migräneanfall verläuft oft mit Übelkeit und Erbrechen, die mehrere Stunden lang anhalten können. (Allerdings gibt es zahlreiche Beispiele für Migränen, die nicht in dieses Schema passen.)

Mikroorganismen Sammelbezeichnung für mikroskopisch kleine Lebewesen wie Viren, Bakterien, Hefen, Pilze und amöbenartige, einzellige Parasiten.

Monoaminoxidaseinhibitor (MAOI, MAO-Hemmer) Das Enzym Monoaminoxidase baut einige biogene Amine, darunter das Histamin und Serotonin, ab. Wird das Enzym durch einen Inhibitor blockiert, steigt der Speigel der genannten Amine im Körper. Seit über 30 Jahren werden MAO-

Hemmer erfolgreich therapeutisch (zur Bekämpfung von Depressionen) eingesetzt.

Nebenniere Eine dem oberen Teil der Niere aufsitzende Drüse, die aus zwei Teilen besteht: Der Cortex (innen) produziert Corticosteroide, lebenswichtige Hormone, die eine Vielzahl von Körperfunktionen steuern; zum Beispiel sind sie für die Synthese der Geschlechtshormone und deren Vorläuferverbindungen zuständig. Die Medulla (außen) sondert die Hormone Adrenalin und Noradrenalin ab.

Neurotransmitter Substanzen, die einen Nervenimpuls weiterleiten. Im Körper gibt es über 40 verschiedene Arten von Neurotransmittern, die jeweils bestimmte Funktionen erfüllen.

Osmotischer Druck Sind zwei verschieden hoch konzentrierte wäßrige Lösungen von Salzen oder anderen Chemikalien durch eine teildurchlässige Membran voneinander getrennt, entsteht ein Druckunterschied, der osmotische Druck, in Richtung der konzentrierteren Lösung. Dadurch können Wassermoleküle die Membran in dieser Richtung durchdringen.

Oxidation Im hier diskutierten engeren Sinne die Addition von Sauerstoff an ein Molekül („Verbrennung") – einer der wichtigsten Entgiftungsmechanismen des Körpers, aber auch einer der wesentlichen Vorgänge beim Verderben von Lebensmitteln.

Palpitation Sehr häufige, in der Regel harmlose Empfindung des Herzschlags (Herzklopfen), häufiger bei Frauen, Rauchern und Kaffeetrinkern. Empfindet man das Klopfen ständig oder als sehr unregelmäßig, sollte man einen Arzt aufsuchen.

Paraldehyd Wirkstoff, der früher oft zur Lösung von Krämpfen (vor allem bei epileptischen Anfällen) verwendet wurde. Heute kaum noch gebräuchlich.

Parästhesie Fehlempfindungen auf der Haut (Kribbeln, „Pelzigsein", „Ameisenlaufen").

Parkinsonsche Krankheit Fortschreitende Koordinationsstörung; in der Regel verursacht durch mangelnde Durchblutung der sogenannten Basalganglien (Hirnstrukturen). Die Erkrankung äußert sich mit Zittern („Schüttellähmung"), Starre der Gliedmaßen und einem maskenhaft starren Gesichtsausdruck. Nicht heilbar, aber mit Hilfe bestimmter Therapien kann das Fortschreiten verzögert werden.

Phospholipide (Phosphatide) Körpereigene chemische Verbindungen, Bestandteile der Zellmembranen. Cholin und Inositphosphatide kommen im gesamten Organismus vor, Cephaline dagegen vor allem im Hirn und in der Rückenmarksflüssigkeit.

Phytinsäure Phosphorhaltiger Abkömmling (Derivat) von Inositol, vorkommend in Getreide(produkten) und Nüssen. Phytinsäure kann die Aufnahme von Mineralstoffen wie Eisen, Zink und Calcium im Darm durch Bildung stabiler Verbindungen verhindern.

Plazenta (Mutterkuchen) Organ, das den Fetus im Mutterleib mit Nahrung und Sauerstoff versorgt und Abprodukte des fetalen Stoffwechsels beseitigt. Schützende Antikörper, die von der Mutter als Reaktion auf Infektionen gebildet wurden, können durch die sogenannte Plazentaschranke zum Baby weitergegeben werden.

Probiotische Kulturen Nützliche Darmbakterien. Sie decken den Energiebedarf des Körpers zu einem Viertel, helfen Mineralien und Vitaminen beim Durchdringen der Darmwand und sorgen für die Gesunderhaltung des Darms.

Prostaglandine Gruppe von Verbindungen, die zur körpereigenen Herstellung von Steroiden, Corticosterioden und Sexualhormonen benötigt werden. Die Prostaglandine steuern lebenswichtige Vorgänge wie Eisprung (Ovulation), Geburt, Magensaftsekretion, Blutgerinnung, Fieber, Entzündungen und Schmerzen.

Psychose Schwere psychiatrische Störung, oft nicht ohne weiteres zu behandeln; Angstzustände, Depressionen und Panikattacken gehören dagegen zu den Neurosen. Eine Psychose ist die Schizophrenie.

Psychosomatische Erkrankung Durch mentale Faktoren (Streß) bedingte Funktionsstörung; körperliche Symptome entwickeln sich ohne organische Ursache.

Puffer Substanzen, die größere Veränderungen des pH-Wertes (saures oder basisches Milieu) einer Lösung infolge einer chemischen Reaktion verhindern.

Respiratorische Alkalose Zu rasche Atmung (Hyperventilation) führt zur verstärkten Abgabe des sauren Gases CO_2 mit der Atemluft; in der Folge wird das Blut alkalisch. Diesen Zustand nennt man respiratorische Alkalose im Gegensatz zur Acidose, einer Übersäuerung des Blutes.

Rezeptoren Spezielle Positionen, an die bestimmte Moleküle binden („andocken") können, wodurch verschiedene Körperfunktionen ausgelöst werden.

Salicylsäure, Salicylat Die Säure ist ein Abkömmling des Phenols mit der chemischen Formel $C_6H_4(OH)(COOH)$, wobei die Carboxylgruppe der

Hydroxylgruppe unmittelbar benachbart ist. Salicylate entstehen durch den Austausch des Carboxylwasserstoffatoms gegen eine andere Gruppe. Aspirin, Acetylsalicylsäure, enthält an Stelle des Hydroxylwasserstoffatoms eine Acetylgruppe ($COCH_3$).

Salmonellen   Bakterien, häufigste Verursacher von Lebensmittelvergiftungen, die allerdings selten tödlich verlaufen. Salmonellen lassen sich durch ausreichend langes Kochen abtöten.

Schilddrüse   Am Hals befindliche Drüse, die das Hormon Thyroxin ausschüttet; Thyroxin steuert die Geschwindigkeit des Körperstoffwechsels. Eine übermäßig hohe Thyroxinproduktion (Hyperthyreose) führt zu Gewichtsverlust, Pulsbeschleunigung und Wärmegefühl. Die Schilddrüsenunterfunktion (Hypothyreose) dagegen äußert sich in Gewichtszunahme, Langsamkeit und Kältegefühl.

Speichel   Speichel wird von mehreren Drüsen in der Mundregion abgesondert (die großen Speicheldrüsen heißen Glandula parotis, submandibularis und sublingualis). Zur Anregung genügt bereits der Anblick appetitlicher Speisen. Speichel enthält das Enzym Amylase, das komplexe Kohlenhydrate spaltet, weshalb die Verdauung bereits während des Kauens einsetzt.

Syndrom   Gesamtheit von Symptomen einer Erkrankung.

Toxine   Giftstoffe; Verbindungen, die von Pflanzen, Tieren und Mikroorganismen produziert werden und (bei Verzehr) den Menschen schädigen können.

Trypsin   Enzym im Magen- und Darmsaft, das zum Abbau komplexer Eiweißmoleküle notwendig ist.

Urticaria (Nesselsucht)   Hautkrankheit mit Striemen, Flecken, brennenden Hautrötungen, extremem Juckreiz.

Wirtsreaktion   Mobilisierung der körpereigenen Abwehr bei Angriffen von beispielsweise Viren, Bakterien, Pilzen und Giftstoffen.

Literatur

Anmerkung der Übersetzerin: Eine repräsentative Auswahl deutschsprachiger Werke, die sowohl weiterführende Fachliteratur als auch ergänzende populärwissenschaftliche Publikationen umfaßt, finden Sie im Anschluß an die Literaturempfehlungen des Autors.

Albert, A.: *Xenobiosis, Food, Drugs and Poisons in the Human Body.* Chapman & Hall, London 1987.

Bates, R. (Hrsg.): *What Risk?* Butterworth Heinemann for the European Science and Environment Forum, Oxford 1997.

Bender, E.: *Health or Hoax?* Sphere Books Ltd., London 1986.

Bingham, S.: *The Everyman Companion to Food and Nutrition.* J. M. Dent & Sons Ltd., London 1987.

Brostoff, J. und Gamlin, L.: *The Complete Guide to Food Allergy and Intolerance.* Bloomsbury, London 1989.

Combs jr., G. F., und Combs, S. B.: *The Role of Selenium in Nutrition.* Academic Press, Orlando 1987.

Coultate, T. P.: *Food, the Chemistry of its Components.* 3. Aufl., Royal Society of Chemistry, London 1995.

Cox, A. P., und Brusseau, P. *Secret Ingredients.* Bantam Books, London 1997.

David, T. J.: *Food and Food Additive Sensitivity in Childhood.* Blackwell Scientific, Oxford 1991.

Duyff, R. L.: *Complete Food & Nutrition Guide.* American Dietetic Association, Chronimed Publishing, Minneapolis 1996.

Davies, J. und Dickerson, J.: *Nutrient Content of Food Portions.* Royal Society of Chemistry, London 1991.

Ensminger, A. H.: The Concise Encyclopedia of Foods and Nutrition. CRC Press, Boca Raton 1995.

Farrer, K. T. H.: *A Guide to Food Additives and Contaminants*. Parthenon Publishing Group, Carnforth 1987.
Hanssen, M.: *E for Additives*. Thorsons, Wellingborough 1994.
Henderson, M. (Hrsg.): *Living with Risk*. The British Medical Association Guide. John Wiley & Sons, Chichester 1987.
Hughes, J. T.: *Aluminium and Your Health*. Rimes House, Cirencester 1992.
Jackson, M. H., Morris, G. P., Smith, P. G. und Crawford, J. F.: *Environmental Health*. Butterworth Heinemann, London 1989.
Katch, F. und McArdie, W.: *Introduction to Nutrition, Exercise and Health*. Lea & Febiger, Philadelphia 1993.
Kutsky, R. J.: *Handbook of Vitamins, Minerals and Hormones*. 2. Aufl., Van Nostrand Reinhold, New York 1981.
Lenihan, J.: *The Crumbs of Creation*. Adam Hilger, Bristol 1988.
Luckey, T. D. und Venugopal, B.: *Metal Toxicity in Mammals*. Plenum Press, New York 1977.
Mason, P. *Handbook of Dietary Supplements*. Blackwell Science, Oxford 1995.
McWhirter, A. und Clasen, L. (Hrsg.): *Food That Harm and Foods That Heal*. Reader's Digest, London 1996.
Mertz, W. (Hrsg.): *Trace Elements in Human and Animal Nutrition*. Academic Press, San Diego 1987.
Mervyn, L.: *Vitamins and Minerals*. Thorsons, Wellingborough 1989.
Metcalfe, D., Simpson, H. und Simon, R.: *Food Allergy*. Blackwell Scientific, Oxford 1991.
Ottoboni, A.: *The Dose Makes the Poison*. 2. Aufl., Van Nostrand Reinhold, New York 1991.
Paul, A. A. und Southgate, D. A. T.: *McCance and Widdowson's The Composition of Foods*, 4. Aufl., HMSO, London 1988.
Rinzler, C. A.: *Food Facts and What They Mean*. Bloomsbury, London 1987.
Rodricks, J. V.: *Calculated Risks: Understanding the Toxicity and Health Risks of Chemicals in Our Environment*. Cambridge University Press, Cambridge 1992.
Sauders, B.: *Understanding Additives*. UK Consumer's Association, Hodder & Stoughton, London 1988.
Timbrell, J. A.: *Introduction to Toxicology*. Taylor & Francis, London 1989.
UK Department of Health: *Dietary Reference Values for Food Energy and Nutrients for the United Kingdom*. Report of the Panel on Dietary Reference Values of the Committee on Medical Aspects of Food Policy. Report No. 41. HMSO, London 1991.
US Food and Drug Administration, *Food Borne Pathogenic Microorganisms and Natural Toxins Report*. Washington 1992.
Vaughan, J. G. und Geissler, C. A.: *The New Oxford Book of Food Plants*. Oxford University Press, Oxford 1997.
Watson, H. (Hrsg.): *Natural Toxicants in Food*. VCH-Ellis Horwood, Chichester 1987.
Whelan, E. M.: *Toxic Terror*. Prometheus Books, Buffalo 1993.

Deutschsprachige Literatur

Askar, A. und Treptow, H.: *Biogene Amine in Lebensmitteln.* Ulmer, 1986.
Behr-Völzer, Christine et al. (Hrsg.): *Diät bei Nahrungsmittelallergien und Nahrungsmittelintoleranzen.* Urban & Vogel, 1999.
Belitz, H.-D., und Grosch, W.: *Lehrbuch der Lebensmittelchemie.* 4., überarb. Aufl., Springer, 1992.
Bernau, S.: *Schulversagen durch falsche Ernährung.* Selbsthilfe bei Phosphatempfindlichkeit und Allergie. Heidelberger Wegweiser. 2., aktualis. Aufl., Hüthig Medizinverlage, 1994.
Beuthing, D. (Hrsg.): *Biogene Amine in der Ernährung.* Mit Verhaltens- und Ernährungsempfehlungen. Springer, 1996.
Birus, Th.: *Was macht die Tiefkühlpizza knusprig?* Die wundersamen Zutaten der modernen Küche. Mit Ernährungsratgeber. Fischer TB, 1999.
Braun, S.: *Der alltägliche Kick.* Von Alkohol und Koffein. Birkhäuser, 1998.
Coe, S. D. und Coe, M. D.: *Die wahre Geschichte der Schokolade.* Mit Rezepten. S. Fischer, 1997.
Diehl, J. F.: *Chemie in Lebensmitteln.* Rückstände, Verunreinigungen, Inhalts- und Zusatzstoffe. Wiley-VCH, 2000.
Elmfada, J. und Fritzsche, D.: *Die große GU-Vitamintabelle und Mineralstofftabelle.* Gräfe & Unzer, 1999.
Elmfada, J.: *E-Nummern.* Gräfe & Unzer, 1999.
Flade, S.: *Nahrungsmittel-Allergie natürlich behandeln.* Auslöser erkennen, richtig essen, Spezialbehandlung „Allergie löschen". (GU Ratgeber „Naturmedizin heute") 2. Aufl., Gräfe & Unzer 1998.
Frank, H. K.: *Lexikon Lebensmittel-Mikrobiologie.* 2. Aufl., Behr 1994.
Geesing, H.: *Allergie-Stop.* So findet Ihr Abwehrsystem die richtigen Antworten auf die Umwelt. Mit Allergie-Such-Diät. (Herbig Gesundheitsratgeber). 4., überarb. u. erw. Aufl., Herbig, 1999.
Heeschen, W. (Hrsg.): *Pathogene Mikroorganismen und deren Toxine in Lebensmitteln tierischer Herkunft.* Behr, 1989.
Hobhouse, H.: *Fünf Pflanzen verändern die Welt.* Chinarinde, Zucker, Tee, Baumwolle, Kartoffel. Klett-Cotta.
Hofmann, I. und Carlsson, S.: *Vitamintabelle.* Inkl. Mineralien, Spurenelementen u. Biostoffen. (Mosaik TopVital, Gesund leben). Mosaik, 1998.
Jäger, L. und Wüthrich, B.: *Nahrungsmittelallergien und Nahrungsmittelintoleranzen.* Immunologie, Diagnostik, Therapie, Prophylaxe. Urban & Fischer, 1998.
Jopp, A.: *Risikofaktor Vitaminmangel.* Entstehung, Auswirkung, Vermeidung. So stärken Sie Ihr Immunsystem, Ihre Gesundheit, Ihre Leistungsfähigkeit. Hüthig Medizinverlage, 2000.
Kinadeter, H.: *Gesund mit Vitaminen.* Der tägliche Vitaminbedarf zum Schutz vor Krankheiten und Umwelteinflüssen (dtv Ratgeber). DTV, 1994.

Knieriemen, H.: *E-Nummern.* Alle Zusatzstoffe in Lebensmitteln, Hinweise für Allergiker, Asthmatiker, Migräneanfällige und weitere Risikogruppen. AT-Verlag, 1999.
Lange, E.: *Krank ohne Grund? Ursache Darm.* Aktuelle Forschung für neue Heilungschancen. Mit großem Diätteil. (Südwest Kursbuch). Südwest Verlag, 1998.
Lück, E. (Hrsg.): *Lexikon Lebensmittelzusatzstoffe.* 2. Aufl., Behr, 1998.
Lück, E. und Jager, M.: *Chemische Lebensmittelkonservierung.* Stoffe, Wirkungen, Methoden. 3. Aufl., Springer, 1995.
Mann, J.: *Mord, Magie und Medizin.* Aus dem Giftschrank der Natur. Trias, 1995.
Meyer-Rebentisch, K. und Friedrichsen, K.: *Nahrungsmittel-Allergie.* So helfen Sie Ihrem Kind. Die wichtigsten Auslöser von Unverträglichkeiten. Mit praktischer Lebensmittel-Kunde. Trias, 2000.
Pollmer, U., Horicke, C. und Grimm, H.-U.: *Vorsicht Geschmack.* Was ist drin in Lebensmitteln? Mit Lexikon der Zusatzstoffe. S. Hirzel, 1998.
Postgate, J.: *Mikroben und Menschen.* Die unsichtbare Macht der Bakterien und Viren. (Verständliche Wissenschaft) Spektrum Akad. Verlag, 1994.
Rauch-Petz, G.: *Lebensmittelzusatzstoffe.* Alles über E-Nummern und genetisch veränderte Lebensmittel. (Südwest kompakt) Südwest-Verlag, 1998.
Roth, L. et al.: *Giftpflanzen, Pflanzengifte; Giftpilze, Pilzgifte.* 2 Bde.: Vorkommen, Wirkung, Therapie, allergische und phototoxische Reaktionen. Schimmelpilze, Mykotoxine, Inhaltsstoffe, Pilzallergien, Nahrungsmittelvergiftungen. Ecomed, 1990–1994.
Sparrenberger, G. und Kelzenberg, M.: *Zusatzstoffe in Lebensmitteln.* E-Nummern und was sie bedeuten. Mosaik Verlag, 2000.
Teuscher, E. und Lindequist, U.: *Biogene Gifte.* Biologie, Chemie, Pharmakologie. 2., bearb. u. erw. Aufl., Gustav Fischer Verlag, 1994.
Vollmer, G. und Franz, M.: *Chemie in Bad und Küche.* DTV, 1991.
Weidenbörner, M.: *Lexikon der Lebensmittelmykologie.* Springer, 2000.

Zu empfehlen ist auch ein Blick auf den Webserver der Deutschen Gesellschaft für Ernährung e. V. (www.dge.de). Die DGE sammelt Forschungsergebnisse ernährungswissenschaftlicher Disziplinen, wertet sie aus und stellt die Resultate der Allgemeinheit zur Verfügung. Vom Webserver kann man Publikationen abrufen und in einer Datenbank nach speziellen Themen suchen. Laufend werden aktuelle Verbraucherinformationen herausgegeben.

Index

Im Anschluß an das Register finden Sie ein Tabellenverzeichnis zum Nachschlagen des Gehaltes von Nahrungsmitteln an Vitaminen, Mineralstoffen und Spurenelementen.
   Beachten Sie bitte außerdem das Glossar!

A

Acetaldehyd   28, 34, 35, 39, 75, 124
Acetaldehydämie   41
Acetylcholin   128
Acetylcholinesterase   158
Acetylsalicylsäure   70, 85   *siehe auch* Aspirin
ACE-Vitamine   186, 205 ff.
Adenosin   113 f.
Aflatoxin   147
Agrarchemikalien   183
Algenblüte   135
Alkaloide in Kartoffeln   155
Alkohol
   – Abbau im Körper   38, 42 f.
   – Energiegehalt   28 f.
   – Entzug   *siehe* Disulfiram
   – in Getränken   31 ff.
   – Mißbrauch   36 f.
   – positive Wirkungen   29
   – Stoffwechsel   28, 34 ff.
   – toxische Wirkung   37, 38
   – Verträglichkeit   34
   – Wirkungsweise   35
Allergie
   – auf Erdnüsse   57
   – Definition   2
   – Entstehung   56
   – Nahrungsmittel-   57
   – Tests   58 ff.
   – vom Soforttyp   58
   – vom Spättyp   59
Aluminium in Lebensmitteln   181
Alzheimer-Krankheit   181
Amine, biogene   *siehe* Biogene Amine
Amine, heterocyclische (HCA)   164
Aminosäuren, essentielle   213
Amphetamine   76
Anämie   194, 198
Anorexie   76
Antabus   *siehe* Disulfiram
Antacida   96
Antidepressiva   72, 73
Antihistaminika   70
Antikörper   52
Antioxidationsmittel   177
   – in Fetten und Ölen   178
Appetitzügler   73
Arteriosklerose   193
Arthritis   75
Ascorbinsäure *siehe auch* Vitamin C
   – als Antioxidationsmittel   177
Aspirin   85, 95 ff.
   – Wirkung   96
Asthma   59, 88, 122, 126, 174, 176
   – Auslöser   119
Asthmamittel   114
Auberginen   155

Autismus 54

B
β-Lactoglobulin 50
Babynahrung 196
Bakterien 140
– in Lebensmitteln 133
Ballaststoffe 232
– in Nahrungsmitteln 233
Beinwell 150
Benzoesäure 175
– Überempfindlichkeit 176
Bier
– Amingehalt 82
– Herstellung 32
Bierhefe
– Tyramingehalt 83
Biogene Amine 61 ff., 128
– als Neurotransmitter 62
– Diät bei Überempfindlichkeit 82
– Entgiftung 63
– in Nahrungsmitteln 65
– in Schokolade 110
Blausäure 151
Bleivergiftung 181
Blutdruck 114, 218
Blutdruckkrise 83
Blutgerinnung 73, 85, 88, 98, 226, 229
BMI (Body Mass Index) 191
Bohnen 160
– Lektingehalt 162
Botulinumtoxin 134
Branntwein, Herstellung 33
Braten 164
Brevetoxin 137
Bulimie 76

C
Cadmium *siehe auch* Schwermetalle
– Pigmente 184
– Vergiftung 184
Calcium 206, 217

Catechine 106
Cellulose 232
Chinarestaurant-Syndrom 7, 11
– Auslöser 12, 21 ff.
Chlorakne 187
Chlororganische Verbindungen 186
Cholesterin 30, 216, 229, 230
Cholesterinspiegel 216
Chrom 230
Ciguatera 138
Ciguatoxin 139
Codex Alimentarius 169
Coffein 96, 101 ff. *siehe auch* Schokolade, Cola, Kaffee, Tee
– als pharmazeutischer Wirkstoff 102
– beruhigende Wirkung 105
– Bindung an Adenosinrezeptoren 114
– Doping mit 113
– Entgiftung 117
– Entzugserscheinungen 115, 117
– in Diäthilfsmitteln 113
– in Getränken 104
– in Pflanzen 101 f.
– Molekülstruktur 112
– Wirkung 112
Cola 102, 108 ff.
– Inhaltsstoffe 109
Cyanidvergiftung, chronische 153
Cyanogene 151 ff.
Cytochrom P450 43, 172
– Wirkungsweise 44
Cytotoxine 134

D
Darm 52 ff.
– Bakterien (Darmflora) 52f., 225
– lokale Antikörper 52
Darmflora 225
Darmwand 52
DDT 186, 188 ff.

- Anreicherung im Körper 189
Demenz 97
Depression 66, 72, 73
Diät
 - arm an biogenen Aminen 82
 - Eliminationsdiät 171
 - glutamatarme 23
 - salicylatarme 86, 92
 - solaninarme 159
 - sulfitarme 129
 - tryptophanreiche 73
Dimethylnitrosamin 185
Dinatriumguanylat 14
Dinatriuminosinat 14
Dinophysistoxin 138
Disulfiram 40, 146
Diuretika 102
Domosäure 137
Dopamin 62, 63, 76 ff., 111
 - Abbau 79
 - abnorme Produktion 78
Durchfall 49, 62

E
Ecstasy 63
Eier 133
Eisen 228
Eiweiß *siehe* Proteine
Ektotoxine
 - Definition 133
 - Wirkung 134 ff.
Eliminationsdiät 171
Emulgatoren 178
Endotoxine
 - Definition 133
 - Wirkung 140
Enterotoxine 134
Entgiftung 43
Entzündungen 73
E-Nummern 168, 169
Enzyme
 - Aufgaben 39

- Reaktionsgeschwindigkeit 40
- Wirkungsweise 43 ff.
Epidemiologische Studien 116
Erbrechen 49
Erdnußallergie 57
Essigsäure 34, 51, 111
Ethanol *siehe* Alkohol

F
Farbstoffe 173 ff.
 - Cochenille 174
 - Erythrosin 174
 - Ponceau 4R 174
 - Tartrazin 172, 173
 - und Hyperaktivität 171, 172
Faserstoffe *siehe* Ballaststoffe
Fett 215
Fettsäuren
 - essentielle 215
 - gesättigte 215
 - ungesättigte 215
Fisch 133
 - Toxine in 136
 - Tyramingehalt 83
 - Vergiftung 68 *siehe* Lebensmittelvergiftung an Fisch
Flavonole 106
Fleisch 133
 - Tyramingehalt 83
Fliegenpilz 145
Fluctin 63
Folsäuremangel bei Schwangeren 194
Fortpflanzung 204
Freie Radikale 107, 205
Frühjahrslorchel 144

G
Gartemperaturen, minimale 142
Gentechnologie 168
Geschmacksqualitäten 13
Geschmacksverstärker 12 *siehe auch* Glutamat

Gicht 231
Giftstoffe 131
– Fettlöslichkeit 44
– in Lebensmitteln *siehe* Pflanzengifte, Pilzgifte, Lebensmittelvergiftung, Schimmelpilze
Glutamat 7 ff., 14
– als Zusatzstoff 20
– bei Schlaganfällen 17
– Biochemie 15 ff.
– glutamatarme Ernährung 23
– Herstellung 16
– in Nahrungsmitteln 9, 19 ff.
– Rezeptoren 17
– Stoffwechsel 18
– Überempfindlichkeit 17
– Unverträglichkeit *siehe* Chinarestaurant-Syndrom
– Vorkommen 9
Glutaminsäure 14
Gluten, Unverträglichkeit 2, 51
Grayanotoxin 132
Grillen 165

H

Halluzinationen 145
Hämolysine 134
Herzinfarkt
– Behandlung 88
– Vorbeugung 30, 85, 98, 107
Herzkrankheit
– durch Selenmangel 203
– ischämische 192
– koronare 193
Herz-Kreislauf-Erkrankungen 192
Histamin 57, 59, 66 ff., 140, 176
– Freisetzung im Körper 70, 128
– Rezeptoren 70 f.
– und Depressionen 66
Homocystein 192
Honig 132
Hülsenfrüchte 160

Hygiene bei der Speisenzubereitung 141
Hyperaktivität 18, 90, 170, 172, 175
– und Farbstoffe 171

I

Immunglobuline 52, 58
Immunsystem 2
Indol-3-carbinol 148
Insektizide 188
Insulin 218, 229
Intoleranz (Nahrungsmittel) *siehe* Unverträglichkeit
Iod 227

K

Kaffee 102, 103 ff. *siehe auch* Coffein
– entkoffeinierter 105
– und Herzkrankheiten 115
Kakao 110
Kalium 218
Kartoffel 154 ff.
– Solaningehalt 159
Käse 133
– Tyramingehalt 83
„Kater" 39, 42 f.
Keshan-Krankheit 203
Knoblauch 205
Knollenblätterpilz 143
Kochsalz 219
Kohlenhydrate 128, 214 ff.
Konservierungsmittel
– Benzoesäure und Benzoate 172, 175
– Gallate 178
– Nitrit und Nitrat 180
– Parabene 175
– Schwefeldioxid 119 ff.
– Sorbinsäure 177
– Sulfit 119 ff.
Konservierungsmittel 175 ff.
Kopfschmerzen 61, 62, 80 *siehe auch* Migräne

Körpergewicht 191
Krebs 97, 202
 – Auslöser 148, 150, 164, 185, 186, 189
 – Therapie 148
 – Vorbeugung 107, 177, 209
Kreuzkraut 151
Kugelfischvergiftung 139
Kupfer 227

L
Lactose *siehe* Milchzucker
Lagerung von Speisen 141
Lebensmittelfarbstoffe *siehe* Farbstoffe
Lebensmittelvergiftung 131, 133 ff.
 – an Fisch 68 f., 136, 134 ff., 140 *siehe auch* Muschelvergiftung
 – an Honig 132
 – an Kartoffeln 155 ff., 158
 – an Kugelfisch 139
 – an Rhabarber 163
 – an Sauerampfer 163
 – an Schnecken 139
 – durch Bakterien 133
Lebensmittelzusatzstoffe *siehe* Zusatzstoffe
Leukozidine 134
Lignin 232
Lymphocyten 53

M
Magengeschwür, Therapie 70 f.
Magnesium 218
Makronährstoffe 212 ff.
Malaria 188
Mangan 229
Maniok 151 ff.
MAO-Hemmer 66, 82, 83
Melatonin 62
Metalle in Lebensmitteln 181 ff.
Methionin 192
Migräne 62, 74, 75, 80

Mikronährstoffe 220 ff.
Milcheiweiß-Unverträglichkeit 50
Milchzucker-Unverträglichkeit 2, 51
Minamata-Krankheit 183
Mineralstoffe 217 ff.
 – Calcium 217
 – Kalium 218
 – Magnesium 218
 – Natrium 219
 – Phosphat 220
Molybdän 186, 231
Monoaminooxidase-Hemmer *siehe* MAO-Hemmer
Mononatriumglutamat *siehe* Glutamat
MSG *siehe* Glutamat
Müdigkeit 18
Muschelvergiftung
 – anamnestische 137
 – Ciguatera 138
 – gastrointestinale 137
 – neurotoxische 137
 – paralytische 135
Mutterkorn 147
Mycotoxine 147

N
Nahrung, optimale Zusammensetzung 211
Nahrungsmittel, toxische Wirkung 48
Nahrungsmittelallergie *siehe* Allergie
Natrium 218, 219
Nervengift 128, 132, 134, 144
Neurotransmitter 62, 74, 76, 113, 139
 – „falsche" 79
Nitrat 180
 – im Trinkwasser 184
Nitrit 180, 185
Nitrosamine 184
Noradrenalin 63

O
Octopamin 79 ff.

Okadasäure 138
Oxalsäure 163
Oxidationshemmer 205 *siehe auch* Antioxidationsmittel
– in Tee 106

P
PAH 165
Pantherpilz 145
Parabene 175
Parkinsonsche Krankheit 78
– Therapie 79
PCB *siehe* Polychlorierte Biphenyle
Pektine 232
Petersilie 154
Pflanzengifte *siehe auch* Schimmelpilze
– Chaconin 154
– Cyanogene 151 ff.
– in Pilzen *siehe* Pilzgifte
– Lektine 160
– natürliche 142
– Oxalate 163
– Psoralene 154
– Pyrrolizidinalkaloide 150 f.
– Solanin 154 ff.
Phenylethylamin 76 ff., 110
– in Nahrungsmitteln 76
Phosphat 217, 220
„Pille" 195, 217
Pilzgifte *siehe auch* Schimmelpilze
– Amanitine 143
– die Verdauungsstörungen bewirken 146
– disulfiramähnliche 146
– Gyromitrin 144
– Ibotensäure 145
– Muscarin 144
– Muscimol 145
– Orellanin 144
– Psilocybin 145
Pilzvergiftung 142 ff.
Plethysmographie 127

Polychlorierte Biphenyle (PCBs) 186 ff.
– in Muttermilch 187
Polycyclische aromatische Kohlenwasserstoffe (PAHs) 165
Polyphenole 205
Prämenstrulles Syndrom 197
Prick-Test 59
Prostaglandine 96, 98 f., 215
Proteine 212 ff.
– in Nahrungsmitteln 213
– Struktur 212
– Verdauung 48
Prozac 63
„Pseudoallergie" 60

Q
Quecksilbervergiftung 183

R
Rachitis 225
Ranzigwerden 178
Reizdarm-Syndrom 54, 128
– Auslöser 54, 55
Reye-Syndrom 99
Rhabarber 163
Rißpilze 144
Rote Flut 135

S
Salicylat 70, 85 ff. *siehe auch* Aspirin
– in der Medizin 92 ff.
– in Gewürzen 89
– in Nahrungsmitteln 89 ff., 91, 237
– salicylatfreie Nahrungsmittel 92
– Überempfindlichkeit 86, 88
– Vergiftungssymptome 87
Sauerstoff 205
Saxitoxin 137
Schilddrüse 227
Schimmelpilze 147 ff.
– Aflatoxin 147

– Gifte in Nahrungsmitteln 149
– Mutterkornalkaloide 147
– nützliche Arten 149
Schizophrenie 77
Schlaf 72
Schlaganfall 17, 88, 98, 192
– Vorbeugung 107
Schmerzmittel 85, 102, 113
Schokolade 76 ff., 110 ff.
– Inhaltsstoffe 110
Schwarzer Tee *siehe* Tee
Schwefeldioxid 119 ff.
– Eigenschaften 122
– in der Luft 121
– Wirkung auf den Organismus 127
Schwermetalle in Lebensmitteln 181 ff.
Scombroid-Vergiftung 67, 140
Selen 201
– in Nahrungsmitteln 201, 203
– Vergiftung 202
Sellerie 154
Serotonin 62, 72 ff., 176
– Haushalt 63
– in Nahrungsmitteln 75
– und Alkohol 41
– und Alkoholabbau 75
– und Depression 72
– Wiederaufnahmehemmer (SSRI) 63
Sherry, Histamingehalt 71 f.
Signalweiterleitung in Nervenzellen 114
Skorbut 207
Soja 160, 172
Solanin *siehe* Pflanzengifte
Spina bifida 194
Spinat 163
Spurenelemente 201, 227 ff.
Stärke 214
Stoffwechsel 198, 201, 214, 230
Sulfit 119 ff., 122 *siehe auch* Schwefeldioxid

– als Lebensmittelzusatz 123
– Überempfindlichkeit 127
– Wirkung auf den Organismus 127

T
Tee 102, 106 ff.
– Antioxidantien in 106
– grüner 107
Tetrodotoxin 139
Theobromin 110
Theophyllin 114
Thrombose 85
Tocopherol (Vitamin E) als Antioxidationsmittel 177
Tofu 82
Tomaten 155
Toxine *siehe* Pilzgifte, Pflanzengifte
Trichterlinge 144
Tryptophan 73
Tyramin 66, 79 ff.
– in Nahrungsmitteln 234
– schädliche Wirkung 81

U
Umami 14
Umweltverschmutzung 190
Unverträglichkeit (Nahrungsmittel-), Definition 2

V
Vasopressin 36
Verdauungsprozeß 47 ff.
Verdauungsstörungen 54, 88, 128
Verhaltensstörungen 90
Verstopfung 232
Verunreinigungen von Lebensmitteln 180 ff.
Vitamin C
– als Antioxidationsmittel 177
Vitamin E
– als Antioxidationsmittel 177

Vitamine
- A 206 ff.
- ACE *siehe* ACE-Vitamine
- B_1 (Thiamin) 222
- B_2 (Riboflavin) 222
- B_3 (Niacin) 223
- B_6 192, 195 ff.
- B_{12} 192, 198 f.
- Biotin 224
- C 207
- D 217, 225
- Folsäure 192, 193 ff.
- K 226
- Pantothensäure 224

Vitaminmangel 194, 195, 198, 206, 207, 225

Vitaminversorgung, Sicherung der 199 ff.

W

Wachstumsstörungen 194

Wein
- Amingehalt 82
- Herstellung 31, 124
- Histamingehalt 71
- positive Wirkung 30, 98
- Schwefelgehalt 31 f., 125 f.
- Schwefelung 124 f.
- Tyramin- und Octopamingehalt 79

Wellhornschneckenvergiftung 139

X

Xanthin 117

Y

Yessotoxin 138
Yusho-Krankheit 187

Z

Zink 229
Zöliakie 51
Zubereitung von Speisen, Hygiene 141
Zucker 214
Zusatzstoffe 167 ff., 169 *siehe auch* Farbstoffe, Emulgatoren, Konservierungsmittel, Antioxidationsmittel
- E-Nummern 169
- Reglementierung 168
- und Verhaltensstörungen 170 ff.

Ausgewählte Tabellen:
Vitamine, Mineralstoffe und Spurenelemente in Nahrungsmitteln

Vitamine:
A   206
B_1 (Thiamin)   222
B_2 (Riboflavin)   223
B_3 (Niacin)   223
B_6 197
B_{12} 199
C   208
D   225
E   209
Folsäure   194
K   226
Pantothensäure   224

Mineralstoffe:
Calcium   217
Kalium   219
Magnesium   218
Natrium   220

Spurenelemente:
Chrom   230
Eisen   228
Iod   228
Kupfer   227
Mangan   229
Molybdän   231
Zink   230